排污单位自行监测技术指南教程

——火力发电及锅炉

生态环境部生态环境监测司
中 国 环 境 监 测 总 站　编著

中国环境出版集团·北京

图书在版编目（CIP）数据

排污单位自行监测技术指南教程. 火力发电及锅炉/生态环境部生态环境监测司，中国环境监测总站编著. —北京：中国环境出版集团，2022.8

ISBN 978-7-5111-5264-0

Ⅰ. ①排… Ⅱ. ①生… ②中… Ⅲ. ①火力发电—排污—环境监测—教材②火电厂—燃煤锅炉—排污—环境监测—教材 Ⅳ. ①X506②X773

中国版本图书馆 CIP 数据核字（2022）第 148960 号

出 版 人 武德凯
责任编辑 曲 婷
封面设计 宋 瑞

出版发行 中国环境出版集团
（100062 北京市东城区广渠门内大街 16 号）
网　　址：http://www.cesp.com.cn
电子邮箱：bjgl@cesp.com.cn
联系电话：010-67112765（编辑管理部）
发行热线：010-67125803，010-67113405（传真）

印　　刷 北京中科印刷有限公司
经　　销 各地新华书店
版　　次 2022 年 8 月第 1 版
印　　次 2022 年 8 月第 1 次印刷
开　　本 787×960 1/16
印　　张 19.25
字　　数 340 千字
定　　价 80.00 元

《排污单位自行监测技术指南教程》编审委员会

主　任　蒋火华　陈善荣

副主任　刘舒生　毛玉如

委　员　董明丽　敬　红　王军霞　何　劲

《排污单位自行监测技术指南教程——火力发电及锅炉》编写委员会

主　　编　夏　青　赵俊明　刘通浩　张　静　帅　伟
　　　　　王军霞　敬　红　董明丽　李文君

编写人员（以姓氏笔画排序）

王　华　王伟民　冯亚玲　皮宁宁　吕　卓
刘　雯　刘佳泓　李　曼　李莉娜　杨伟伟
邱立莉　何　劲　张　莹　张　甦　张冬冬
张守斌　陈乾坤　陈敏敏　罗财红　周　晶
赵　畅　赵　菲　闻　欣　秦承华　莫　华
黄忠辉　梁　睿　董立鹏　董艳平　缪蓓蓓

序

生态环境是关系党的使命宗旨的重大政治问题，也是关系民生的重大社会问题。党中央、国务院高度重视生态环境保护工作，党的十八大将生态文明建设作为中国特色社会主义事业“五位一体”总体布局的重要组成部分。党的十九大报告全面阐述了加快生态文明体制改革、推进绿色发展、建设美丽中国的战略部署。习近平生态文明思想开启了新时代生态环境保护工作的新阶段，习近平总书记在全国生态环境保护大会上指出生态文明建设是关系中华民族永续发展的根本大计。党的十八大以来，党中央以前所未有的力度抓生态文明建设，全党全国推动绿色发展的自觉性和主动性显著增强，美丽中国建设迈出重大步伐，我国生态环境保护发生历史性、转折性、全局性变化。

生态环境部组建以来，统一行使生态和城乡各类污染排放监管与行政执法职责，提高污染排放标准，强化排污者责任，健全环保信用评价、信息强制性披露、严惩重罚等制度，形成了政府为主导、企业为主体、社会组织和公众共同参与的环境治理体系。生态环境监测是生态环境保护工作的重要基础，是环境管理的基本手段。我国相关法律法规中明确要求排污单位对自身排污状况开展监测，排污单位开展自行监测是法定的责任和义务。

为规范和指导排污单位开展自行监测工作，生态环境部发布了一系列排污单位自行监测技术指南。同时，为了让各级生态环境管理部门和排污单位更好地应用技术指南，生态环境部生态环境监测司组织中国环境监测总站等单位编写了“排污单位自行监测技术指南教程”系列图书，将排污单位自行监测技术指南分类解析，既突出对理论的解读，又兼顾实践的应用，具有很强的指导意义。本系列图书既可以作为各级生态环境主管部门、各研究机构、企事业单位环境监测人员的工作用书和培训教材，还可以作为大众学习的科普图书。

自行监测数据承载了大量污染排放和治理信息，是生态环保大数据重要的信息源，是排污许可证申请与核发等新时期环境管理的有力支撑。随着生态环境质量的不断改善，环境管理的不断深化，排污单位自行监测制度也将不断完善和改进。希望本系列图书的出版能为推进排污单位自行监测管理水平、落实企业自行监测主体责任发挥重要作用，为深入打好污染防治攻坚战作出应有的贡献。

编　者

2021年3月

前　言

自 1972 年以来，我国生态环境保护工作从最初的意识启蒙阶段，经历了环境污染蔓延和加剧期的规模化、综合化治理，主要污染物总量控制等阶段，逐渐发展到了以环境质量改善为核心的环境保护思路上。为顺应环境保护工作的发展趋势，对污染源监测的形式也由原来的政府主导为主的监督性监测转变到以排污单位为主的自行监测轨道上。开展排污单位自行监测成为当今污染源监测的重要方式。

排污单位自行监测是排污单位依据相关法律、法规和技术规范对自身的排污状况开展监测的一系列活动。《中华人民共和国环境保护法》第四十二条、《中华人民共和国大气污染防治法》第二十四条、《中华人民共和国水污染防治法》第二十三条、《中华人民共和国环境保护税法》第十条和《控制污染物排放许可制实施方案》（国办发〔2016〕81 号）第十一条都对排污单位的自行监测提出了明确要求，排污单位开展自行监测是法律赋予的责任和义务，也是排污单位自证守法、自我保护的重要手段和途径。

为规范和指导火力发电及锅炉排污单位开展自行监测，2017 年 5 月，环境保护部颁布了《排污单位自行监测技术指南　火力发电及锅炉》。

为进一步规范排污单位自行监测行为，提高自行监测质量，在生态环境部生态环境监测司的指导下，中国环境监测总站和上海市环境监测中心、江苏省环境监测中心、生态环境部环境工程评估中心共同编写了《排污单位自行监测技术指南教程——火力发电及锅炉》。本书共分13章。第1章从我国污染源监测的发展历程及管理的框架出发，引出了排污单位自行监测在当前污染源监测管理中的定位及一些管理规定，并理顺了《排污单位自行监测技术指南　总则》与行业自行监测技术指南的关系。第2章主要介绍了排污单位开展自行监测的一般要求，从监测方案、监测设施、开展自行监测的要求、质量控制和质量保证、记录和保存五个方面进行了概述。第3章在分析目前火电行业概况和发展趋势的基础上对火力发电行业的生产工艺及产排污节点进行分析，并简要介绍了火力发电行业采用的一些常用污染治理技术。第4章对火力发电及锅炉自行监测技术指南自行监测方案中各监测点位、监测指标、监测频次、监测要求等如何设定进行了解释说明，并选取了三个典型案例进行分析，为排污单位制定规范的自行监测方案提供了指导，在附录中给出了参考模板。第5章简要介绍了开展监测时，排污口、监测平台、自动监测设施等监测设施的设置和维护要求。第6章和第8章针对火力发电及锅炉自行监测技术指南中废水、废气所涉及的监测指标如何采样、监测分析及注意事项进行了一一介绍。第7章和第9章对废水、废气自动监测系统从设备安装、调试、验收、运行管理及质量保证五个方面进行了介绍。第10章简要介绍了根据火力发电及锅炉自行监测技术指南开展厂界环境噪声、地表水、近岸海域海水、地下水和土壤等周边环境质量监测时的基本要求和注意事项。第 11 章从实验室体系管理角度出发，从人—机—料—法—环等环节对监测的质量保证和质量控制进行了简要概述，为提高自行监测数据质量奠定了基础。第 12 章是关于自行监测信息记录、报告和信息公开方面的相关要求，并就火力发电企业生产、运行等过程中的记录信息进行了梳理。第 13 章简要介绍了全国重点污染源监测数据管理与信息公开系统的总体架构和主要功能，为排污单位自行监测数据报送提供了方便。

本书在附录中列出了与自行监测相关的标准规范，以方便排污单位在使用时查询和索引。另外，还给出了一些记录样表和自行监测方案模板，为排污单位提供参考。

编者

2021 年 11 月

目　录

第 1 章　排污单位自行监测定位与管理要求

污染源监测作为环境监测的重要组成部分，与我国环境保护工作同步发展，40 多年来不断发展壮大，现已基本形成了排污单位自行监测、管理部门监督/执法监测、社会公众监督的基本框架。排污单位自行监测是国家治理体系和治理能力现代化发展的需要，是排污单位应尽的社会责任，是法律明确要求的义务，也是排污许可制度的重要组成部分。我国关于排污单位自行监测的管理规定有很多，从不同层级和角度对排污单位进行了详细规定。为了保证排污单位自行监测制度的实施，指导和规范排污单位自行监测行为，我国制定了排污单位自行监测技术指南体系。火力发电及锅炉排污单位自行监测技术指南是其中的一个行业技术指南，是按照《排污单位自行监测技术指南　总则》（HJ 819—2017）的要求和有关管理规定制定的，用于指导火力发电及锅炉排污单位开展自行监测活动。

本章围绕排污单位自行监测定位和管理要求，对排污单位自行监测在我国污染源监测管理制度中的定位、排污单位自行监测管理要求、排污单位自行监测技术指南定位及总体思路进行介绍。

1.1　我国污染源监测管理框架

1972 年以来，我国环境保护工作经历了环境保护意识启蒙阶段（1972—1978 年）、环境污染蔓延和环境保护制度建设阶段（1979—1992 年）、环境污染加剧和规模化治理阶段（1993—2001 年）、环保综合治理阶段（2002—2012 年）。[①]集中的污染治理，尤其是严格的主要污染物总量控制，有效遏制了环境质量恶化的趋势，但仍未实现环境质量的全面改善，“十三五”以来，我国环境保护的思路转向以环境质量改善为核心。

与环境保护工作相适应，我国环境监测大致经历了 3 个阶段：第一阶段是污染调查监测与研究性监测阶段；第二阶段是污染源监测与环境质量监测并重阶段；第三阶段是环境质量监测与污染源监督监测阶段。[②]

根据污染源监测在环境管理中的地位和实施情况，将污染源监测划分为 3 个阶段：严格的总量控制制度之前（“十一五”之前），污染源监测主要服务于工业污染源调查和环境管理“八项制度”；严格的总量控制制度时期（“十一五”和“十二五”），污染源监测围绕总量控制制度开展总量减排监测；以环境质量改善为核心的阶段（“十三五”以来），污染源监测主要服务于环境保护执法和排污许可制实施。

目前我国基本形成了排污单位自行监测、政府部门依法监管、社会公众监督的污染源监测管理框架（图 1-1），2021 年 3 月 1 日正式实施的《排污许可管理条例》，从法律层面确立了以排污许可制为核心的固定污染源监管制度体系，进一步完善了排污单位以自行监测为主线、政府监督监测为抓手，鼓励社会公众广泛参与的污染源监测管理模式。排污单位开展自行监测，按要求向生态环境主管部门报告，向社会公众进行公开，同时接受生态环境主管部门的监管和社会公众的监督。生态环境主管部门向社会公众公布相关信息的同时受理社会公众针对有关情况的举报。

---

① 《中国环境保护四十年回顾及思考（回顾篇）》，曲格平在香港中文大学“中国环境保护四十年”学术论坛上的演讲。

② 中国环境监测总站原副总工程师张建辉接受网易北京频道与《环境与生活》杂志采访时的讲话。

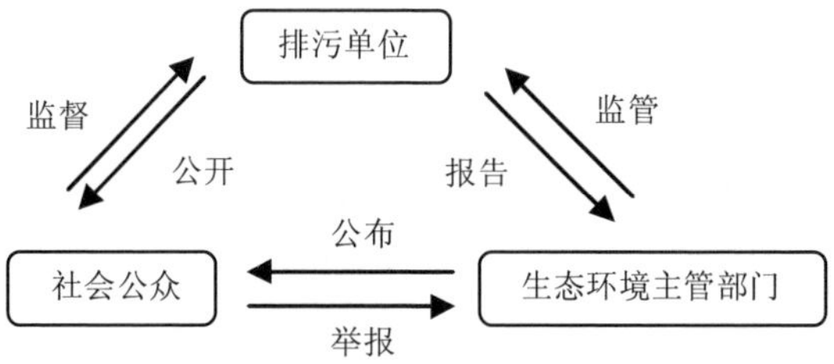

图 1-1　污染源监测管理框架

1.1.1　排污单位开展自行监测，并按照要求进行信息公开

近年来，我国大力推进排污单位自行监测和信息公开，《中华人民共和国环境保护法》《中华人民共和国大气污染防治法》《中华人民共和国水污染防治法》《中华人民共和国环境保护税法》《中华人民共和国土壤污染防治法》《中华人民共和国固体废物污染环境防治法》等相关法律中均明确了排污单位自行监测和信息公开的责任。

在具体的生态环境管理制度上，多项制度将排污单位自行监测和信息公开的责任进行明确和落实。2013 年，环境保护部发布了《国家重点监控企业自行监测及信息公开办法（试行）》，将国家重点监控企业自行监测和信息公开率先作为主要污染物总量减排考核的一项指标。2016 年 11 月，国务院办公厅印发了《控制污染物排放许可制实施方案》（国办发〔2016〕81 号），提出控制污染物排放许可制的一项基本原则："权责清晰，强化监管。排污许可证是企事业单位在生产运营期接受环境监管和环境保护部门实施监管的主要法律文书。企事业单位依法申领排污许可证，按证排污，自证守法。环境保护部门基于企事业单位守法承诺，依法发放排污许可证，依证强化事中事后监管，对违法排污行为实施严厉打击。"

1.1.2　生态环境主管部门组织开展执法/监督监测，实现测管协同

随着各项法律明确了排污单位自行监测的主体地位，管理部门的监测活动更加聚焦于执法和监督。《生态环境监测网络建设方案》（国办发〔2015〕56 号）要

求："实现生态环境监测与执法同步。各级环境保护部门依法履行对排污单位的环境监管职责，依托污染源监测开展监管执法，建立监测与监管执法联动快速响应机制，根据污染物排放和自动报警信息，实施现场同步监测与执法。"

《生态环境监测规划纲要（2020—2035 年）》（环监测〔2019〕86 号）提出："构建'国家监督、省级统筹、市县承当、分级管理'格局。落实自行监测制度，强化自行监测数据质量监督检查，督促排污单位标准监测、依证排放，实现自行监测数据真实可靠。建立完善监督制约机制，各级生态环境部门依法开展监督监测和抽查抽测。"

另外，各级生态环境主管部门根据生态环境监管需求，按照"双随机、一公开"的原则，组织开展执法监测，并将监测结果应用于执法活动。通过排污单位抽测和自行监测全过程检查，对排污单位自行监测数据质量和排放状况进行监督，对排污单位自行监测数据的质量提出意见，对排污单位自行监测工作的开展提出要求，对排污单位自行监测工作的改进进行指导，从而更好地推进排污单位自行监测。

1.1.3 社会公众参与监督，合力提升污染源监测质量

我国污染源量大面广，仅靠生态环境主管部门的监督远远不够，因此只有发动群众、实现全民监督，才能使违法排污行为无处遁形。2014 年修订的《环境保护法》更加明确地赋予了公众环保知情权和监督权："公民、法人和其他组织依法享有获取环境信息、参与和监督环境保护的权利。各级人民政府环境保护主管部门和其他负有环境保护监督管理职责的部门，应当依法公开环境信息、完善公众参与程序，为公民、法人和其他组织参与和监督环境保护提供便利。"

排污单位通过各种方式公开自行监测结果，包括依托排污许可制度及平台、地方污染源监测信息公开渠道、通过本单位官方网站等。生态环境主管部门执法/监督监测结果也依托排污许可制度及平台、依托地方污染源监测信息公开渠道等方式进行公开。社会公众可通过关注各类监测数据对排污单位及管理部门进行监督，督促排污单位和管理部门提高数据质量。

1.2　排污单位自行监测的定位

1.2.1　开展自行监测是构建政府、企业、社会共治的环境治理体系的前提

（1）构建现代环境治理体系的重大意义和总体要求①

党的十九大报告中提出构建政府为主导、企业为主体、社会组织和公众共同参与的环境治理体系。2020 年 3 月，中共中央办公厅、国务院办公厅印发了《关于构建现代环境治理体系的指导意见》。生态环境治理体系和治理能力是生态环境保护工作推进的基础支撑。

2018 年 5 月，习近平总书记在全国生态环境保护大会上强调，要加快建立健全以治理体系和治理能力现代化为保障的生态文明制度体系，确保到 2035 年，生态环境领域国家治理体系和治理能力现代化基本实现，美丽中国目标基本实现；到 21 世纪中叶，生态环境领域国家治理体系和治理能力现代化全面实现，建成美丽中国。党的十九届四中全会将生态文明制度体系建设作为坚持和完善中国特色社会主义制度、推进国家治理体系和治理能力现代化的重要组成部分做出安排部署，强调实行最严格的生态环境保护制度，严明生态环境保护责任制度，要求健全源头预防、过程控制、损害赔偿、责任追究的生态环境保护体系，构建以排污许可制为核心的固定污染源监管制度体系，完善污染防治区域联动机制和陆海统筹的生态环境治理体系。

构建现代环境治理体系，是落实党的十九大和十九届二中、三中、四中全会精神，深入贯彻习近平生态文明思想和全国生态环境保护大会精神的重要举措，是持续加强生态环境保护、满足人民日益增长的优美生态环境需要、建设美丽中国的内在要求，是完善生态文明制度体系、推动国家治理体系和治理能力现代化

---

① 生态环境部党组. 构建现代环境治理体系　为建设美丽中国提供有力制度保障[J]. 旗帜，2020（6）：8-10.

的重要内容，还将充分展现生态环境治理的中国智慧、中国方案和中国贡献，对全球生态环境治理进程产生重要影响。

坚决落实构建现代环境治理体系，要把握构建现代环境治理体系的总体要求。以习近平新时代中国特色社会主义思想为指导，深入贯彻习近平生态文明思想，坚定不移贯彻新发展理念，以坚持党的集中统一领导为统领，以强化政府主导作用为关键，以深化企业主体作用为根本，以更好动员社会组织和公众共同参与为支撑，实现政府治理和社会调节、企业自治良性互动，完善体制机制，强化源头治理，形成工作合力。

（2）对排污单位自行监测的要求

污染源监测是污染防治的重要支撑，需要各方共同参与。为适应环境治理体系变革的需要，自行监测应发挥相应的作用，补齐短板，提供便利，为社会共治提供条件。

应改变传统生态环境治理模式中污染治理主体监测缺位现象。长期以来，污染源监测以政府部门监督性监测为主，尤其在“十一五”“十二五”总量减排时期，监督性监测得到快速发展，每年对国家重点监控企业按季度开展主要污染物监测，但排污单位在污染源监测中严重缺位。2013 年，为了解决单纯依靠环保部门有限的人力和资源难以全面掌握企业污染源状况的问题，环境保护部组织编制了《国家重点监控企业自行监测及信息公开办法（试行）》，大力推进企业开展自行监测。2014 年以来，多部生态环境保护相关法律均明确了排污单位自行监测的责任和要求。但是，自行监测数据的法定地位以及如何在环境管理中应用并没有明确，自行监测数据在环境管理中的应用更是不足，并没有从根本上解决排污单位在环境治理体系中监测缺位的现象。新的环境治理体系应改变这一现状，使自行监测数据得到充分应用，才能保持多方参与的生命力和活力。

为公众提供便于获取、易于理解的自行监测信息。公众是社会共治环境治理体系的重要主体，公众参与的基础是及时获取信息，自行监测数据是反映排放状况的重要信息。社会的变革为公众参与提供了外在便利条件，为了强化自行监测在环境治理体系中的作用，就要充分利用自媒体、社交媒体等各种先进、便利的条件，为公众提供便于获取、易于理解的自行监测数据和基于数据加工的相关信息，为公众高效参与提供重要依据。

1.2.2　开展自行监测是社会责任和法定义务

企业是最主要的生产者，是社会财富的创造者，企业在追求自身利润的同时，向社会提供了产品，满足了人民的日常所需，推动了社会的进步。当然，在当代社会，由于企业是社会中普遍存在的社会组织，其数量众多、类型各异、存在范围广、对社会影响大。在这种情况下，社会的发展不仅要求企业承担生产经营和创造财富的义务，还要求其承担环境保护、社区建设和消费者权益维护等多方面的责任，这也是企业的社会责任。企业社会责任具有道义责任的属性和法律义务的属性。法律作为一种调整人们行为的规则，其调整作用是通过设置权利义务而实现的。因而，法律义务并非一种道义上的宣示，其有具体的、明确的规则指引人的行为。基于此，企业社会责任一旦进入环境法视域，即被分解为具体的法律义务。

企业开展排污状况自行监测是法定的责任和义务。《环境保护法》第四十二条明确提出，“重点排污单位应当按照国家有关规定和监测规范安装使用监测设备，保证监测设备正常运行，保存原始监测记录”；第五十五条要求，“重点排污单位应当如实向社会公开其主要污染物的名称、排放方式、排放浓度和总量、超标排放情况，以及防治污染设施的建设和运行情况，接受社会监督”。《大气污染防治法》《水污染防治法》《环境保护税法》《土壤污染防治法》《固体废物污染环境防治法》等相关法律中也均有关于排污单位自行监测的相关要求。

1.2.3　开展自行监测是自证守法和自我保护的重要手段和途径

排污许可制度作为固定污染源核心管理制度，其明确了排污单位自证守法的权利和责任，排污单位可以通过以下途径进行“自证”。一是依法开展自行监测，保证数据合法有效，妥善保存原始记录；二是建立准确完整的环境管理台账，记录能够证明其排污状况的相关信息，形成一套完整的证据链；三是定期、如实向生态环境部门报告排污许可证执行情况。可以看出，自行监测贯穿自证守法的全过程，是自证守法的重要手段和途径。

首先，排污单位被允许在标准限值下排放污染物，排放状况应该透明公开且合规。随着管理模式的改变，管理部门不对企业全面开展监测，仅对企业进行抽查抽测。排污单位对排放状况进行说明时，就需要开展自行监测。

其次，一旦出现排污单位对管理部门出具的监测数据或其他证明材料存在质疑，或者对公众举报等相关信息提出异议时，就需要出具自身排污状况的相关材料进行证明，而自行监测数据是非常重要的证明材料。

最后，自行监测可以对自身排污状况定期监控，也可对周边环境质量影响进行监测，及时掌握实际排污状况和对周边环境质量的影响，了解周边环境质量的变化趋势和承受能力，可以及时识别潜在环境风险，以便提前应对，避免引起更大的、无法挽救的环境事故或对人民群众、生态环境和排污单位自身造成的巨大损害和损失。

1.2.4 开展自行监测是精细化管理与大数据时代信息输入与信息产品输出的需要

随着环境管理向精细化发展，强化数据应用、根据数据分析识别潜在的环境问题，做出更加科学精准的环境管理决策是环境管理面临的重大命题。大数据时代信息化水平的提升，为监测数据的加工分析提供了条件，也对数据输入提出了更高的需求。

自行监测数据承载了大量污染排放和治理信息，然而这些信息长期以来并没有得到充分的收集和利用，这是生态环境大数据中缺失的一项重要信息源。通过收集各类污染源长时间的监测数据，对同类污染源监测数据进行统计分析，可以更全面地判定污染源的实际排放水平，从而为制定排放标准、产排污系数提供科学依据。另外，通过监测数据与其他数据的关联分析，还能获得更多、更有价值的信息，为环境管理提供更有力的支撑。

1.2.5　开展自行监测是排污许可制度的重要组成部分

《控制污染物排放许可制实施方案》（国办发〔2016〕81 号）明确了排污单位应实行自行监测和定期发布报告。《排污许可管理条例》第十九条规定："排污单位应当按照排污许可证规定和有关标准规范，依法开展自行监测，并保存原始监测记录。原始监测记录保存期限不得少于 5 年。排污单位应当对自行监测数据的真实性、准确性负责，不得篡改、伪造。"

因此，自行监测既是有明确法律法规要求的一项管理制度，也是固定污染源基础与核心管理制度——排污许可制度的重要组成部分。

1.3　排污单位自行监测的管理规定

我国现行法律法规、管理办法中有很多涉及排污单位自行监测的规定，具体见表 1-1。

表 1-1　我国现行与排污单位自行监测相关的法律法规和管理规定

名称	颁布机关	实施时间	主要相关内容
《中华人民共和国海洋环境保护法》	全国人民代表大会常务委员会	2000 年 4 月 1 日（2017 年 11 月 4 日修正）	规定了排污单位应当依法公开排污信息
《中华人民共和国水污染防治法》	全国人民代表大会常务委员会	2008 年 6 月 1 日（2017 年 6 月 27 日修正）	规定了实行排污许可管理的企业事业单位和其他生产经营者应当对所排放的水污染物自行监测，并保存原始监测记录，排放有毒有害水污染物的还应开展周边环境监测，上述条款均设有对应罚则
《中华人民共和国环境保护法》	全国人民代表大会常务委员会	2015 年 1 月 1 日	规定了重点排污单位应当安装使用监测设备，保证监测设备正常运行，保存原始监测记录，并进行信息公开
《中华人民共和国大气污染防治法》	全国人民代表大会常务委员会	2016 年 1 月 1 日（2018 年 10 月 26 日修正）	规定了企业事业单位和其他生产经营者应当对大气污染物进行监测，并保存原始监测记录

名称	颁布机关	实施时间	主要相关内容
《中华人民共和国环境保护税法》	全国人民代表大会常务委员会	2018年1月1日（2018年10月26日修正）	规定了纳税人按季申报缴纳时，向税务机关报送所排放应税污染物浓度值
《中华人民共和国土壤污染防治法》	全国人民代表大会常务委员会	2019年1月1日	规定了土壤污染重点监管单位应制定、实施自行监测方案，并将监测数据报生态环境主管部门
《中华人民共和国固体废物污染环境防治法》	全国人民代表大会常务委员会	2020年9月1日	规定了产生、收集、贮存、运输、利用、处置固体废物的单位，应当依法及时公开固体废物污染环境防治信息，主动接受社会监督。 生活垃圾处理单位应当按照国家有关规定，安装使用监测设备，实时监测污染物的排放情况，将污染排放数据实时公开。监测设备应当与所在地生态环境主管部门的监控设备联网
《中华人民共和国刑法修正案（十一）》	全国人民代表大会常务委员会	2021年3月1日	规定了环境监测造假的法律责任
《中华人民共和国噪声污染防治法》	全国人民代表大会常务委员会	2022年6月5日	规定了实行排污许可管理的单位应当按照规定，对工业噪声开展自行监测，保存原始监测记录，向社会公开监测结果，对监测数据的真实性和准确性负责。噪声重点排污单位应当按照国家规定，安装、使用、维护噪声自动监测设备，与生态环境主管部门的监控设备联网。
《城镇排水与污水处理条例》	国务院	2014年1月1日	规定了排水户应按照国家有关规定建设水质、水量检测设施
《畜禽规模养殖污染防治条例》	国务院	2014年1月1日	规定了畜禽养殖场、养殖小区应当定期将畜禽养殖废弃物排放情况报县级人民政府环境保护主管部门备案
《中华人民共和国环境保护税法实施条例》	国务院	2018年1月1日	规定了未安装自动监测设备的纳税人，自行对污染物进行监测且所获取的监测数据符合国家有关规定和监测规范的，视同监测机构出具的监测数据，可作为计税依据
《排污许可管理条例》	国务院	2021年3月1日	规定了持证单位自行监测责任，管理部门依证监管责任
《最高人民法院、最高人民检察院关于办理环境污染刑事案件适用法律若干问题的解释》	最高人民法院、最高人民检察院	2017年1月1日	规定了重点排污单位篡改、伪造自动监测数据或者干扰自动监测设施的视为严重污染环境，并依据《刑法》有关规定予以处罚

名称	颁布机关	实施时间	主要相关内容
《环境监测管理办法》	原环境保护总局	2007 年 9 月 1 日	规定了排污者必须按照国家及技术规范的要求，开展排污状况自我监测；不具备环境监测能力的排污者，应当委托环境保护部门所属环境监测机构或者经省级环境保护部门认定的环境监测机构进行监测
《污染源自动监控设施现场监督检查办法》	原环境保护部	2012 年 4 月 1 日	规定了：①排污单位或运营单位应当保证自动监测设备正常运行；②污染源自动监控设施发生故障停运期间，排污单位或者运营单位应当采用手工监测等方式，对污染物排放状况进行监测，并报送监测数据
《关于加强污染源环境监管信息公开工作的通知》	原环境保护部	2013 年 7 月 12 日	规定了各级环保部门应积极鼓励引导企业进一步增强社会责任感，主动自愿公开环境信息。同时严格督促超标或者超总量的污染严重企业，以及排放有毒有害物质的企业主动公开相关信息，对不依法主动公布或不按规定公布的要依法严肃查处
《关于印发〈国家重点监控企业自行监测及信息公开办法（试行）〉和〈国家重点监控企业污染源监督性监测及信息公开办法（试行）〉的通知》	原环境保护部	2014 年 1 月 1 日	规定了企业开展自行监测及信息公开的各项要求，包括自行监测内容、自行监测方案，对手工监测和自动监测两种方式开展的自行监测分别提出了监测频次要求，自行监测记录内容，自行监测年度报告内容，自行监测信息公开的途径、内容及时间要求等
《环境保护主管部门实施限制生产、停产整治办法》	原环境保护部	2015 年 1 月 1 日	规定了被限制生产的排污者在整改期间按照环境监测技术规范进行监测或者委托有条件的环境监测机构开展监测，保存监测记录，并上报监测报告
《生态环境监测网络建设方案》	国务院办公厅	2015 年 7 月 26 日	规定了重点排污单位必须落实污染物排放自行监测及信息公开的法定责任，严格执行排放标准和相关法律法规的监测要求
《关于支持环境监测体制改革的实施意见》	财政部、原环境保护部	2015 年 11 月 2 日	规定了落实企业主体责任，企业应依法自行监测或委托社会化检测机构开展监测，及时向环保部门报告排污数据，重点企业还应定期向社会公开监测信息

名称	颁布机关	实施时间	主要相关内容
《关于加强化工企业等重点排污单位特征污染物监测工作的通知》	原环境保护部	2016年9月20日	规定了：①化工企业等排污单位应制定自行监测方案，对污染物排放及周边环境开展自行监测，并公开监测信息；②监测内容应包含排放标准的规定项目和涉及的列入污染物名录库的全部项目；③监测频次，自动监测的应全天连续监测，手工监测的，废水特征污染物每月开展一次，废气特征污染物每季度开展一次，周边环境监测按照环评及其批复执行，可根据实际情况适当增加监测频次
《控制污染物排放许可制实施方案》	国务院办公厅	2016年11月10日	规定了企事业单位应依法开展自行监测，安装或使用的监测设备应符合国家有关环境监测、计量认证规定和技术规范，建立准确完整的环境管理台账，安装在线监测设备的应与环境保护部门联网
《关于实施工业污染源全面达标排放计划的通知》	原环境保护部	2016年11月29日	规定了：①各级环保部门应督促、指导企业开展自行监测，并向社会公开排放信息；②对超标排放的企业要督促其开展自行监测，加大对超标因子的监测频次，并及时向环保部门报告；③企业应安装和运行污染源在线监控设备，并与环保部门联网
《关于深化环境监测改革　提高环境监测数据质量的意见》	中共中央办公厅、国务院办公厅	2017年9月21日	规定了环境保护部要加快完善排污单位自行监测标准规范；排污单位要开展自行监测，并按规定公开相关监测信息，对弄虚作假行为要依法处罚；重点排污单位应当建设污染源自动监测设备，并公开自动监测结果
《企业环境信息依法披露管理办法》	生态环境部	2022年2月8日	规定了企业（包括重点排污单位）应当依法披露环境信息，包括企业自行监测信息等
《关于加强排污许可执法监管的指导意见》	生态环境部	2022年3月28日	规定了排污单位应当提高自行监测质量。确保申报材料、环境管理台账记录、排污许可证执行报告、自行监测数据的真实、准确和完整，依法如实在全国排污许可证管理信息平台上公开信息，不得弄虚作假，自觉接受监督

注：截至2022年6月5日。

1.4 《排污单位自行监测技术指南》的定位

1.4.1 排污许可制度配套的技术支撑文件

排污许可证制度是各国普遍采用的控制污染的法律制度。从美国等发达国家实施排污许可制度的经验来看，监督检查是排污许可制度实施效果的重要保障，污染源监测是监督检查的重要组成部分和基础；自行监测是污染源监测的主体形式，其管理备受重视，并作为重要的内容在排污许可证中载明。

我国当前推行的排污许可制度明确了企业应“自证守法”，其中自行监测是排污单位自证守法的重要手段和方法。只有在特定监测方案和要求下的监测数据才能够支撑排污许可“自证”的要求。因此，在排污许可制度中，自行监测要求是必不可少的一部分。

重点排污单位自行监测法律地位得到明确，自行监测制度初步建立，而自行监测的有效实施还需要有配套的技术文件作为支撑，《排污单位自行监测技术指南》是基础而重要的技术指导性文件。因此，制定《排污单位自行监测技术指南》是落实相关法律法规的需要。

1.4.2 对现有标准和管理文件中关于排污单位自行监测规定的补充

对每个排污单位来说，生产工艺产生的污染物、不同监测点位执行排放标准和控制指标、环评报告要求的内容都有不同情况及独特内容。虽然各种监测技术标准与规范已从不同角度对排污单位的监测内容作出了规定，但不够全面。

为提高监测效率，应针对不同排放源污染物排放特性确定监测要求。监测是污染排放监管必不可少的技术支撑，具有重要的意义，但是监测是需要成本的，所以应在监测效果和成本间寻找合理的平衡点。“一刀切”的监测要求必然会造成部分排放源监测要求过高，从而造成浪费；或者对部分排放源要求过低，从而达不到监管需求。因此，需要专门的技术文件，从排污单位监测要求进行系统分析和设计，使监测更精细化，从而提高监测效率。

1.4.3 对排污单位自行监测行为指导和规范的技术要求

我国自2014年起开始推行《国家重点监控企业自行监测及信息公开办法(试行)》，从实施情况来看存在诸多问题，需要加强对排污单位自行监测行为的指导和规范。

污染源监测与环境质量监测相比，涉及的行业较多，监测内容更复杂。我国目前仅国家污染物排放标准就有近200项，且数量还在持续增加；省级人民政府依法制定并报生态环境部备案的地方污染物排放标准也有100多项，数量也在不断增加。排放标准中的控制项目种类繁杂，水气污染物均在100项以上。

由于国家发布的有关规定必须有普适性和原则性的特点，因此排污单位在开展自行监测过程中，在面对如何结合企业具体情况合理确定监测点位、监测项目和监测频次等实际问题时存在诸多疑问。

生态环境部在对全国各地自行监测及信息公开平台的日常监督检查及现场检查等工作中发现，部分排污单位自行监测方案的内容、监测数据的质量稍差，存在排污单位未包括全部排放口、监测点位设置不合理、监测项目仅开展主要污染物、随意设置排放标准限值、自行监测数据弄虚作假等问题。为解决排污单位自行监测过程中遇到的问题，需要进一步加强对排污单位自行监测的工作指导和行为规范，建立和完善排污单位自行监测相关规范，因此有必要制定自行监测技术指南，将自行监测要求进一步明确和细化。

1.5 行业技术指南在自行监测技术指南体系中的定位和制定思路

1.5.1 自行监测技术指南体系

排污单位自行监测技术指南体系以《排污单位自行监测技术指南　总则》

（HJ 819—2017）（以下简称《总则》）为统领，包括一系列重点行业的分行业排污单位自行监测技术指南，共同组成排污单位自行监测技术指南体系，具体如图 1-2 所示。

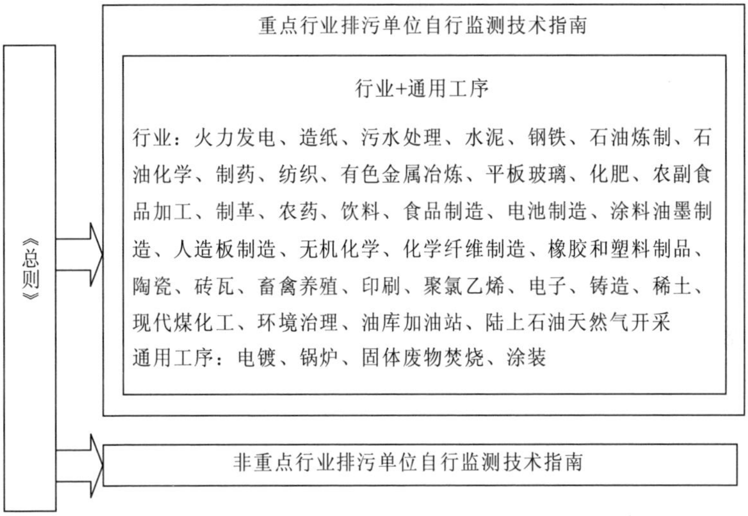

图 1-2　排污单位自行监测技术指南体系

《总则》在排污单位自行监测指南技术体系中属于纲领性文件，起到统一思路和要求的作用。第一，对行业技术指南总体性原则进行规定，是行业技术指南的参考性文件；第二，对于行业技术指南中必不可少但要求比较一致的内容，可以在《总则》中体现，在行业技术指南中加以引用，既保证一致性，也减少重复；第三，对于部分污染差异大、企业数量少的行业，单独制定行业技术指南意义不大，这类行业排污单位可以参照《总则》开展自行监测。技术指南未发布的行业，也应参照《总则》开展自行监测。

1.5.2　行业排污单位自行监测技术指南是对《总则》的细化

行业技术指南是在《总则》的统一原则要求下，考虑该行业企业所有废水、废气、噪声污染源的监测活动，在指南中进行统一规定。行业排污单位自行监测技术指南的核心内容包括以下两个方面：

（1）监测方案。在指南中明确行业的监测方案。首先明确行业的主要污染源、各污染源的主要污染因子，针对各污染源的各污染因子提出监测方案设置的基本要求，包括点位、监测指标、监测频次、监测技术等。

（2）数据记录、报告和公开要求。根据行业特点，参照各参数或指标与校核污染物排放的相关性，提出监测相关数据记录要求。

除了行业技术指南中规定的内容，还应执行《总则》的要求。

1.5.3　火力发电及锅炉工业自行监测技术指南制定原则与思路

（1）以《总则》为指导，根据行业特点进行细化。

火力发电及锅炉工业自行监测技术指南中的主体内容是以《总则》为指导，根据《总则》中确定的基本原则和方法，在对火力发电及锅炉工业产排污环节进行分析的基础上，结合火力发电及锅炉工业企业的排污特点，将火力发电及锅炉工业监测方案、信息记录的内容具体化和明确化。

（2）以污染物排放标准为基础，全指标覆盖。

污染物排放标准规定的内容是行业自行监测技术指南制定的重要基础。在污染物指标确定时，行业技术指南主要以当前实施的、适用于火力发电及锅炉工业的污染物排放标准为依据。同时，根据实地调研以及相关数据分析结果，对实际排放的或地方实际监管的污染物指标进行适当的考虑，在标准中列明，但标明为选测，或由排污单位根据实际监测结果判定是否排放，若实际生产中排放，则应进行监测。

（3）以满足排污许可制度实施为主要目标。

火力发电及锅炉工业自行监测技术指南的制定以能够满足火力发电及锅炉工业排污许可制度实施为主要目标。

由于火力发电及锅炉工业不同企业实际存在的废气排放源差异较大，有些类型的废气源仅在少数火力发电及锅炉企业中存在，火力发电及锅炉工业排污许可证申请与核发技术规范中将常见的废气排放源纳入管控。火力发电及锅炉工业自行监测技术指南中对常见废气排放源监测点位、指标、频次进行了规定。

排污许可制度对主要污染物提出排放量许可限值，其他污染物仅有浓度限值要求。为了支撑排污许可证制度实施对排放量核算的需求，有排放量许可限值的污染物，监测频次一般高于其他污染物。

第 2 章　自行监测的一般要求

按照开展自行监测活动的一般流程，排污单位应查清本单位的污染源、污染物指标及潜在的环境影响，制定监测方案，设置和维护监测设施，按照监测方案开展自行监测，做好质量保证和质量控制，记录和保存监测数据，依法向社会公开监测结果。

本章围绕排污单位自行监测流程中的关键节点，对其中的关键问题进行介绍。制定监测方案时，应重点保证监测内容、监测指标、监测频次的全面性、科学性，确保监测数据的代表性，这样才能全面反映排污单位的实际排放状况；设置和维护监测设施时，应能够满足监测要求，同时为监测的开展提供便利条件；自行监测开展过程中，应该根据本单位实际情况自行监测或者委托有资质的单位开展监测，所有监测活动要严格按照监测技术规范执行；开展监测的过程中，应做好质量保证和质量控制，确保监测数据质量；监测信息记录与公开时，应保证监测过程可溯，同时按要求报送和公开监测结果，接受管理部门和公众的监督。

2.1　制定监测方案

2.1.1　自行监测内容

排污单位自行监测不仅限于污染物排放监测，还应该围绕本单位污染物排放状况、污染治理情况、对周边环境质量影响监测状况来确定监测内容。但考虑到排污单位自行监测的实际情况，排污单位可根据管理要求，逐步开展。

2.1.1.1　污染物排放监测

污染物排放监测是排污单位自行监测的基本要求，包括废气污染物、废水污染物和噪声污染。废气污染物主要来源于有组织废气污染物排放和无组织废气污染物排放。废水污染物主要来源于直接排入环境的企业，包括直接排放企业和排入公共污水处理系统的间接排放企业。

2.1.1.2　周边环境质量影响监测

排污单位应根据自身排放对周边环境质量的影响开展周边环境质量影响状况监测，从而掌握自身排放状况对周边环境质量影响的实际情况和变化趋势。

《大气污染防治法》第七十八条规定，排放前款名录中所列有毒有害大气污染物的企业事业单位，应当按照国家有关规定建设环境风险预警体系，对排放口和周边环境定期进行监测，评估环境风险，排查环境安全隐患，并采取有效措施防范环境风险。《水污染防治法》第三十二条规定，排放前款名录中所列有毒有害水污染物的企业事业单位和其他生产经营者，应当对排污口和周边环境进行监测，评估环境风险，排查环境安全隐患，并公开有毒有害水污染物信息，采取有效措施防范环境风险。

目前我国已发布第一批有毒有害大气污染物名录和有毒有害水污染物名录。第一批有毒有害大气污染物包括二氯甲烷、甲醛、三氯甲烷、三氯乙烯、四氯乙烯、乙醛、镉及其化合物、铬及其化合物、汞及其化合物、铅及其化合物、砷及其化合物。第一批有毒有害水污染物包括二氯甲烷、三氯甲烷、三氯乙烯、四氯乙烯、甲醛、镉及镉化合物、汞及汞化合物、六价铬化合物、铅及铅化合物、砷及砷化合物。因此，排污单位可根据本单位实际情况，自行确定监测指标和内容。

对于污染物排放标准、环境影响评价文件及其批复或其他环境管理制度有明确要求的，排污单位应按照要求对其周边相应的空气、地表水、地下水、土壤等环境质量开展监测。对于相关管理制度没有明确要求的，排污单位应依据《大气污染防治法》《水污染防治法》的要求，根据实际情况确定是否开展周边环境质量影响监测。

2.1.1.3 关键工艺参数监测

污染物排放监测需要专门的仪器设备、人力物力，经济成本较高。污染物排放状况与生产工艺、设备参数等相关指标有一定的关联性，而这些工艺或设备相关参数的监测，有些是生产控制中必须监测的，有些虽然不是生产过程中必须监测的指标，但开展监测相对容易，成本较低。因此，在部分排放源或污染物指标监测成本相对较高、难以实现高频次监测的情况下，可以通过对与污染物产生和排放密切相关的关键工艺参数进行测试以补充污染物排放监测数据。

2.1.1.4 污染治理设施处理效果监测

有些排放标准对污染治理设施处理效果有限值要求，这就需要通过监测结果进行处理效果的评价。另外，有些情况下，排污单位需要掌握污染处理设施的处理效果，从而可以更好地调试生产和污染治理设施。因此，若污染物排放标准等环境管理文件对污染治理设施有特别要求的，或排污单位认为有必要的，应对污染治理设施处理效果进行监测。

2.1.2 自行监测方案内容

排污单位应当对本单位污染源排放状况进行全面梳理，分析潜在的环境风险，根据自行监测方案制定能够反映本单位实际排放状况的监测方案，以此作为开展自行监测的依据。

监测方案内容包括单位基本情况、监测点位及示意图、监测指标、执行标准及其限值、监测频次、采样和样品保存方法、监测分析方法和仪器、质量保证与质量控制等。

所有按照规定开展自行监测的排污单位，在投入生产或使用并产生实际排污行为之前，应完成自行监测方案的编制及相关准备工作。一旦发生排污行为，就应按照监测方案开展监测活动。

当有以下情况发生时，应变更监测方案：执行的排放标准发生变化；排放口位置、监测点位、监测指标、监测频次、监测技术任意一项内容发生变化；污染源、生产工艺或处理设施发生变化。

2.2　设置和维护监测设施

开展监测必须有相应的监测设施，为了保证监测活动的正常开展，排污单位应按照规定设置满足监测所需要的设施。

2.2.1　监测设施应符合监测规范要求

开展废水、废气污染物排放监测，应保证监测数据不受监测环境的干扰，因此，废水排放口、废气监测断面及监测孔的设置都有相应的要求，要保证水流、气流不受干扰且混合均匀，采样点位的监测数据能够反映监测时点污染物排放的实际情况。

我国废水、废气监测相关标准规范中规定了监测设施必须满足的条件，排污单位可根据具体的监测项目，对照监测方法标准和技术规范确定监测设施的具体设置要求。有些地方出台了相关的标准规范，如北京市出台了《固定污染源监测点位设置技术规范》（DB 11/1195—2015），对固定污染源监测点位监测设施设置规范进行了全面规定，这也可以作为排污单位设置监测设施的重要参考。但总体来说，相关标准规范对监测设施的规定还是比较零散、不够系统的。

2.2.2 监测平台应便于开展监测活动

开展监测活动时需要一定的空间，有时还需要可供仪器设备使用的直流供电，因此排污单位应设置方便开展监测活动的平台，包括以下要求：一是到达监测平台要方便，可以随时开展监测活动；二是监测平台的空间要足够大，能够保证各类监测设备摆放和人员活动；三是监测平台要备有需要的电源等辅助设施，确保监测活动开展所必需的各类仪器设备和辅助设备能够正常工作。

2.2.3 监测平台应能保证监测人员的安全

开展监测活动的同时，必须保证监测人员的人身安全，因此监测平台要设有必要的防护设施。一是高空监测平台，周边要有能够保障人员安全的围栏，监测平台底部的空隙不应过大；二是监测平台附近有造成人体机械伤害、灼烫、腐蚀、触电等危险源的，应在平台相应位置设置防护装置；三是监测平台上方有坠落物体隐患时，应在监测平台上方设置防护装置；四是排放剧毒、致癌物及对人体有严重危害物质的监测点位，应储备相应安全防护装备。所有围栏、底板、防护装置使用的材料要符合相关质量要求，能够承受预估的最大冲击力，从而保障人员的安全。

2.2.4 废水排放量大于 100 t/d 的，应安装自动测流设施并开展流量自动监测

废水流量监测是废水污染物监测的重要内容，从某种程度上来说，流量监测比污染物浓度监测更重要。流量监测易受环境影响、监测结果存在一定的不确定性是国际上普遍存在的技术问题。但总体来看，流量监测技术日趋成熟，能够满足各种流量监测需要，也能满足自动测流的需要。废水流量的监测方法有多种，根据废水排放形式，分为电磁流量计和明渠流量计两种。其中，电磁流量计适用于管道排放，对流量范围的适用性较广。明渠流量计中，三角堰适用于流量较小

的情况，监测范围低至 1.08 m^3/h 即能够满足 30 t/d 的排放量。根据环境统计数据，废水排放量大于 30 t/d 的企业有 7.5 万家，约占企业总数的 79%；废水排放量大于 50 t/d 的企业有 6.7 万家，约占企业总数的 71%；废水排放量大于 100 t/d 的企业有 5.7 万家，约占企业总数的 60%。从监测技术稳定性和当前基础来看，建议废水排放量大于 100 t/d 的企业采取自动测流的方式。

2.3　开展自行监测

2.3.1　开展自行监测的一般要求

排污单位应依据最新的自行监测方案安排监测计划，开展相应的监测活动。对于排污状况或管理要求发生变化的，排污单位应变更监测方案，并按照新的监测方案开展监测活动。

开展监测活动的技术依据是监测技术规范。除了监测方法中的规定，我国还有一些系统性的监测技术规范对监测全过程进行规定，或者专门针对监测的某个方面进行技术规定。为了保证监测数据准确可靠，能够客观反映实际情况，无论是自行开展监测，还是委托其他社会化检测机构，都应该按照国家发布的环境监测技术规范、监测方法标准来开展。

开展监测活动的机构和人员由排污单位根据实际情况决定。排污单位可根据自身条件和能力，利用自有人员、场所和设备自行监测，排污单位自行实施监测时不需要通过国家的实验室资质认定，目前国家层面不要求检测报告必须加盖中国质量认证（CMA）印章。个别或者全部项目不具备自行监测能力时，也可委托其他有资质的社会化检测机构代其开展。

无论是排污单位自行监测，还是委托社会化检测机构开展监测，排污单位都应对自行监测数据的真实性负责。如果社会化检测机构未按照相应技术规范、监测方法的标准开展监测，或者存在造假等行为，排污单位可以依据合同追究所委托的社会化检测机构的责任。

2.3.2 监测活动开展方式分类

监测活动开展是自行监测的核心。在监测组织方式上，开展监测活动可以依托自有人员、设备、场地自行开展监测，也可以委托有资质的社会化检测机构开展监测。在监测技术手段上，无论是自行监测还是委托监测，都可以采用手工监测和自动监测的方式。排污单位自行监测活动开展方式选择流程如图 2-1 所示。

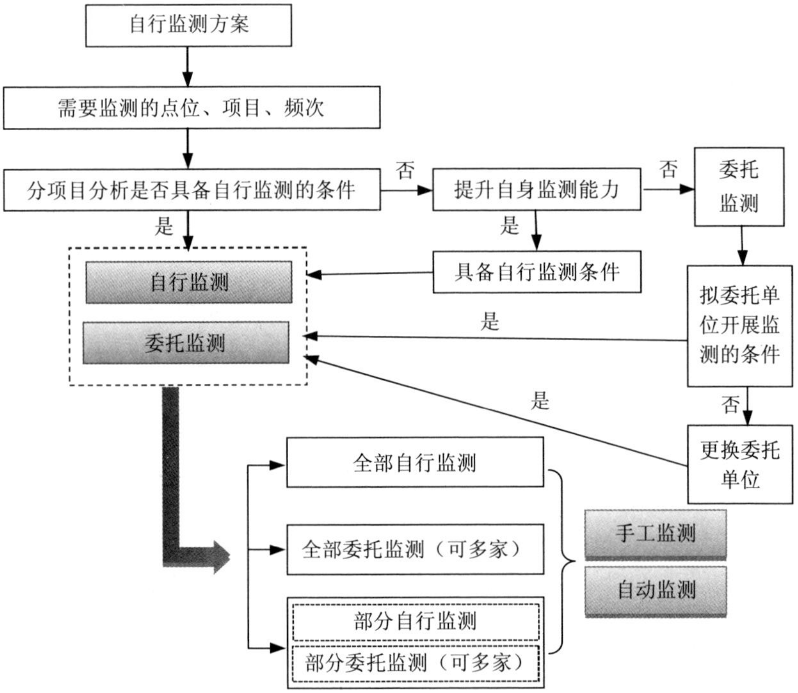

图 2-1　排污单位自行监测活动开展方式选择流程

排污单位首先根据自行监测方案明确监测点位、监测项目、监测频次，在此基础上根据不同监测项目的监测要求分析本单位是否具备开展自行监测的条件。具备监测条件的项目，可选择自行监测；不具备监测条件的项目，排污单位可根据自身实际情况，决定是否提升自身监测能力，以满足自行监测的条件。通过筹建实验室、购买仪器、聘用人员等方式可达到开展自行监测条件的，可以选择自行监测。若排污单位委托社会化检测机构开展监测，需要按照不同监测项目检查拟委托的社会化检测机构是否具备承担委托监测任务的条件。若拟委托的社会化检测机构符合条件，则可委托社会化检测机构开展监测；若不符合条件，则应更换具备条件的社会化检测机构承担相应的监测任务。由此来说，同一排污单位有 3 种可选方式：全部自行监测、全部委托监测、部分自行监测部分委托监测。同一排污单位、不同监测项目，可委托多家社会化检测机构开展监测。

无论是自行监测还是委托监测，都应当按照自行监测方案要求，确定各监测点位、监测项目的监测技术手段。对于明确要求开展自动监测的点位及项目，应采用自动监测的方式，其他点位和项目可根据排污单位实际情况，确定是否采用自动监测的方式。若采用自动监测的方式，应该按照相应技术规范的要求，定期采用手工监测方式进行校验。不进行自动监测的项目，应采用手工监测方式开展监测。

2.3.3　监测活动开展应具备的条件

2.3.3.1　自行监测应具备的条件

自行承担监测活动的排污单位，应具备开展相应监测项目的能力，主要从以下几个方面考虑。

（1）人员

自行监测作为排污单位环境管理的关键环节和重要基础，人才是关键，高素质的环境监测人员队伍为排污单位自行监测事业提供了坚实的人才保障。

排污单位应有承担环境监测职责的机构，落实环境监测经费，赋予相应的工作定位和职能，配备充足的环境监测技术人员和管理人员。在人员比例上，要考虑各类技术人员的构成，如可要求高级技术人员占技术人员总数的比例不低于

20%，中级技术人员占比不低于50%。

排污单位应与其工作人员建立固定的劳动关系，明确技术人员和管理人员的岗位职责、任职要求和工作关系，使其满足岗位要求并具有所需的权力和资源，履行建立、实施、保持和持续改进管理体系的职责。

排污单位监测机构最高管理者应组织和负责管理体系的建立和有效运行。排污单位应对操作设备、监测、签发监测报告等人员进行能力确认，由熟悉监测目的、程序、方法和结果评价的人员对监测人员进行质量监督。排污单位应制订人员培训计划，明确培训需求和实施人员培训，并评价这些培训活动的有效性。排污单位应保留技术人员的相关资质、能力确认、授权、教育、培训和监督的记录。

（2）设施与环境条件

排污单位应配备用于监测的设施，包括能源、照明和环境条件等，实验室设施应有助于监测的正确实施。

实验室宜集中布置，做到功能分区明确、布局合理、互不干扰，对于有温湿度控制要求的实验室，建筑设计应采取相应技术措施；实验室应有相应的安全消防保障措施。

实验室设计必须执行国家现行有关安全、卫生及环境保护法规和规定，对限制人员进入的实验区域应在其显眼区域设置警告装置或标志。

凡是含有对人体有害的气体、蒸汽、气味、烟雾、挥发物质的实验室，应设置通风柜，实验室需维持负压，向室外排风时必须经特殊过滤；凡是经常使用强酸、强碱、有化学品烧伤风险的实验室，应在出口就近设置应急喷淋器和应急洗眼器等装置。

实验室用房一般照明的照度均匀，其最低照度与平均照度之比不宜小于0.7，微生物实验室宜设置紫外灭菌灯，其控制开关应设在门外并与一般照明灯具的控制开关分开安装。

为了确保监测结果的准确性，排污单位应做到：对影响监测结果的设施和环境条件，应制定相应的标准文件。如果规范、方法和程序有要求，或对结果的质量有影响时，实验室应监测、控制和记录环境条件。当环境条件影响监测结果时，应停止监测。应将不相容活动的相邻区域进行有效隔离。对进入和使用影响监测质量的区域，应加以控制。应采取措施确保实验室的良好内务，必要时应制定专门的程序。

（3）仪器设备

排污单位应配备监测（包括采样、样品前处理、数据处理与分析）所需的所有设备，用于监测的设备及其软件应达到要求的准确度，并符合相应的规范要求。根据监测项目，应配备的仪器设备包括气相色谱仪、液相色谱仪、离子色谱仪、原子吸收光谱仪、原子荧光光谱仪、红外测油仪、分光光度计、万分之一天平、马弗炉、烘箱、烟气烟尘测定仪、pH 计等。对结果有重要影响的仪器的分量或值，应制订校准计划。设备在投入工作前应进行校准或核查，以保证其满足实验室的规范要求和相应的标准规范。

仪器设备应由经过授权的人员操作，大型仪器设备应配有仪器设备操作规程和仪器设备运行与保养记录；每台仪器设备及其软件应有唯一性标识；应保存对监测具有重要影响的每台仪器设备及软件的记录，并存档。

（4）实验室质量体系

排污单位应建立实验室质量体系，制定质量手册、程序说明、作业指导书等文件，采取质量保证和质量控制措施，确保自行监测数据可靠。可根据实际情况确定是否需要取得实验室计量认证和实验室认可等资质。

2.3.3.2　委托单位相关要求

排污单位委托社会化检测机构开展自行监测的，也应对自行监测数据的真实性负责，因此排污单位应重视对被委托单位的监督管理。其中，具备监测资质是被委托单位承接监测活动的前提和基本要求。

接受自行监测任务的社会化检测机构应具备监测相应项目的资质，即所出具的监测报告必须能够加盖 CMA 印章。排污单位除应对资质进行检查外，还应该加强对被委托单位的事前、事中、事后监督管理。

选择拟委托的社会化检测机构前，应对其既往业绩、实验室条件、人员条件等进行检查，重点考虑社会化检测机构是否具有开展本单位委托项目的经验，是否具备承担本单位委托任务的能力，是否存在弄虚作假的行为等。

被委托单位开展监测活动过程中，排污单位应定期或不定期抽检被委托单位的监测记录，若有存疑的地方，可现场检查。

每年报送全年监测报告前，排污单位应对被委托单位的监测数据进行全面检查，包括监测的全面性、记录的规范性、监测数据的可靠性等，确保被委托单位能够按照要求开展监测。

2.4 监测质量保证与质量控制

无论是自行开展监测还是委托社会化检测机构开展监测，都应该根据相关监测技术规范、监测方法标准等要求做好质量保证与质量控制。

自行开展监测的排污单位应根据本单位自行监测的工作需求，设置监测机构，梳理并制定监测方案、样品采集、样品分析、出具监测结果、样品留存、相关记录的保存等各个环节，制定工作流程、管理措施与监督措施，建立自行监测质量体系，确保监测工作质量。质量体系应包括对以下内容的具体描述：监测机构、人员、出具监测数据所需仪器设备、监测辅助设施和实验室环境、监测方法技术能力验证、监测活动质量控制与质量保证等。

委托其他有资质的社会化检测机构代其开展自行监测的，排污单位不用建立监测质量体系，但应对社会化检测机构的资质进行确认。

2.5　记录和保存监测数据

记录监测数据与监测期间的工况信息，整理成台账资料，以备管理部门检查。手工监测时应保留全部原始记录信息，全过程留痕。自动监测时除了通过仪器全面记录监测数据外，还应记录运行维护记录。另外，为了更好地梳理污染物排放状况、了解监测数据的代表性、对监测数据进行交叉印证、形成完整证据链，还应详细记录监测期间的生产和污染治理状况。

排污单位应将自行监测数据接入全国污染源监测信息管理与共享平台，公开监测信息。此外，可以采取以下一种或者几种方式让公众更便捷地获取监测信息：公告或者公开发行的信息专刊；广播、电视等新闻媒体；信息公开服务、监督热线电话；本单位的资料索取点、信息公开栏、信息亭、电子屏幕、电子触摸屏等场所或者设施；其他便于公众及时、准确获得信息的方式。

第 3 章　工业污染排放状况

3.1　行业概况

3.1.1　行业分类

根据《国民经济行业分类》（GB/T 4754—2017）和固定污染源排污许可分类管理名录（2019 年版），火力发电行业主要包括火力发电（4411）、热电联产（4412）和生物质能发电（4417），其中火力发电行业的产品均为电能，热电联产行业的产品均为热能+电能。

按照燃料类型，火力发电锅炉大致可分为燃煤、燃油、燃气，以及燃用煤矸石、生物质等燃料的发电锅炉。从具体企业类型来看，根据《火电厂大气污染物排放标准》（GB 13223—2011）的适用范围，主要包括使用单台出力 65 t/h 以上的除层燃炉、抛煤机炉外的燃煤锅炉，单台出力 65 t/h 以上的燃油、燃气发电锅炉，各种容量的煤粉发电锅炉，各种容量的燃气轮机组的火电厂，单台出力 65 t/h 以上采用煤矸石、生物质、油页岩、石油焦等燃料的发电锅炉，但不适用于各种容量的以生活垃圾、危险废物为燃料的火电厂。《排污单位自行监测技术指南　火力发电及锅炉》（HJ 820—2017）适用于独立火力发电厂和企业自备火力发电机组（厂）的自行监测及排污单位对锅炉的监测，不适用于以生活垃圾、危险废物为燃料的火电厂和锅炉。

3.1.2　行业装机规模与结构

3.1.2.1　装机规模变化情况

我国自 1990 年火电装机容量突破 1 亿 kW 装机容量后，基本以每年超过 0.5 亿 kW 装机容量的速度持续增长，2007 年、2015 年火电装机容量分别突破 5 亿 kW、10 亿 kW，2016 年超过美国位居世界第一，2020 年火电装机容量达到 12.46 亿 kW，见图 3-1。但受国家煤电停、缓建政策影响，火力发电装机容量增速得到明显遏制。此外，近年来受环保、电源结构改革等政策影响，国内非化石能源装机快速增长，火电装机容量占电力装机容量的比重呈逐年小幅下降态势，由 2006 年的 77.57% 降至 2020 年的 56.6%。其中，山东省火电装机容量超过 1 亿 kW，排名第一，江苏省火电装机容量超过 9 000 万 kW，内蒙古自治区、广东省、山西省和浙江省火电装机容量为 6 000 万～8 000 万 kW，均是电力发电、供电大省。

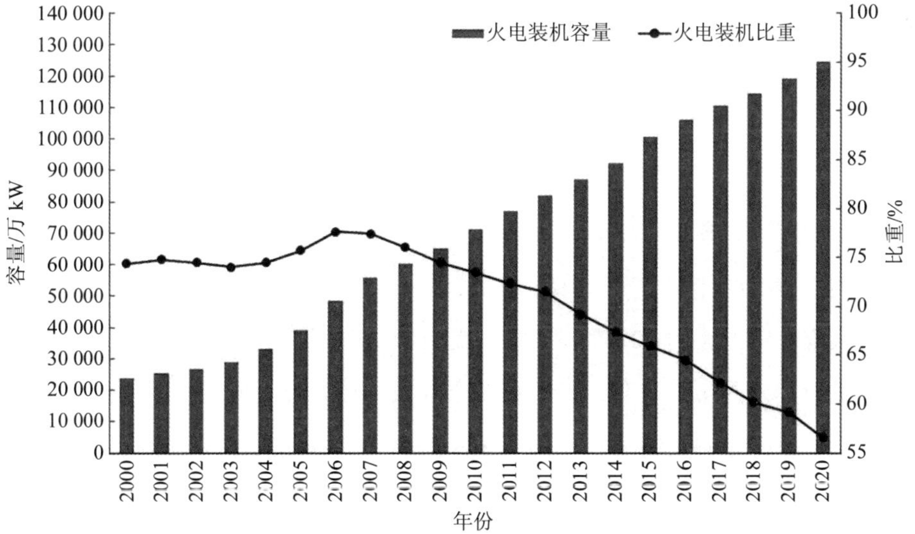

图 3-1　我国火电行业发展与生产情况

数据来源：《中国电力行业年度发展报告》（中国电力企业联合会，中国市场出版社）。

3.1.2.2 行业布局和结构调整

受国家西部大开发、“西电东送”等重大能源战略的影响，以及大气污染重点区域日益严格的火电项目环境准入条件，2010 年以来，我国火电行业布局和发展重心逐渐“西移”，西北地区火力发电装机容量同比增长了 15.86%，见表 3-1。

表 3-1 我国火电行业装机布局情况 单位：万 kW

区域	火电装机容量									
	2010 年	2011 年	2012 年	2013 年	2014 年	2015 年	2016 年	2017 年	2018 年	2019 年
华北地区	14 881	16 013	16 753	17 566	18 850	19 806	30 337	29 876	30 448	16 759
东北地区	5 838	6 175	6 437	6 625	6 800	6 898	6 995	9 263	9 525	5 257
华东地区	24 567	26 348	27 983	29 533	30 929	33 773	24 870	25 961	26 864	14 896
华中地区	8 111	8 602	9 435	9 797	10 219	10 975	16 469	16 738	17 267	13 457
西北地区	6 097	7 233	7 905	8 779	10 171	10 863	12 428	13 433	14 643	10 158
南方地区	11 472	12 468	13 456	14 711	15 395	16 706	14 995	15 224	15 661	12 743

数据来源：《中国统计年鉴》（中国统计出版社）。

“十一五”以来，国家加大了对火电行业落后产能和结构调整的力度，近 10 年来累计关停淘汰 1.2 亿 kW 煤电落后装机，与意大利、巴西、西班牙等国家的发电装机相当。大容量、高参数的火电机组得到迅速发展，30 万 kW 及以上容量等级比例由 2010 年的 72.74%增至 2020 年的 81.0%，单机 100 万 kW 及以上容量等级的火电机组占比由 2010 年的 4.5%提高至 2020 年的 12.5%，见图 3-2。大容量火电机组主要分布在华东、华中和南方区域。随着我国火电机组“上大压小”和淘汰小机组工作的逐渐深入，10 万 kW 及以下等级的纯凝发电机组逐渐关停，火电行业平均单机规模与 2007 年相比呈现整体上升趋势。

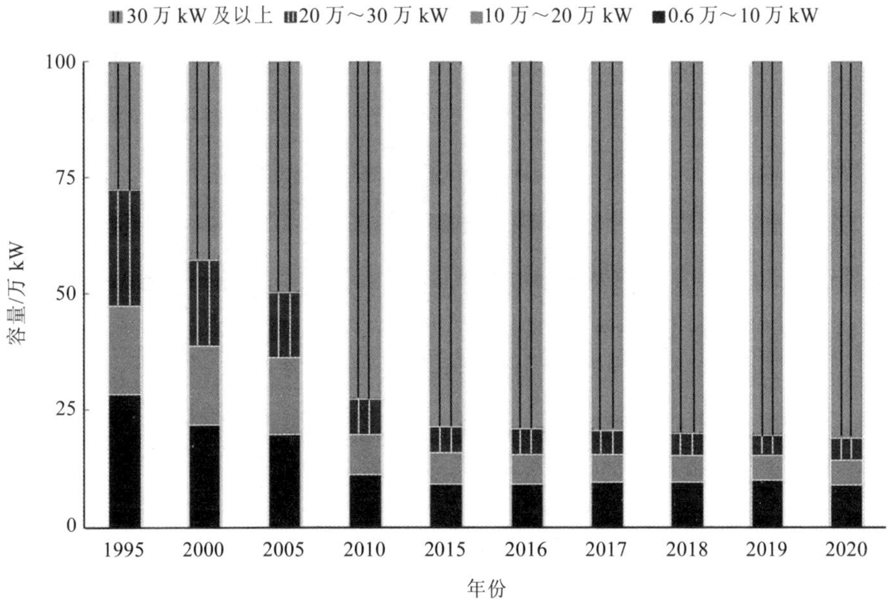

图 3-2　火电装机容量等级占比情况

数据来源：《中国电力行业年度发展报告》（中国电力企业联合会，中国市场出版社）。

3.1.3　行业发电量与设备利用小时数

1981—2000 年、2001—2010 年、2011—2020 年我国火电发电量分别累计增长 0.87 万亿 kW·h、2.22 万亿 kW·h 和 2.02 万亿 kW·h。随着电源结构的调整，火电发电量的占比不断降低，由 2007 年峰值 82.98%降至 2019 年的 67.9%，仍是现阶段最重要的发电类型，见图 3-3。

2010 年以来，受到能源结构调整、经济发展转型优化等情况的影响，全国 6 000 kW 及以上电厂发电设备累计平均利用小时数呈现逐年降低的趋势，由 2011 年的 5 305 小时降至 2020 年的 4 216 小时，机组整体运行负荷较低，见图 3-4。

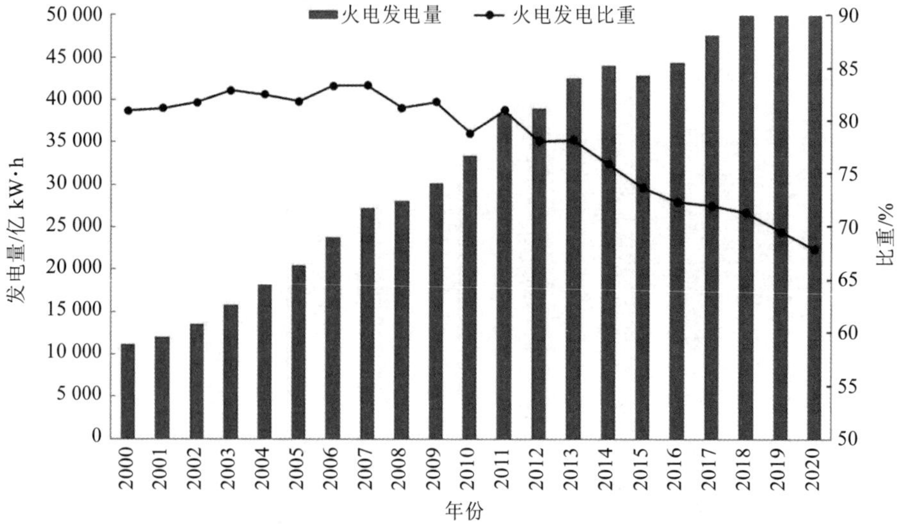

图 3-3 火电行业发电总量及其占比变化情况

数据来源：《中国统计年鉴》（中国统计出版社）、中国电力企业联合会《中国电力行业年度发展报告》（中国市场出版社）。

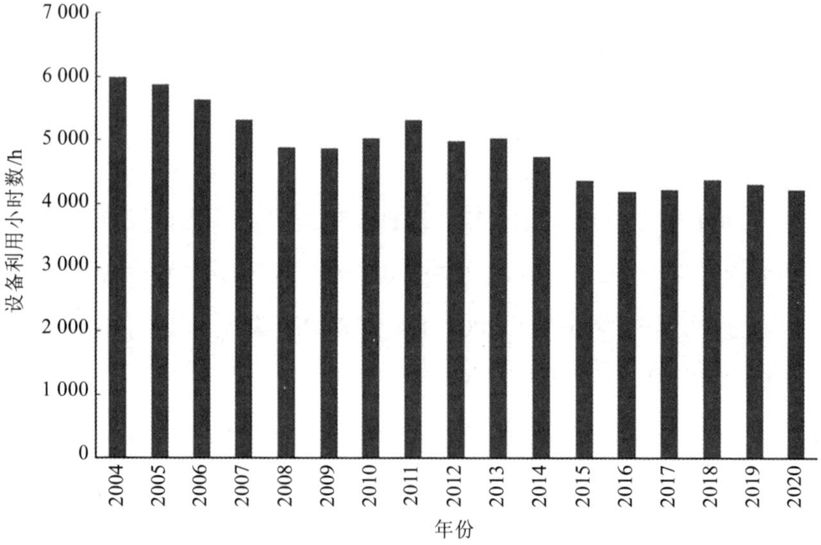

图 3-4 “十一五”以来我国火电平均利用小时数变化情况

数据来源：《中国电力行业年度发展报告》（中国电力企业联合会，中国市场出版社）。

3.1.4　行业燃料类型

随着我国能源消费政策调整及结构的不断优化，火电行业燃煤和天然气消费量总体呈现增高趋势，其中燃煤消费量由 2007 年的 133 652 万 t 增至 2016 年的 169 441 万 t，天然气消费量由 2007 年的 70.74 亿 m^3 增至 2016 年的 407.83 亿 m^3，而燃油消费量由 2007 年的 597.96 万 t 降至 2016 年的 6.38 万 t①。国家排污许可信息平台数据显示，2017 年燃用原煤、天然气、煤矸石、燃油和石油焦的机组数量占总数量的比例分别为 74.98%、18.85%、3.53%、2.14%和 0.50%，主要以煤炭（原煤、煤矸石）和天然气为主，见表 3-2。

表 3-2　燃用不同类型燃料火电机组数量占比情况（2017 年）

燃料类型	占比/%
煤炭	74.98
天然气（高炉、焦炉煤气或混合气）	18.85
煤矸石/油页岩	3.53
燃油	2.14
石油焦	0.50
总计	100

3.2　火电行业生产与污染物产排情况

火电厂的发电生产过程是能量转换的过程，燃料（如煤、煤矸石、油页岩、石油焦、燃油、天然气、高炉煤气、焦炉煤气、混合气等）中的化学能在燃烧时转变成热能，水被加热转变成高压热蒸汽（燃气轮机组无此过程），汽轮机组将高压热蒸汽或燃气轮机组燃气中的能量转变成机械能，发电机再将机械能最终转换成电能。电厂正常运行时，燃料在锅炉内燃烧产生烟气，经脱硝、除尘、脱硫等处理后经烟囱排入空气中。在该过程中，主要产生烟气污染物、生产废水、脱硫

① 数据来源：《中国统计年鉴》（“九、能源”，国家统计局，中国统计出版社）。

废水、各类清洗废水、烟气脱硝废钒钛系催化剂、灰渣及脱硫副产物。

3.2.1 典型生产工艺过程污染物产排污环节

我国常规火电厂多数为燃煤机组，少量为燃气及燃油机组，火力发电的产品为电或者是电和热，主要由燃烧装置、汽轮机和发电机组成，因为燃料不同生产工艺也有所差异。

3.2.1.1 燃煤电厂

常见的燃煤电厂典型生产工艺流程：原煤运至电厂后经破碎并输进锅炉炉膛，水在锅炉内被加热成高温高压蒸汽，推动汽轮机运转，汽轮机带动发电机发电，电能接入配电装置后输送。燃煤电厂的主要生产设施分为燃料贮运系统、燃烧及制粉系统、汽轮发电系统、化学水处理系统、冷却系统、脱硫系统、脱硝系统、除灰渣系统及公用系统（如给排水、电气、暖通等）。主要生产过程见图 3-5，产污环节见表 3-3。

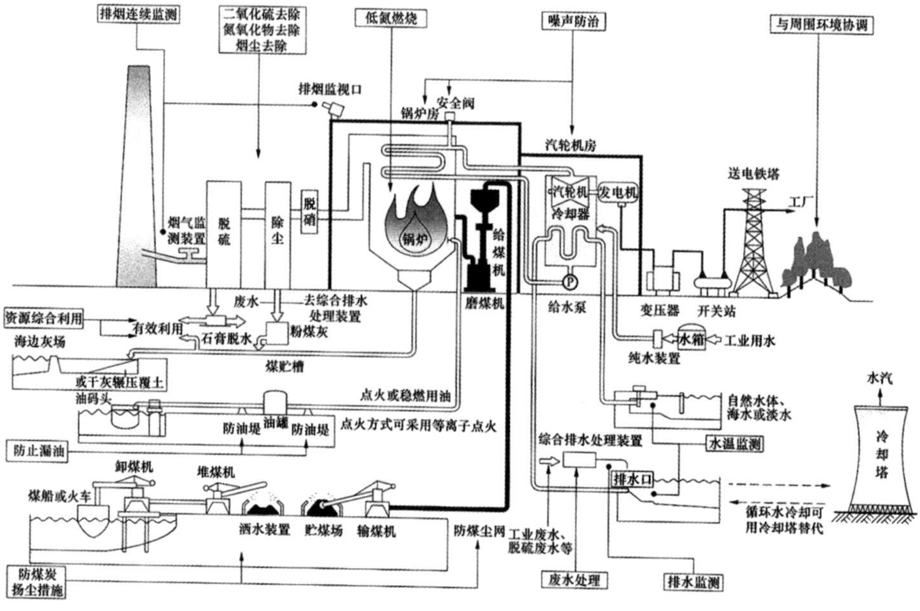

图 3-5 燃煤电厂典型生产工艺流程和产排污节点

表 3-3　燃煤电厂运行中污染环节及因素一览表

序号	生产过程	污染环节	污染因素	主要污染物
1	燃料存贮及输送	输煤系统	无组织废气	颗粒物（烟尘）
		输煤系统冲洗	废水（输煤废水）	pH、悬浮物等
2	燃料燃烧	燃煤粉碎	无组织废气	颗粒物（烟尘）
			噪声	噪声
		锅炉燃烧	烟气	二氧化硫、氮氧化物、颗粒物、汞及其化合物、烟气黑度
			固体废物	粉煤灰、炉渣
		风机、泵、锅炉排汽	噪声	噪声
		锅炉酸洗	废水（清洗废水）	pH、悬浮物等
3	汽轮机发电	汽轮发电设备	噪声	噪声
		主厂房冲洗	废水（冲洗废水）	悬浮物、石油类等
		冷却过程	废水（冷却排污水）	余氯等
			噪声	噪声
		变压器	电磁	工频电磁场
			噪声	噪声
4	燃油存贮及装卸	油罐区清洗	无组织废气	非甲烷总烃
			废水（含油废水）	石油类等
5	化学水处理	化学水处理排水、设备	废水	pH、化学需氧量、悬浮物、盐类
			固体废物	污泥
			噪声	噪声
6	脱硫	脱硫系统排水、设备、脱硫剂贮存	废水（脱硫废水）	pH、悬浮物、溶解性盐、重金属
			无组织废气	颗粒物（烟尘）
			固体废物	脱硫副产物
			噪声	噪声
7	脱硝	脱硝设备	烟气	氨气
			固体废物	废脱硝催化剂
			噪声	噪声
8	除灰渣及贮灰	除灰渣设备、贮灰场	无组织废气	颗粒物（烟尘）
			废水（灰渣淋溶水）	pH、悬浮物、氟化物、总砷等
9	公用系统	生活排水、暖通风机水泵	污水（生活污水）	化学需氧量、五日生化需氧量、氨氮、总磷等

3.2.1.2 燃气电厂

目前我国燃气电厂绝大多数为燃气蒸汽联合循环电厂，其工艺流程为：燃气首先进入燃气增压站，然后通过厂区管道输送至随燃气轮机供货的天然气前置模块。经过处理之后的天然气通过敷设在地面上的管道，与燃气轮机组防护罩壳处的燃气轮机本体天然气系统连接。燃气轮机通过进气系统从外部环境吸入空气，通过与燃气透平同轴转动的压气机将其进行压缩，同时被压缩的空气温度也随之升高。经过压缩之后达到一定压力和温度的空气进入燃烧室与喷入的燃料混合燃烧，燃烧产生的高温燃气再进入透平内做功，同时驱动燃气轮发电机产生电能。经过在燃气透平膨胀做功后的高温烟气，沿着燃机排烟通道进入余热锅炉各级受热面，与进入余热锅炉系统的给水进行换热，最终产生的过热蒸汽进入蒸汽轮机做功，从而构成了一套完整的燃气—蒸汽联合循环。

燃烧天然气驱动燃气轮机，带动发电机组发电，完成燃气轮机的发电生产，输出电力，同时排出余热烟气。这些余热烟气由烟气管道进入蒸汽锅炉，加热蒸汽锅炉产生过热蒸汽驱动蒸汽轮机，带动发电机组发电，完成蒸汽轮机的发电生产。完成换热过程的低温烟气通过布置在余热锅炉顶部烟囱排向大气。燃气—蒸汽联合循环电厂主要生产过程和产排污环节见表 3-4 和图 3-6。

表 3-4 燃气—蒸汽联合循环电厂主要生产过程和产排污环节

序号	生产过程	污染环节	污染因素	主要污染物
1	燃气增压过程	分离器和过滤器排水	废水	烃类、悬浮物
2	燃烧过程	燃气燃烧	烟气	氮氧化物
		风机、泵、锅炉排汽	噪声	噪声
		余热锅炉排污	废水（锅炉排污水）	pH、悬浮物等

序号	生产过程	污染环节	污染因素	主要污染物
3	汽轮发电过程	汽轮发电设备	噪声	噪声
		主厂房冲洗	废水（冲洗废水）	悬浮物、石油类等
		冷却过程	废水（冷却排污水）	余氯等
			噪声	噪声
		变压器	电磁	工频电磁场
			噪声	噪声
4	化学水处理过程	化学水处理排水、设备	废水	pH、化学需氧量、悬浮物、盐类
			固体废物	污泥
			噪声	噪声
5	脱硝系统	脱硝设备	烟气	氨气
			固体废物	废脱硝催化剂
			噪声	噪声
6	公用系统	生活排水、暖通风机水泵	污水（生活污水）	化学需氧量、五日生化需氧量、氨氮、总磷等
			噪声	噪声

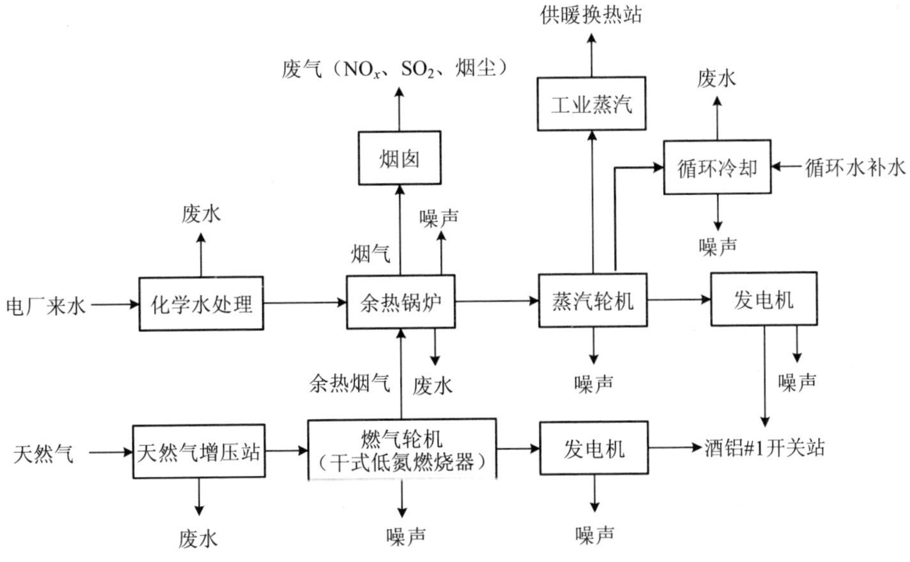

图 3-6　燃气—蒸汽联合循环电站典型工艺流程和产排污节点

3.2.2 主要污染物产排特征和环境治理要求

废气污染物为火电行业最重要的环境污染要素，主要为燃料燃烧后产生的有组织烟气污染物（二氧化硫、氮氧化物、烟尘等），经脱硝、除尘、脱硫设施净化后由烟囱排入大气；采用“灰渣分除、粗细分储”系统，在固体废物综合利用受阻的情况下运至灰场或库房分类堆放；采用“雨污分流、清污分流”系统，废污水分类收集处理后分质回用，剩余部分排入水体或纳入城市污水处理系统。火电厂锅炉燃烧和污染物产生原理明确，污染防治措施针对性强，主要排放口仅有烟囱，是典型的污染物集中排放的高架源。

3.2.2.1 烟气污染物

火电厂有组织烟气产生于燃料燃烧，因其污染物产生量大，为行业污染治理和环境管理的重点。火电厂所产生的烟气中所含成分较多，主要有氮气、水蒸气、二氧化碳、二氧化硫、三氧化硫、氮氧化物、一氧化碳、氨气、颗粒物（烟尘）、重金属、挥发性有机物（VOCs）和微量元素（如 As、Hg、Ni、Mn 等），烟气经脱硝、除尘、脱硫装置处理后排入大气环境中。目前《火电厂大气污染物排放标准》（GB 13223—2011）中要求控制的主要污染物指标为烟尘、二氧化硫、氮氧化物、汞及其化合物、林格曼黑度等，部分地方排放标准还对氨气的排放限值做出了要求。

此外，火电厂还涉及无组织废气排放，主要包括煤场贮存、装卸、输送过程、灰渣贮存运输、脱硫剂贮存产生的颗粒物（烟尘）、油罐区产生的挥发性有机物、氨罐区产生的氨气等，需采取相关治理措施以满足《大气污染物综合排放标准》（GB 16297—1996）的相关要求。

3.2.2.2 废水污染物

火电厂废水种类、水量和水质与机组大小、燃料类型和运行控制等因素紧密相关，主要包括生产系统中的各项工业废水，如锅炉补给水处理系统的酸碱废水、煤场和输煤系统的冲洗水、含油废水、脱硫废水、锅炉酸洗废水、循环（直流）冷却排污水，以及厂区的生活污水等。如果采用湿灰场，还包括灰水等。主要污染指标为 pH、化学需氧量、氨氮、悬浮物、石油类、氟化物、硫化物、挥发酚、溶解性总固体（全盐量）、氨氮、总磷等，水冷却系统如采用直流冷却方式，还包括温排水可能造成的热污染等，见表 3-5。火电行业废水中主要以无机污染物为主，不涉及有机物质。

表 3-5　火电厂主要废水分类及水质特征

废水类别	分类	排放特征	水质特征
化学废水	化学制水排水	经常，不连续	pH 波动大，含盐量高
	汽轮机凝结水精处理	—	—
	锅炉高温排水	经常，定期	含盐量高
	锅炉及冷却塔清洗水	非经常	pH 和化学需氧量波动大，悬浮物含量高等
冷却水排水	湿式冷却塔运行排污水	连续，定量	含盐量高
	直流冷却塔排水	连续，定量	温度、余氯等
脱硫废水	吸收塔排污、石膏脱水排污	连续	含重金属、氟化物等。
含煤废水	煤场排水、输煤系统冲洗	经常，不连续	pH 不固定，悬浮物含量高
含油废水	油罐区排水、检修废水或事故排放	经常，不连续/非经常（检修）	含石油类等
生活污水	生产、生活区污水	经常，不连续	含化学需氧量、悬浮物、五日生化需氧量、氨氮等

各类工业废水按照“分类收集、分质处理”的模式，处理后满足《污水综合排放标准》（GB 8978—1996）、《污水排入城镇下水道水质标准》（GB/T 31962—2015）、《火电厂石灰石-石膏湿法脱硫废水水质控制指标》（DL/T 997—2006）等排放标准后，循环利用或外排至环境、污水处理厂。其中，由于脱硫废水因含有重金属，属于 GB 8978 中的第一类污染物，需要在车间或车间治理设施排放口达标。

3.2.2.3 固体废物

火电厂固体废物主要包括燃煤产生的飞灰、渣，脱硫系统产生的副产物，采用选择性催化还原法（SCR）烟气脱硝产生的废脱硝催化剂等。其中，飞灰是燃煤电厂以及煤矸石、煤泥资源综合利用电厂锅炉烟气，经除尘器收集后获得的细小飞灰和炉底渣。脱硫副产物主要指的石灰石-石膏湿法脱硫产生的脱硫石膏、氨法脱硫产生的$(NH_4)_2SO_4$、循环流化床脱硫产生的脱硫灰（$CaSO_3$）等。烟气脱硝废钒钛系催化剂在燃煤电厂使用期间，烟气中铬、铍、砷和汞等重金属会随飞灰积累在脱硝催化剂的孔隙中，国内部分燃煤电厂产生的废烟气脱硝催化剂的危险特性分析结果表明，铍、砷和汞的浸出浓度超过《危险废物鉴别标准浸出毒性鉴别》（GB 5085.3—2007）指标要求。因此，我国将钒钛系废烟气脱硝催化剂纳入《国家危险废物名录》。此外，火电厂生产运行过程中生产设备检修维护还会产生少量的废矿物油、水处理系统可能产生的废离子交换树脂等危险废物。危险废物需委托有相关资质的单位进行规范处置。

3.2.3 行业污染物排放变化情况

3.2.3.1 废气污染物

截至 2020 年，全国完成超低排放改造燃煤机组约 9.5 亿 kW，约占全国煤电总装机容量的 88%。火电行业排放烟尘、二氧化硫和氮氧化物分别为 15.5 万 t、78 万 t、87.4 万 t，三种污染物平均排放绩效分别为 0.032 g/kW·h、0.60 g/kW·h 和 0.179 g/kW·h，低于美国、加拿大等国家的排放水平。见表 3-6 和图 3-7。

烟尘、二氧化硫和氮氧化物排放量占全国排放总量的比例由 2011 年的 12.1%、41.2%、41.7%分别降至 2020 年的 2.13%、9.76%和 7.61%。我国火电行业的污染治理工作成效显著，为国家生态文明建设和全国污染物减排、环境质量改善做出了贡献。

表 3-6　我国火电行业资源环境绩效的国际对标情况

国家	烟气污染物排放绩效/（g/kW·h）		
	烟尘	SO_2	NO_x
中国—2020	0.032	0.60	0.179
美国—2014	0.070	0.99	0.530
加拿大—2014	0.060	1.97	1.250
日本—2014	—	0.23	0.300
英国—2014	0.030	0.59	1.070
法国—2014	0.070	0.90	1.250
德国—2014	0.030	0.50	0.760

数据来源：OECD 与世界银行数据库、《2015 年 BP 世界能源统计年鉴》。

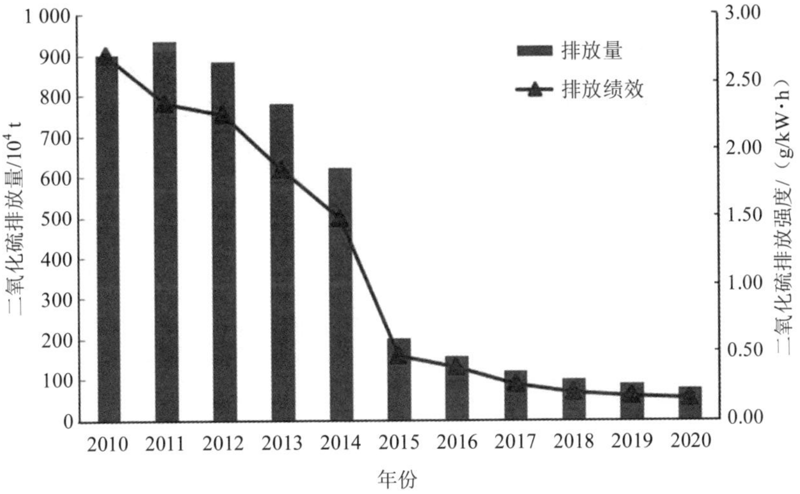

二氧化硫排放量及排放绩效变化情况

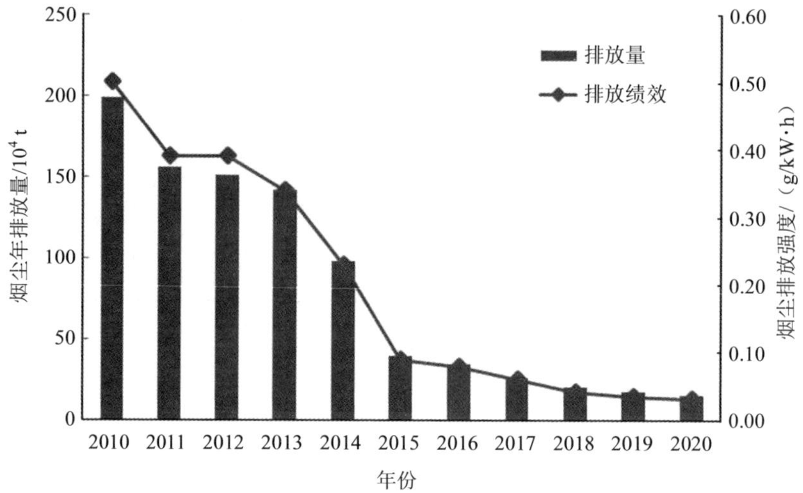

烟尘排放量及排放绩效变化情况

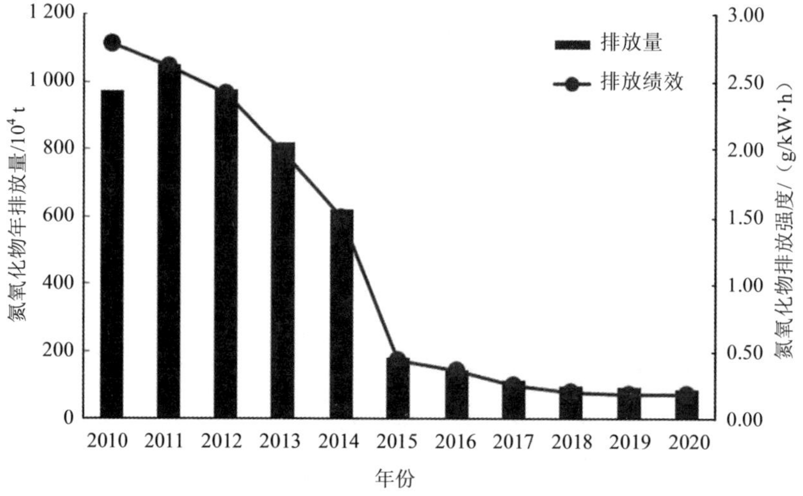

氮氧化物排放量及排放绩效变化情况

图 3-7 我国火电行业主要烟气污染物排放情况

数据来源：《中国电力行业年度发展报告》（中国电力企业联合会，中国市场出版社）。

3.2.3.2 废水污染物

在国家环境保护政策的影响下，火电厂用水与废水治理技术不断升级，水耗与废水排放逐步降低。截至 2020 年，全国火电厂每千瓦时发电量耗水量 1.19 kg，比 2010 年降低了 51.4%，每千瓦时发电量废水排放量 0.051 kg，比 2010 年降低了 84.1%，成效明显，见图 3-8。

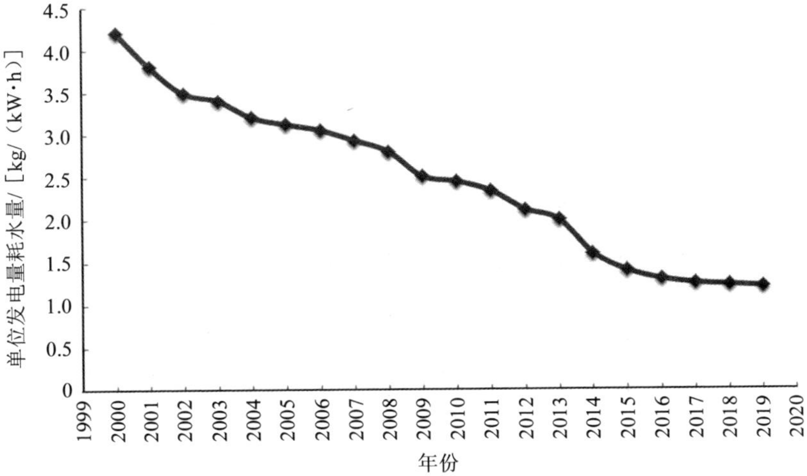

火电行业单位发电量水耗量

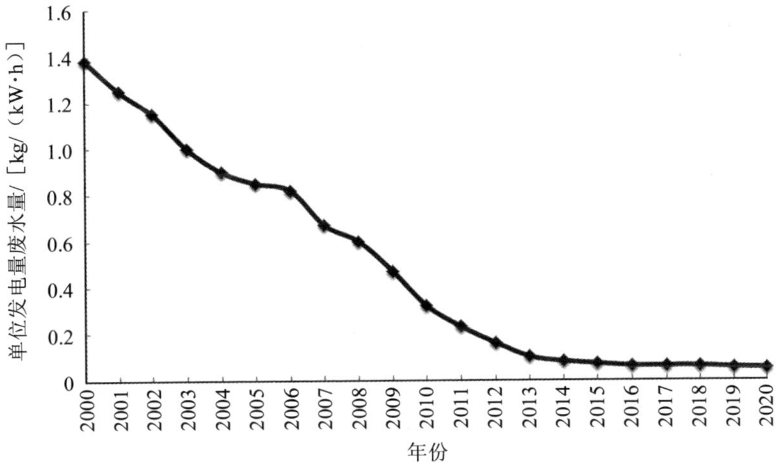

火电行业单位发电量废水量

图 3-8　我国火电行业单位发电量耗水与废水排放情况

数据来源：《中国电力行业年度发展报告》（中国电力企业联合会，中国市场出版社）。

3.2.3.3 固体废物

2010—2020 年，全国燃煤电厂产生粉煤灰 4.8 亿～5.8 亿 t，综合利用率为 68%～72%。脱硫石膏产生量 5 230 万～8 250 万 t，综合利用率为 69%～76%，总体比较稳定，见图 3-9。

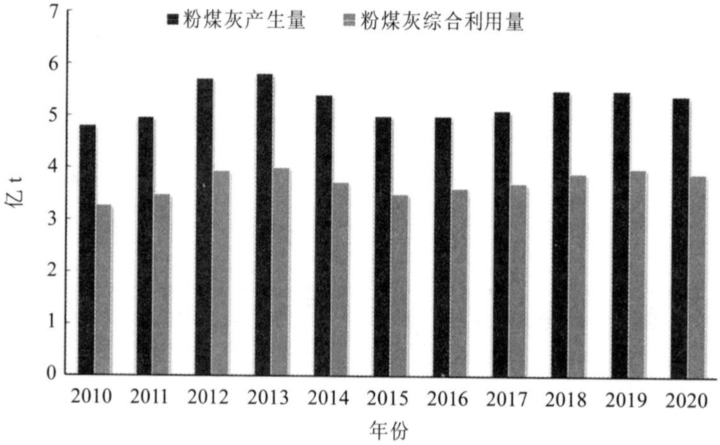

火电行业粉煤灰产生及综合利用情况

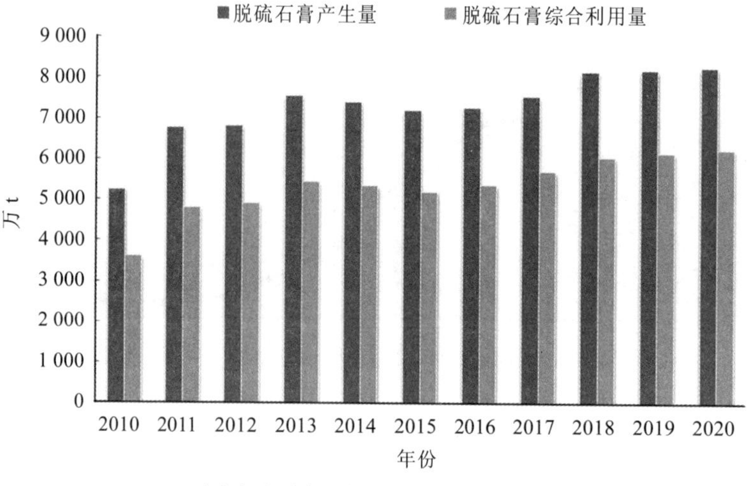

火电行业脱硫石膏产生及综合利用情况

图 3-9　我国火电行业固体废物产生与利用情况

数据来源：《中国电力行业年度发展报告》（中国电力企业联合会，中国市场出版社）。

据调研估算，截至 2017 年，燃煤电厂 SCR 脱硝催化剂装填总量超过了 120 万 m^3，约是 2011 年装填总量的 18 倍。受到烧结、磨损、堵塞、中毒等因素影响，脱硝催化剂的活性在一般 5 年后便可能无法满足设计要求。2012 年以来，平均每年产生约 20 万 m^3 的废脱硝催化剂（危险废物），其中可再生脱硝催化剂比例在 50%～70%（10 万～14 万 m^3/a）。目前国内从事脱硝催化剂再生企业的设计再生处理能力达 30 万 m^3/a 以上，基本可以满足废烟气脱硝催化剂的再生处置需求。

3.3 污染治理技术

1979—2017 年，我国火电行业依次开展了以烟气除尘、脱硫、脱硝为主的污染物减排治理。尤其是近 10 年来，我国针对火电行业污染物排放政策、标准等发生了较大变化，《火电大气污染物排放标准》（GB 13223—2011）大幅加严烟尘、二氧化硫、氮氧化物等排放限值，首次增加了汞及其化合物污染物指标；《关于印发〈煤电节能减排升级与改造行动计划（2014—2020 年）〉的通知》（发改能源〔2014〕2093 号）、《关于印发〈全面实施燃煤电厂超低排放和节能改造工作方案〉的通知》（环发〔2015〕164 号）、《重点区域大气污染防治“十二五”规划》《关于印发大气污染防治行动计划的通知》（国发〔2013〕37 号）等文件的出台，促进了火电行业污染防治技术的发展和升级改造，污染防治措施的投运占比不断提高，行业主要污染物治理水平世界领先。

3.3.1 废气污染治理技术

以《燃煤电厂/火电厂大气污染物排放标准》三个版本（GB 13223—91、GB 13223—2003、GB 13223—2011）的实施时间为标志，除尘、脱硫、脱硝设施在我国火电厂得到大规模应用，加上超低排放改造的深入推进和环保电价政策的推动引导，火电行业积极引进消化、自主创新污染治理工艺技术，石灰石-石膏法工艺出现了传统空塔提效、pH 分区技术和复合塔技术；低氮燃烧技术进一步升级，控制锅炉出口氮氧化物浓度大幅降低，各脱硝技术的脱硝效率也有较大提高；低温电除尘、电袋复合除尘、湿式静电除尘等除尘技术不断涌现，除尘、脱硫和脱硝效率最高可达 99.99%、99.7%和 90%以上，部分技术处于世界领先地位。火电厂成为我国重点污染行业污染防治工作的排头兵。

3.3.1.1 有组织废气污染物

（1）氮氧化物治理技术

火电厂氮氧化物排放受到燃烧方式与污染治理措施的影响。随着烟气污染物排放标准的不断加严，氮氧化物排放浓度由《火电厂大气污染物排放标准》（GB 13223—2003）的 650～1 500 mg/m^3 调整至《火电厂大气污染物排放标准》（GB 13223—2011）的 100～200 mg/m^3，超低排放提出了氮氧化物 50 mg/m^3 的排放要求。截至 2017 年，我国火电机组安装脱硝装置的容量占比已经由 2008 年的 3.3%提升至 98.4%。

目前，氮氧化物主要控制技术分为两类：一是控制燃烧过程中氮氧化物的生成，即低氮燃烧技术，可使锅炉出口氮氧化物浓度降低 20%～60%；二是对生成的氮氧化物进行处理，即烟气脱硝技术，主要有 SCR、选择性非催化还原法（SNCR）和 SNCR/SCR 联合脱硝技术等，根据《火电厂污染防治可行技术指南》（HJ 2301—2017），煤粉炉优先选择 SCR 技术，循环流化床锅炉优先选择 SNCR 技术，中小型机组因空间限制无法加装大量催化剂时宜采用 SNCR+SCR 联合脱硝技术。目前 SCR 技术脱硝效率可达 90%以上，是实现煤粉锅炉氮氧化物超低排放的主要技术手段。

根据国家排污许可信息平台数据，截至 2017 年，应用脱硝装置的火电厂中有 58.05%的机组采用了低氮燃烧方式，单独采用 SCR、SNCR 脱硝方式的机组分别占 43.13%、25.73%，采用 SCR 和 SNCR 联合脱硝方式机组占 14.22%，见表 3-7。

表 3-7　火电厂烟气脱硝设施分类

一级分类	二级分类	2017 年脱硝机组数量占比/%
炉内低氮燃烧	低氮燃烧法	58.05
炉内脱硝技术	选择性非催化还原法（SNCR）	25.73
烟气脱硝	选择性催化还原法（SCR）	43.13
	SNCR +SCR 联合脱硝法	14.22
	其他	11.25

（2）二氧化硫治理技术

截至 2017 年，我国火电机组安装脱硫装置的容量占比已经由 2008 年的 63.7%提升至 95.8%，有力控制了火电厂烟气二氧化硫的排放。

根据火电厂烟气二氧化硫的排放控制节点，可将脱硫技术分为燃烧前、燃烧中和燃烧后三种。燃烧前脱硫主要是选煤、煤气化、液化和水煤浆技术，燃烧中脱硫主要是型煤和流化床燃烧技术。电力行业主要采取燃烧后脱硫，其中以石灰石-石膏湿法脱硫为主，其他脱硫方法还包括烟气循环流化床法脱硫、海水脱硫、氨法脱硫、干法脱硫、半干法脱硫等，但因其工艺特性或原料要求等外部条件，应用范围受到一定限制。在火电厂目前应用的治理设施中，石灰石-石膏法脱硫工艺对各类煤质、各种规模的火电厂有较好的适应性和达标稳定性，在市场上占据着绝对的优势地位。随着超低排放政策的实施，基于传统的石灰石-石膏法脱硫工艺，不断有新技术发展来提升脱硫效率——除传统空塔增效技术外，pH 分区脱硫技术、复合塔脱硫技术等创新型技术也在火电行业得到了广泛应用。前者包括旋汇耦合、托盘等技术，脱硫效率最高可达 99.5%以上；后者包括单/双塔双循环、单塔双区、塔外浆液箱 pH 分区等技术，脱硫效率最高可达 99.7%以上。此外，基于其各自的工艺特点，海水脱硫、氨法脱硫、氧化镁法、双碱法、电石渣法、湿法脱硫除尘一体化、烟气循环流化床法和炉内喷钙尾部增湿活化法等脱硫方式均在国内电厂有应用案例。

国家排污许可信息平台数据显示，截至 2017 年，应用脱硫装置的火电厂中有 62.49%的机组采用了石灰石-石膏法，采用氨法脱硫和氧化镁法脱硫方式的机组也有一定比例，分别为 3.97%和 2.25%，采用其他脱硫方式的机组相对较少，见表 3-8。

表 3-8 火电厂烟气脱硫设施分类

一级分类	二级分类	2017 年脱硫机组数量占比/%
炉内脱硫	炉内喷钙	11.49
湿法脱硫	石灰石-石膏法	62.49
	海水脱硫法	1.01
	氨法	3.97
	氧化镁法	2.25
	双碱法	1.51
	电石渣法	1.58
	湿法脱硫除尘一体化	0.12
半干法脱硫	烟气循环流化床法	0.80
	炉内喷钙尾部增湿活化法	0.11
其他	其他（无法判断或未填写）	14.67

（3）颗粒物（烟尘）治理技术

当前，我国火电行业运用的主要除尘技术包括静电除尘器、袋式除尘器和电袋复合除尘器三种技术。随着《火电厂大气污染物排放标准》（GB 13223—2011）和《煤电节能减排升级与改造行动计划（2014—2020 年）》（发改能源〔2014〕2093 号）的发布执行，一系列新技术在实践应用中取得了良好的业绩。除湿式静电除尘外，低温电除尘、高频电源供电电除尘、超净电袋复合除尘、袋式除尘等技术也得到快速发展和广泛应用，另外旋转电极电除尘、粉尘凝聚技术、烟气调质、隔离振打、分区断电振打、脉冲电源、三相电源供电等新型除尘技术已在一些电厂中得到应用，运行效果良好。

根据国家排污许可信息平台数据，截至 2017 年，全国火电厂应用的除尘装置中，静电除尘、电袋除尘和袋式除尘分别占机组总台数的 33.81%、30.72%和 19.70%；除湿法脱硫协同装置外，21.60%火电机组设有湿式电除尘器，见表 3-9。

表 3-9 火电厂烟气除尘设施分类

一级分类	二级分类	2017 年脱除尘组数量占比/%
一次除尘	静电除尘	33.81
	电袋组合除尘	30.72
	袋式除尘	19.70
	其他（未填写）	15.77
二次除尘	湿法脱硫协同	17.31
	湿式电除尘	21.60
	其他（未填写）	61.09

（4）汞及其化合物

目前，我国火电行业主要利用现有的烟气除尘、脱硫、脱硝等装置进行协同脱汞。此外，还出现了卤素除汞和烟道喷入活性炭吸附剂等脱汞措施，现场试验结果表明该技术能够在现有环保设施协同脱汞的基础上，进一步降低烟气中汞排放浓度达 30%～50%。

3.3.1.2 无组织废气污染物

火电厂无组织排放源治理措施主要体现为燃煤电厂工艺过程污染防治技术，具体包括煤炭装卸、输送与储存的扬尘防治技术，脱硫剂装卸、输送与贮存的扬尘防治措施以及灰场扬尘防治措施。

根据国家排污许可信息平台数据可知，煤场的污染防治措施主要采用防风抑尘网、洒水、覆盖、全封闭（如封闭煤场、筒仓）等措施；输煤栈桥、输煤转运站采用封闭半封闭（挡风板、遮雨棚等）措施，同时对于灰库、渣仓、石灰石料仓、煤粉仓等均封闭布置，并配备袋式除尘器、碎煤机等设备进行除尘。

3.3.2 废水污染治理技术

3.3.2.1 脱硫废水

石灰石-石膏湿法脱硫是目前燃煤电厂应用最广的脱硫工艺。燃煤电厂脱硫废水是指锅炉烟气湿法脱硫过程产生的废水，主要来自石膏脱水和清洗系统。该废水由进入脱硫系统的部分工艺水不断循环浓缩而成，并携带了烟气脱硫系统的物质。目前，脱硫废水处理措施主要包括达标排放处理和零排放处理，达标排放技术常用“中和、混凝、沉淀”三联箱技术去除废水中的重金属以达到废水排放要求或满足厂内回用要求；零排放技术在加药预处理的基础上，辅以浓缩减量及末端蒸发固化等深度处理技术达到废水零排放。

3.3.2.2 含煤废水

含煤废水主要来自运煤栈桥、转运站地面冲洗水和煤场含煤雨水。含煤废水经管道和沟道收集后，在沉煤池内自然沉淀去除一部分大的颗粒，再送至含煤废水处理系统进行沉淀过滤处理后排至复用水系统进行复用。

3.3.2.3 含油废水

含油污水是指全厂各生产系统所排放的含油污水，主要包括燃油泵房和燃油罐区排水、含油场所的冲洗排水。含油污水主要采用油水分离技术，处理合格后，排至复用水系统进行复用。

3.3.2.4 其他生产废水

补给水处理系统、凝结水精处理系统、循环水补充水处理系统等产生的废水，因 pH 超标而主要采用加入适量酸碱进行中和，处理达标后复用。原水预处理装置中经反渗透装置处理后排出的高含盐量反渗透浓水，一般可以直接排至复用水系统进行复用。主厂房冲洗排水、氨区废水等，以及锅炉清洗排水、烟气侧设备冲洗排水等，主要采用氧化、曝气、混凝澄清、过滤处理等方式合格后回用。

根据调查，单机容量≥450 MW 的机组，工业废水（不含循环、直流冷却排污水和生活污水）基本可以实现零排放，脱硫废水一般经脱硫废水处理设施处理后回用于干灰调湿、煤场喷洒、冲渣、冲灰或喷雾蒸发和蒸发结晶处理；含煤废水一般经含煤废水处理设施处理后回用于煤场喷洒、输煤皮带冲洗；含油废水经含油废水处理设施处理后回用于进入工业废水处理装置或煤场喷洒等；其他生产废水一般经工业废水处理设施处理后回用于脱硫系统补水、煤场喷洒、输煤皮带冲洗、厂区冲洗等。

3.3.3 固体废物污染治理技术

火电厂固体废物治理主要以回收利用及无害化处理为主。

3.3.3.1 飞灰

在水泥工业和混凝土工程中，将飞灰代替黏土原料生产水泥；在建筑制品中，以电厂飞灰和生石灰或其他碱性激发剂作为主要原料，蒸制粉煤灰砖；在农业中，可将飞灰作为农业肥料和土壤改良剂使用。

3.3.3.2 脱硫副产物

石灰石-石膏湿法脱硫产生的脱硫石膏广泛应用于建筑、建材、工业模具和艺术模型等领域，是一种重要的工业原材料。氨法脱硫产生的$(NH_4)_2SO_4$可作为农田肥料，是一种重要的氮肥和硫肥。循环流化床脱硫产生的脱硫灰（$CaSO_3$）可用作水泥生产助磨剂和水泥缓凝剂，以及制备生态型水泥的重要原料。

3.3.3.3 烟气脱硝废钒钛系催化剂

烟气脱硝废钒钛系催化剂处理首选催化剂再生，处理方法包括水洗再生、热再生和还原再生。其中主要以水洗再生为主，即把失去活性的催化剂通过浸泡洗涤、添加活性组分以及烘干的程序，使催化剂恢复大部分活性。再生过程会产生少量含有重金属的废水，应集中处理。如不具备再生条件，需进行填埋，填埋过程应严格遵照危险固体废物的填埋要求。

3.3.3.4 废矿物油、废离子交换树脂

根据《国家危险废物名录》，火电行业生产设备检修维护产生的废矿物油，以及水处理系统产生的废离子交换树脂属于危险废物。上述两种危险废物的产生由机组检修或去离子水使用量确定，各企业产生量差距较大，均应根据危险废物相关管理办法，委托有危险废物处置资质的单位进行处理。

3.3.4 噪声污染治理技术

火电企业产生的噪声主要分为机械噪声和空气动力性噪声。对于由振动、破碎、摩擦和撞击等引起的机械噪声，通常采取减振、隔声措施，如对设备加装减振垫、隔声罩等，也可将某些设备传动的硬件连接改为软件连接；车间内可采取吸声和隔声等降低噪声措施。对于由空气释放等产生的空气动力性噪声，通常采取安装消声器的措施。

3.4 行业环境管理要求与发展趋势

在世界各国环境保护历史进程中，电力工业都是管理和监督的重点领域。据不完全统计，针对电力工业，我国共发布具有重要影响的环境保护相关法律法规30余部、标准60余项、部门规章和规范性文件100余项。20世纪80年代，我国火电建设项目率先开展了环境影响评价工作；以《火电厂大气污染物排放标准》（GB 13223—1996）的实施时间为标志，污染物自动监测系统在我国各个火电厂得到大规模应用；同时，电力生产具有很强的专业性，通过分布式控制系统（DCS），为我国环境管理体系的建立和完善奠定了基石。通过不断提高排放标准、实施煤电超低排放战略，持续加强环境保护专业队伍和能力建设，火电厂主要大气污染物排放总量显著降低，成为我国重点污染行业环境保护工作的“领跑者”。

3.4.1　最新环境保护要求

2000 年以来，为应对日益严重的大气环境污染问题，国家对火电行业实施了更加严格的管控要求，出台了一系列政策法规、标准与技术政策。其中大部分为“行政命令式”的，如淘汰关停小火电机组、提高准入标准、制定排污标准、强制安装环保设备、实施总量控制、发放排污许可证、实行“三同时”及环境影响评价制度等。2005 年以后，国家环境管理的思路逐渐转变，管理手段日趋丰富，环境保护税（排污收费）、环保与超低电价、污染物排放权交易试点、碳配额与碳交易、信用等级评价等市场激励性环境管理方式逐渐在火电行业得到成熟应用，同时积极推进“放管服”改革，加快政府职能深刻转变，将环境保护主体责任落实到火电企业。火电行业环境管理手段已逐渐由“行政命令”转变为“行政命令+市场引导”，推动了行业的清洁低碳发展。目前，我国对火电行业的环境保护工作主要有以下特点。

3.4.1.1　强调结构布局调整，促进行业清洁低碳发展

“十二五”以来，国家进一步加强了对火电行业的结构调整力度，以遏制火电行业产能重复建设，并对于污染严重、能耗高的小机组予以坚决关停。2016 年 3—10 月，国家发展改革委、能源局接连发文要求“取消一批，缓核一批，缓减一批”煤电项目，促进煤电有序发展。2016 年 11 月，《电力发展“十三五”规划（2016—2020 年）》要求“十三五”期间力争将煤电装机控制在 11 亿 kW 以内，取消和推迟煤电建设项目 1.5 亿 kW 以上，淘汰落后火电机组超过 2 000 万 kW。2018 年 7 月，国务院印发《打赢蓝天保卫战三年行动计划》，提出大力淘汰关停环保、能耗、安全等不达标的 30 万 kW 以下燃煤机组。此外，《重点区域大气污染防治“十二五”规划》（环发〔2012〕130 号）、《关于落实大气污染防治行动计划严格环境影响评价准入的通知》（环办〔2014〕30 号）等多份文件对火电厂和热电联产电厂的布局提出了严格要求。

在严控煤电装机规模的同时，国家对现有火电项目节能减排指标也进行了严格要求，《煤电节能减排升级与改造行动计划（2014—2020 年）》提出新建煤电机组平均供电煤耗低于 300 g 标准煤/kW·h。2017 年 7 月《关于推进供给侧结构性改革防范化解煤电产能过剩风险的意见》提出“到 2020 年，具备条件的煤电机组完成超低排放改造，煤电平均供电煤耗降至 310 g/kW·h”。随着淘汰落后产能、施行“上大压小”、要求等煤量替代或等容量替代、强化环评源头约束等政策的实施，火电行业依靠扩大装机追求发展和利润的时代已宣告结束。

3.4.1.2 严格行业排放要求，推动烟气治理技术升级

2011 年修订《火电厂大气污染物排放标准》（GB 13223—2011），对主要大气污染物做出了严格的排放控制要求，对 12 个重点区域执行特别排放限值，进一步收严了污染物排放标准浓度。2014 年《煤电节能减排升级与改造行动计划（2014—2020 年）》首次提出了分区域进行“超低排放”改造。2015 年《关于印发全面实施燃煤电厂超低排放和节能改造工作方案的通知》，要求进一步加快燃煤电厂超低排放改造进度，见表 3-10。2017 年，天津、河北、浙江、上海、山西等多省市出台了严于“超低排放”的燃煤电厂烟气污染物排放地方标准，并开始探索对烟尘、三氧化硫等非常规污染物进行管控。

表 3-10 我国火电行业资源环境绩效的国际对标情况 单位：mg/m^3

国际/地区	烟尘	SO_2	NO_x
我国（GB 13223—2011）一般地区排放限值	30	200	100
我国（GB 13223—2011）重点地区特别排放限值	20	50	100
燃煤机组超低排放限值	10	35	50
美国	50	184	135
欧盟	50	200	200

在不断收紧火电行业烟气污染物排放限值的同时，环境保护部相继出台了《燃煤电厂超低排放烟气治理工程技术规范》《火电厂污染防治可行技术指南》《火电厂烟气治理设施运行管理技术规范》《火电厂除尘工程技术规范》等多项技术规范，以促进火电行业烟气污染治理技术设施的科学研发、建设与运行。

3.4.1.3 改革实施排污许可，推进落实环保主体责任

2016年11月国务院印发《控制污染物排放许可制实施方案》，对实施企事业单位排污许可管理做出总体部署和系统安排，提出“一企一证”“综合许可”等多项要求。2016年12月，环境保护部先后印发《排污许可证管理暂行规定》《关于开展火电、造纸行业和京津冀试点城市高架源排污许可管理工作的通知》，要求火电企业在2017年6月30日前完成排污许可证申领工作，并在日常生产过程中开展自行监测，建立环境管理台账，按期报告许可证执行情况，做到“持证排污、按证排污”，环保部门“依证监管，依法处罚”。截至2018年6月30日，火电行业基本完成了排污许可证申请与核发工作，取得了良好的开局，“持证排污、按证排污、信息公开、自证守法”的环境管理新模式已经形成。

同时，为进一步划分企业环境保护责任边界，2017年8月国务院发布《关于修改〈建设项目环境保护管理条例〉的决定》，取消了项目建设竣工环保验收行政许可，将竣工验收主体由环保部门调整为建设单位。2017年9月，国务院印发《关于深化环境监测改革提高环境监测数据质量的意见》，取消环保部门负责的污染源自动监测设备有效性审核。重点排污单位自行开展污染源自动监测的手工比对，及时处理异常情况，确保监测数据完整有效。自动监测数据可作为环境行政处罚等监管执法的依据。上述调整进一步明确了环保责任的划分边界，使企业成为环保责任的直接主体。

3.4.1.4 重视环境监管执法，加大处罚环境违法行为

2013年，环境保护部印发《燃煤火电企业环境守法导则》，引导和规范燃煤

火电企业加强环境管理，提升环境守法能力，提高燃煤火电企业的污染防治水平。2014 年，印发实施《燃煤发电机组环保电价及环保设施运行管理办法》，提出燃煤发电机组必须按环保规定安装脱硫、脱硝和除尘环保设施，发电企业必须安装运行烟气排放连续监测系统并与环保部门和电网企业联网，对达不到国家和地方规定的污染物排放限值的发电企业，没收环保电价，并视超标情况处以 5 倍以下罚款。同时，要求强化环保设施监管，严惩 CEMS 和 DCS 数据弄虚作假行为，提升火电企业烟气在线监测设备的管理水平。2017 年，环境保护部印发《火电、造纸行业排污许可证执法检查工作方案》，通过执法检查，督促企业落实排污许可相关要求。

2015 年，环境保护部印发《环境监测数据弄虚作假行为判定及处理办法》，进一步明确提出了环境监测数据弄虚作假的行为情形及处理方法。2015 年 1 月被称为“长牙齿的”新《中华人民共和国环境保护法》开始实施，对违法者将采取“查封扣押、按日处罚、限产停产、行政拘留、刑事处罚”等多项措施。2016 年 7 月修订的《中华人民共和国环境影响评价法》，提高了未批先建的违法成本，大幅提高了惩罚的限额。上述政策要求进一步规范了燃煤企业的环保行为，提升了企业环境守法意识。

3.4.1.5 运用环境经济手段，引导行业主动节能减排

我国环境管理工作已从 20 世纪 70 年代的单一控制逐渐转型为多部门、多手段控制，尤其是在探索环境与经济相融合的政策与产品，建立市场化的竞争模式，以促进产业结构调整升级方面取得了较为丰富的经验。火电行业最初执行“排污收费”的环境经济政策，2007 年和 2014 年，国家相继出台《燃煤发电机组脱硫电价及脱硫设施运行管理办法（试行）》《燃煤发电机组环保电价及环保设施运行监管办法》，明确环保脱硫、脱硝、除尘的电价补贴政策，脱硝、脱硫和除尘电价分别为 1.0 分钱/kW·h、1.5 分钱/kW·h 和 0.2 分钱/kW·h。2015 年 12 月，国家发展改革委、环境保护部、能源局三部门联合下发了《关于实行燃煤电厂超低排放

电价支持政策有关问题的通知》，对于达到超低排放标准的燃煤电厂，对其统购上网电量加价 0.5～1 分钱/kW·h。

此外，生态环境部门与中国人民银行、保监会、银监会、国家税务总局、国家发展改革委等部门联合磋商，制定科学合理的政策，引导企业节能减排。如 2007 年开展环境污染强制责任保险试点，2014 年出台《关于进一步推进排污权有偿使用和交易试点工作的指导意见》，支持和指导排污单位通过淘汰落后和过剩产能、技术改造升级等，回购“富余排污权”参加市场交易。2015 年出台《关于加强企业环境信用体系建设的指导意见》，建立环境信用评价制度，将环境违法企业列入“黑名单”并向社会公开，纳入社会信用体系。2017 年 12 月国家发展改革委印发《全国碳排放权交易市场建设方案（发电行业）》，正式启动全国碳交易市场，电力行业为唯一纳入行业。2018 年 1 月实施《中华人民共和国环境保护税法》，按照“税费平移”原则，进一步强化企业治污减排的责任。

3.4.2　行业发展面临的环境保护新形势

当前，我国结构型、压缩型、复合型环境问题尚未得到根本解决，环境污染现状与人民群众对优质环境质量需求之间的矛盾依旧突出，火电行业发展依然面临着产能过剩、结构优化调整任务重、污染物减排经济成本高、碳减排压力大、部分地区污染治理要求“一刀切”等问题。在我国环境管理已全面转向强化全过程管控，进行跨区域、跨行业、多部门、多要素的协同管控的新时期，火电行业作为建设美丽中国的重要能源保障，仍需要环境管理和政策工具持续发力，推动和引领行业高质量发展。对照生态文明建设的新要求，目前火电行业的发展面临以下新的形势。

3.4.2.1　烟气非常规污染物成为火电行业下一步污染治理的重点与方向

随着火电厂超低排放的深入实施，常规污染物（SO_2、NO_x 和烟尘）的排放控制已不构成对煤电发展的关键性约束条件。燃煤电厂大气污染物控制技术将逐步由先除尘、再脱硫、再脱硝的单元式、渐进式控制，向常规污染物与脱除三氧化硫、氨、可凝结颗粒物、重金属等深度一体化协同控制技术发展，逐步使大气污染物排放接近于 0。电厂产生的废水及固体废物也将参与到循环经济体系之中或进行无害化处理。

3.4.2.2 温室气体排放控制要求构成行业发展的硬约束

火电厂也是二氧化碳的排放大户，面对“碳达峰”与“碳中和”发展要求，已成为碳减排的关注焦点。在实践中，行业面临着区域协同减碳未联动、减碳与治污管理不协调、减碳措施应用缺指导等问题，亟须统筹二氧化碳与污染物减排的管控要求，科学践行“30·60”“双碳”目标，积极探索新时期环境治理和应对气候变化的协同管控路径。

第 4 章　排污单位自行监测方案的制定

立足排污单位自行监测在我国污染源监测管理制度中的定位，根据火力发电及锅炉行业发展概况和污染排放特征，我国发布了《排污单位自行监测技术指南　总则》（HJ 819—2017）、《排污单位自行监测技术指南　火力发电及锅炉》（HJ 820—2017）等相关标准规范，这是火电行业企业制定自行监测方案的依据。为了让标准规范的使用者更好地理解标准中规定的内容，本章重点围绕《排污单位自行监测技术指南　火力发电及锅炉》（HJ 820—2017）中的具体要求，一方面对其中部分要求的来源和考虑因素进行说明，另一方面对使用过程中需要注意的重点事项进行说明，以期为指南使用者提供更加详细的信息。

4.1　监测方案制定的依据

2017 年 4 月，环境保护部发布《排污单位自行监测技术指南　总则》《排污单位自行监测技术指南　火力发电及锅炉》（HJ 820—2017），这是火力发电及锅炉排污单位制定监测方案的重要依据。

根据自行监测技术指南体系的设计思路，火力发电及锅炉排污单位主要按照《排污单位自行监测技术指南　火力发电及锅炉》确定监测方案，对于其中未规定，但《排污单位自行监测技术指南　总则》中明确规定的内容，应按照《排污单位自行监测技术指南　总则》执行。

锅炉属于通用工序，在各类工业企业中应用比较普遍。除了以生活垃圾、危险废物为燃料的火电厂及锅炉，其他工业企业涉及的自备电厂和工业锅炉，均应按照《排污单位自行监测技术指南　火力发电及锅炉》确定监测方案。目前发布的各行业自行监测技术指南中均明确规定，自备电厂火力发电机组（厂）、配套动力锅炉的自行监测，应按照《排污单位自行监测技术指南　火力发电及锅炉》执行。

2018 年 7 月，生态环境部发布了《排污许可证申请与核发技术规范　锅炉》（HJ 953—2018），进一步明确锅炉排污单位自行监测按照《排污单位自行监测技术指南　火力发电及锅炉》执行，但同时也对自行监测中未涉及的其他排放口进行了补充要求。2019 年 3 月，生态环境部对《排污许可证申请与核发技术规范　火电》（征求意见稿）公开征求意见，其中在自行监测管理要求中，对自行监测指南中未涉及的其他排放口也提出了监测要求。因此，火力发电及锅炉排污单位在制定自行监测方案时，应参照《排污许可证申请与核发技术规范　锅炉》（HJ 953—2018）中对自行监测的管理要求，同时待《排污许可证申请与核发技术规范　火电》正式发布实施后，也应一并参照其相关要求。

4.2　废气排放监测

4.2.1　废气来源

根据第 3 章的分析，火力发电及锅炉排污单位的废气来源主要包括：①燃烧烟气，主要是燃料系统在燃烧过程中产生的废气，根据燃料不同可分为燃煤、燃油、燃气、燃生物质等燃烧烟气；②燃料存储运输过程中的废气，主要包括卸料（卸船机、翻车机、缝式煤槽等）、燃料贮存［煤场、其他燃料场（仓）等］、厂内输送（转运站、输送皮带等）、燃料制备（碎煤机、破碎机、筛分机、煤粉仓等）等过程中产生的废气；③辅料及固废存储过程中产生的废气，辅料存储主要包括燃油储罐、液氨罐、氨水罐、石灰石料仓等，固废存储包括灰库、渣库等。

从废气来源分析中可以看出，火力发电及锅炉排污单位的废气种类与燃料类型有很大的关系。排污单位可以根据燃料类型，结合企业自身情况，对照分析废气的主要来源。

4.2.2　监测点位

企业开展废气自行监测的监测点位主要包括有组织废气外排口监测点位、无组织排放监测点位等。

4.2.2.1　有组织废气

燃烧烟气是火力发电及锅炉排污单位最主要的有组织废气。《排污单位自行监测技术指南　总则》将单台出力 14 MW 或 20 t/h 及以上的各种燃料的锅炉和燃气轮机组列为主要排放口。《排污许可证申请与核发技术规范　锅炉》在此基础上加严要求，将单台出力 7MW 或 10 t/h 及以上或者合计出力 14 MW 或 20 t/h 及以上锅炉排污单位的所有烟囱排放口列为主要排放口，其他有组织排放口均为一般排放口。

《排污单位自行监测技术指南　火力发电及锅炉》（HJ 820—2017）中要求必须开展自行监测的有组织废气为锅炉或燃气轮机废气。对于净烟气与原烟气混合排放的，应在锅炉或燃气轮机（内燃机）排气筒，或烟气汇合后的混合烟道上设置监测点位；净烟气直接排放的，应在净烟气烟道上设置监测点位，有旁路的旁路烟道也应设置监测点位。其他有组织废气，应在废气排气筒上设置监测点位。废气监测平台、监测断面和监测孔的设置应符合《固定污染源烟气排放连续监测系统技术要求及检测方法（试行）》（HJ/T 76）、《固定源废气监测技术规范》（HJ/T 397）等要求，同时监测平台应便于开展监测活动，并能保证监测人员的安全，具体要求参见本书第 5 章相关内容。

根据废气来源分析，除上述废气外，有组织废气还包括原辅燃料及固废贮存、转运等过程中收集处理并集中排放的废气，对于燃煤锅炉及燃煤电厂尤为明显。

《排污许可证申请与核发技术规范　锅炉》中，要求对锅炉排污单位的该类废气进行监测，具体包括：①燃料料仓、脱硫剂料仓、粉煤灰库、脱硫副产物库房等贮存系统生产设施排放口；②碎煤机、筛分机、石灰石制粉设备等制备系统生产设施废气排放口；③中转站、输煤栈道等输送系统生产设施废气排放口。

4.2.2.2 无组织废气

火力发电及锅炉排污单位的无组织废气，主要源于燃料及其他原辅材料在厂区内贮存运输过程中产生的无组织排放。根据《排污单位自行监测技术指南　火力发电及锅炉》的要求，采用煤、煤矸石、石油焦、油页岩、生物质、油作为燃料，以及使用氨或氨水作为还原剂的火力发电及锅炉排污单位，应设置无组织排放监测点位，以监控废气的无组织排放。

根据监测点位设置的位置不同，火力发电及锅炉排污单位无组织排放监测点位分为两种类型，一种设置在厂界，另一种设置在特定区域（如储油罐区、氨罐区）周边。无组织废气点位数量、位置等要求参照《大气污染物无组织排放监测技术导则》（HJ/T 55—2000）。

4.2.3 监测指标

排污单位废气自行监测指标的确定原则一般应包括对应的污染源所执行的国家或地方污染物排放（控制）标准、环境影响评价报告书（表）及其批复、排污许可证等相关管理规定中明确要求的污染物指标。确定外排口监测点位的监测指标时，还应根据生产过程的原辅用料、生产工艺、中间及最终产品类型确定潜在的污染物，对潜在污染物进行摸底监测，根据结果确定各外排口监测点位是否存在其他纳入相关有毒有害或优先控制污染物名录中的污染物指标，或其他有毒污染物指标，这些也应纳入监测指标。尤其是对于新的化学品，尚未纳入标准或污染物控制名录的污染物指标，只要确定排放，且对公众健康或环境质量有影响，排污单位从风险防范的角度出发就应当开展监测。

根据燃料类型、锅炉或燃气轮机规模等，火力发电及锅炉排污单位排放的废气执行《火电厂大气污染物排放标准》和《锅炉大气污染物排放标准》。近年来，北京、上海、天津、重庆、广州、山东等地陆续制修订了地方锅炉或火电厂大气污染物排放标准。无论是国家标准还是地方标准，监测指标都主要集中在颗粒物（烟尘）、二氧化硫、氮氧化物、汞及其化合物、烟气黑度（林格曼黑度）。《排污单位自行监测技术指南 火力发电及锅炉》以国家行业排放标准为主要依据，同时参考了《大气污染物综合排放标准》，确定了锅炉烟气以及无组织废气的自行监测指标。

虽然火力发电及锅炉相关排放标准规定的烟气排放指标并不多，但是在实际工作中发现，遗漏监测指标的情况并不少见。根据 2016 年统计数据，在开展自行监测的火电厂中，按照企业燃料类型所有指标均监测的共计 720 家，占开展自行监测企业总数的 68.9%；遗漏 1 项监测指标的共计 33 家，占 3.2%；遗漏 2 项监测指标的共计 181 家，占 17.3%；遗漏 3 项及以上的共计 113 家，占 10.8%。

4.2.3.1　燃烧烟气

燃烧烟气的污染因子包括常规因子和特征因子两大类。其中，常规因子主要包括二氧化硫、氮氧化物、烟尘、林格曼黑度，特征因子主要包括汞及其化合物、氨等。对于常规因子，无论燃料属于何种类型，都需要进行监测。对于特征因子，视具体情况来判断是否开展监测。

其中，汞及其化合物，适用于燃煤锅炉烟气的监测。据统计，燃煤电厂及燃煤锅炉是大气中汞最主要的排放源。氨适用于使用液氨、氨水、尿素等含氨物质作为脱硝还原剂的锅炉或燃气轮机烟气的监测，以考察氨逃逸的情况。燃煤或燃油产生的烟气在脱硝过程中，均普遍采用含氨物质作为还原剂，因此将氨设为选测指标。

对于燃料类型为煤、油、气以外的锅炉，应按照以下分类制定燃烧烟气的监测方案：型煤、水煤浆、煤矸石锅炉参照燃煤锅炉；油页岩、石油焦、生物质锅炉或燃气轮机组参照以油为燃料的锅炉或燃气轮机组；气体燃料仅限于以净化天然气为燃料的锅炉或燃气轮机组，其他气体燃料的锅炉或燃气轮机组参照以油为燃料的锅炉或燃气轮机组。

4.2.3.2 原辅燃料及固废有组织废气

主要包括原辅燃料在装卸、储存、转移、输送、破碎筛分、备料等过程中产生的废气，以及灰渣、脱硫副产物在装卸、储存、转移过程中产生的废气。该类废气主要污染物以颗粒物为主，污染防治设施一般为布袋除尘器。

火力发电及锅炉排污单位的上述废气虽经过除尘器处理，但由于《火电厂大气污染物排放标准》《锅炉大气污染物排放标准》对上述排放口无排放限值的控制要求，故很多排污单位未设置规范化的采样口，无法开展采样监测。《排污单位自行监测技术指南　火力发电及锅炉》（HJ 820—2017）也未对其提出自行监测的要求。但《排污许可证申请与核发技术规范　锅炉》（HJ 953—2018）对上述废气提出了监测要求。因此，锅炉排污单位应当对上述废气开展自行监测，监测指标为颗粒物。

4.2.3.3 无组织废气

无组织废气监测指标取决于无组织废气的来源，与燃料类型有很大关系。燃用固体燃料的，固体燃料在厂区内存贮、制备、转运过程中可能存在无组织逸散，污染因子主要为颗粒物，因此应在厂界监测颗粒物；储油罐无组织排放以非甲烷烃为主，因此在储油罐周边及厂界监测非甲烷总烃；氨属于《恶臭污染物排放标准》中控制的恶臭污染物，有液氨或氨水贮存的应在氨罐区周边监测氨。

4.2.3.4 同步监测烟气或环境参数

在开展有组织废气污染物排放监测时，根据《固定污染源排气中颗粒物和气态污染物采样方法》（GB/T 16157—1996）、《固定源废气监测技术规范》（HJ/T 397—

2007）和相应排放标准的要求应同步监测排气参数，排气参数包括监测断面截面积、排气筒高度、烟道中烟气温度、水分含量、动压、静压和大气压等，目的是计算污染物的折算浓度和排放速率，满足排放标准评价的要求。其中断面截面积、排气筒高度等静态参数仅监测一次，其他动态排气参数监测频次与污染物监测频次相同，应同步开展监测。根据相关排放标准，锅炉及燃气轮机排放的污染物实测浓度，需折算为基准含氧量排放浓度。因此，除以上参数外，还需监测烟气中的氧含量。

在开展无组织废气污染物排放监测时，根据《大气污染物无组织排放监测技术导则》（HJ/T 55—1996）的要求，需同步记录风速、风向、温度等气象参数。

4.2.4　最低监测频次的确定

4.2.4.1　监测频次的一般要求

对污染物开展监测，应确保既能反映出排污单位的污染物排放特征，尽可能了解到污染物的超标排放情况，又需避免不必要的重复监测。在确定排污单位不同监测指标的监测频次时，遵循的主要原则：重点排污单位应增加监测频次；排污单位主要排放源应增加监测频次；主要污染物、有毒污染物应增加监测频次。即使对于同一种污染物，重点排污单位和非重点排污单位的最低监测频次，仍有较大差别。

《中华人民共和国环境保护法》《中华人民共和国大气污染防治法》《中华人民共和国水污染防治法》中对重点排污单位的监测责任提出了明确要求，并提出重点排污单位的界定由国务院环境保护主管部门规定。2017 年，环境保护部印发了《重点排污单位名录管理规定（试行）》（环办监测〔2017〕86 号），明确了重点排污单位的筛选条件，规范了重点排污单位名录管理。

根据《重点排污单位名录管理规定（试行）》，重点排污单位名录由地方人民政府环境保护主管部门确定并公开。设区的市级地方人民政府环境保护主管部门依据本行政区域的环境承载力、环境质量改善要求和本规定的筛选条件，每年商有关部门筛选污染物排放量较大、排放有毒有害污染物等具有较大环境风险的企业事业单位，确定下一年度本行政区域的重点排污单位名录。重点排污单位名录实行分类管理，按照受污染的环境要素分为水环境重点排污单位名录、大气环境重点排污单位名录、土壤环境污染重点监管单位名录、声环境重点排污单位名录，以及其他重点排污单位名录共五类，同一家企业事业单位因排污种类不同可以同时属于不同类别重点排污单位。纳入重点排污单位名录的企业事业单位应明确所属类别和主要污染物指标。

根据2017年环境保护部印发的《重点排污单位名录管理规定（试行）》，火力发电行业、热力生产和热电联产属于废气污染重点监管行业，纳入大气环境重点排污单位名录。该文件还规定了二氧化硫、氮氧化物、烟粉尘属于废气主要污染指标。

专栏一

根据《关于印发〈重点排污单位名录管理规定（试行）〉的通知》（环办监测〔2017〕86号），具备下列条件之一的企业事业单位，纳入大气环境重点排污单位名录。

（1）一种或几种废气主要污染物年排放量大于设区的市级环境保护主管部门设定的筛选排放量限值。

废气主要污染物指标是指二氧化硫、氮氧化物、烟（粉）尘和挥发性有机物。筛选排放量限值根据环境质量状况确定，排污总量占比不得低于行政区域工业排放总量的65%。

（2）有事实排污且属于废气污染重点监管行业的所有大中型企业。

废气污染重点监管行业包括火力发电、热力生产和热电联产，有水泥熟料生产的水泥制造业，有烧结、球团、炼铁工艺的钢铁冶炼业，有色金属冶炼，石油炼制加工，炼焦，陶瓷，平板玻璃制造，化工，制药，煤化工，表面涂装，包装印刷业等。

各地可根据本地实际情况增加相关废气污染重点监管行业。

（3）实行排污许可重点管理的已发放排污许可证的排放废气污染物的单位。

（4）排放有毒有害大气污染物（具体参见环境保护部发布的有毒有害大气污染物名录）的企业事业单位；固体废物集中焚烧设施的运营单位。

（5）设区的市级以上地方人民政府大气污染防治目标责任书中承担污染治理任务的企业事业单位。

（6）环保警示企业、环保不良企业、三年内发生较大及以上突发大气环境污染事件或因大气环境污染问题造成重大社会影响或被各级环境保护主管部门通报处理尚未完成整改的企业事业单位。

4.2.4.2　监测频次的确定

（1）燃烧烟气

《排污单位自行监测技术指南　火力发电及锅炉》在制定有组织废气最低监测频次时，主要按照《锅炉大气污染物排放标准》（GB 13271—2014）对锅炉规模的划分，以 14 MW 或 20 t/h 为界，在满足《排污单位自行监测技术指南　总则》中最低监测频次要求的基础上，规定了不同的监测频次要求。同时，又充分考虑到不同燃料类型污染排放指标及排放量的不同，采取了不同的监测频次，见表 4-1。例如，《锅炉大气污染物排放标准》要求 14 MW 或 20 t/h 及以上的锅炉应安装污染物排放自动监控设备，对于此类锅炉，应对颗粒物、二氧化硫、氮氧化物采取自动监测。对于 14 MW 或 20 t/h 以下的锅炉，根据燃料种类及污染物排放量不同，监测频次有所不同。燃煤、燃油等锅炉污染物排放量大，监测频次最低为月；燃气锅炉除氮氧化物外，其他污染物浓度较低、排放量也相对较小，因此氮氧化物监测频次最低为月，其他污染物监测频次为年。如果排污单位采用多种燃料掺烧，应按照所掺烧燃料中要求最严格的污染物监测频次执行。由于不同煤种汞含量差异较大，当煤种改变时，应适当增加烟气中汞及其化合物的监测频次。

采用自动监测的，在中控自动设备或自动监控设施出现故障期间，手工监测要增加频次，每 4 小时至少监测 1 次，每天不得少于 6 次；同时，按照《污染源自动监控设施运行管理办法》（环发〔2008〕6 号）的要求，自动监测设施不能正常运行期间，应按要求将手工监测数据向环境保护主管部门报送，每天不少于 4 次，间隔不得超过 6 小时。

《排污许可证申请与核发技术规范　锅炉》（HJ 953—2018）对主要排放口的确定标准严于《排污单位自行监测技术指南　总则》的要求，将蒸发量或发热量界限降到 7 MW 或 10 t/h。《排污单位自行监测技术指南　火力发电及锅炉》未区分主要排放口及非主要排放口，但在监测频次上已满足主要排放口的监测要求，因此对锅炉烟气的监测频次仍以自行监测指南为准。

表 4-1　锅炉或燃气轮机烟气监测指标最低监测频次

燃料类型	锅炉或燃气轮机规模	监测指标	监测频次
燃煤	14MW 或 20 t/h 及以上	颗粒物、二氧化硫、氮氧化物	自动监测
		汞及其化合物[1]、氨[2]、林格曼黑度	季度
	14MW 或 20 t/h 以下	颗粒物、二氧化硫、氮氧化物、林格曼黑度、汞及其化合物	月
燃油	14MW 或 20 t/h 及以上	颗粒物、二氧化硫、氮氧化物	自动监测
		氨[2]、林格曼黑度	季度
	14MW 或 20 t/h 以下	颗粒物、二氧化硫、氮氧化物、林格曼黑度	月
燃气[3]	14MW 或 20 t/h 及以上	氮氧化物	自动监测
		颗粒物、二氧化硫、氨[2]、林格曼黑度	季度
	14MW 或 20 t/h 以下	氮氧化物	月
		颗粒物、二氧化硫、林格曼黑度	年

注：1. 煤种改变时，需对汞及其化合物增加监测频次。

2. 使用液氨等含氨物质作为还原剂，去除烟气中氮氧化物的，可以选测。

3. 仅限于以净化天然气为燃料的锅炉或燃气轮机组，其他气体燃料的锅炉或燃气轮机组参照以油为燃料的锅炉或燃气轮机组。

4. 型煤、水煤浆、煤矸石锅炉参照燃煤锅炉；油页岩、石油焦、生物质锅炉或燃气轮机组参照以油为燃料的锅炉或燃气轮机组。

5. 多种燃料掺烧的锅炉或燃气轮机应执行最严格的监测频次。

6. 排气筒废气监测应同步监测烟气参数。

（2）原辅燃料及固废有组织废气

《排污单位自行监测技术指南　火力发电及锅炉》对此类废气无自行监测要求。《排污许可证申请与核发技术规范　锅炉》（HJ 953—2018）将此类废气排放口定义为一般排放口，并提出了监测要求，最低监测频次为“年”，见表 4-2。虽然监测频次为“年”，但对于同一类污染设施的监测，时间上不宜过度集中。锅炉排污单位应合理制订监测计划，最好按照季度平均分配监测点位。此外，仅在采暖季运行的供暖锅炉需在采暖期间进行监测。

表 4-2　锅炉排污单位原辅燃料及固废有组织废气监测指标最低监测频次

监测点位	监测指标	监测频次
燃料料仓、脱硫剂料仓、粉煤灰库、脱硫副产物库房等贮存系统生产设施废气排放口	颗粒物	年
碎煤机、筛分机、石灰石制粉设备等植被系统生产设施废气排放口		
中转站、输煤栈道等输送系统生产设施废气排放口		

（3）无组织废气

无组织废气监测频次的确定取决于以下几个方面：无组织排放是否严重，如钢铁、水泥等行业的监测频次应加大；周边敏感点分布情况；无组织废气的控制措施，如堆场未采取封闭措施的应增加监测频次等。在综合考虑以上因素的基础上，为控制排污单位无组织废气排放，根据环境管理要求，《排污单位自行监测技术指南　火力发电及锅炉》将无组织废气的最低监测频次定为季度，见表 4-3。各排污单位可在此基础上，根据自身实际情况，按要求适当增减。

表 4-3　无组织废气监测指标最低监测频次

燃料类型	监测点位	监测指标	监测频次
煤、煤矸石、石油焦、油页岩、生物质	厂界	颗粒物[1]	季度
油	储油罐周边及厂界	非甲烷总烃	季度
所有燃料	氨罐区周边	氨[2]	季度

注：1. 未封闭堆场需增加监测频次。周边无敏感点的，可适当降低监测频次。

2. 适用于使用液氨或氨水作为还原剂的企业。

4.2.5 监测技术要求

自行监测的技术手段一般包括手工监测和自动监测，企业可根据监测成本、监测指标及监测频次等内容，合理选择适当的技术手段。火力发电及锅炉排污单位烟气自动监测技术较为成熟，自动监测要求已纳入相关规范及排放标准中。

《锅炉大气污染物排放标准》要求 14 MW 或 20 t/h 及以上的锅炉应安装污染物排放自动监控设备。对于此类锅炉，应对颗粒物、二氧化硫、氮氧化物以及烟气参数等采取自动监测。《火电厂大气污染物排放标准》规定，新建企业和现有企业安装污染物排放自动监控设备的要求，应按照有关法律和《污染源自动监控管理办法》的规定执行。《关于开展火电、造纸行业和京津冀试点城市高架源排污许可证管理工作的通知》（环水体〔2016〕189 号）附件 1《火电行业排污许可证申请与核发技术规范》中规定，对于以煤或油为燃料的发电锅炉或燃气轮机组，烟气颗粒物、二氧化硫和氮氧化物应当采用自动监测；对于以净化天然气为燃料的发电锅炉或燃气轮机组，烟气氮氧化物应当采用自动监测；对于以其他气体为燃料的发电锅炉或燃气轮机组，烟气、二氧化硫、氮氧化物应当采用自动监测。根据《关于加强京津冀高架源污染物自动监控有关问题的通知》（环办环监函〔2016〕1488 号）中的相关内容，京津冀地区及传输通道城市火电企业各排放烟囱超过 45 米的高架源应安装污染源自动监控设备。

目前火电厂有组织废气及锅炉废气的监测方式统计情况分别见表 4-4、表 4-5。其中，火电厂的监测方式主要以自动监测为主，手工监测为辅。对二氧化硫、氮氧化物、烟尘采用自动监测方式的企业数量较多，汞及其化合物则主要使用手工监测。对锅炉废气中的二氧化硫、氮氧化物、烟尘，采用手工监测与自动监测的企业数量相当，汞及其化合物则主要使用手工监测。

表 4-4　火电厂有组织废气监测方式统计表

监测指标及方式	二氧化硫	氮氧化物	颗粒物（烟尘/粉尘）	汞及其化合物
手工监测企业数/家	189	184	219	613
自动监测企业数/家	1 424	1 435	1 388	112

表 4-5　锅炉废气监测方式统计表

监测指标及方式	二氧化硫	氮氧化物	颗粒物（烟尘/粉尘）	汞及其化合物
手工监测企业数/家	546	514	671	219
自动监测企业数/家	669	663	554	47

4.3　废水排放监测

4.3.1　废水来源

根据第 3 章的分析，火力发电及锅炉排污单位废水可分为生产废水、生活污水和初期雨水。其中，生产废水主要有以下几个来源：①燃料系统冲洗废水：主要包括燃煤电厂煤场、输煤系统的冲洗废水等；②油罐区废水：主要是燃油存贮及装卸过程中的含油废水等；③锅炉酸洗废水；④锅炉补给水系统排水；⑤脱硫废水：烟气湿法脱硫系统产生的脱硫废水；⑥除灰冲渣排水：主要是灰渣设备及灰渣场地的排污水；⑦冷却水排水：包括直流冷却水排水及循环冷却水排水；⑧除尘废水：主要来源为湿式除尘系统排水；⑨初期雨水：主要包括油罐区、酸碱罐区、输煤栈桥等的冲刷雨水。按照排放特征，可分为经常性废水和非经常性废水。经常性废水是指锅炉日常生产过程中经常或连续产生的废水，一般包括原料系统冲洗水、脱硫废水、锅炉补给水系统排水等。非经常性废水主要是间断排放的废水，包括锅炉酸洗废水、油罐区废水、初期雨水等。

根据火力发电及锅炉排污单位所用的燃料及废气处理方式，废水种类有所不同，其中燃煤锅炉排污单位包含了煤场及输煤系统冲洗水，而燃气锅炉则无此废水；冷却系统根据冷却水来源及排放方式，又分为直流冷却水排水、循环冷却水排水等。

4.3.2 监测点位

根据我国水污染物排放标准相关规定，污染物监控位置包括企业废水总排放口、车间或生产设施废水排放口两大类。《地表水和污水监测技术规范》（HJ 91.1—2019）及《排污单位自行监测技术指南 总则》（HJ 819—2017）中均规定，废水污染物外排口监测点位应设置在污染物排放标准规定的监控位置。

对于环境中难以降解或能在动植物体内蓄积，对人体健康和生态环境产生长远不良影响，具有致癌、致畸、致突变，或根据环境管理要求确定在车间或生产设施排放口监控的水污染物，应在含有此类水污染物的污水与其他污水混合前的车间或车间预处理设施的出水口设置监测点位；如果含此类水污染物的同种污水实行集中预处理，则车间预处理设施排放口则为集中预处理设施的出水口。如环境管理有要求，还可同时在排污单位的总排放口设置监测点位。对于此类污染物，监控位置设在车间或生产设施排放口，可以避免其他废水混合后造成稀释排放，在污染物未得到有效治理的情况下实现浓度达标。

对于其他毒性相对较小、环境风险相对较低的污染物指标，监测点位应设在排污单位的总排放口。

此外，部分行业排污单位可能产生清净下水，如冷却水排水等。该类废水由于不与生产物料直接接触，未受生产工序污染，因此污染物浓度较低。为了避免大量清净下水排入污水总排口从而造成总排口污染物浓度稀释，因此部分排污单位设置了专门的排放口来排放此类废水。

根据国家标准规范相关规定并结合排污单位实际情况，火力发电及锅炉排污单位的废水排放口一般包括：①废水总排放口：经过污水处理站处理的各类工业废水以及生活污水；②脱硫废水排放口：经处理后的脱硫废水排放口；③循环冷却水排放口；④直流冷却水排放口。对于配置单台 14MW 或 20 t/h 以下锅炉或燃气轮机的排污单位，监测点位仅要求设置在废水总排口。

此外，对于执行《锅炉大气污染物排放标准》（GB 13271）的排污单位，应根据《排污许可证申请与核发技术规范 锅炉》（HJ 953—2018）表 10 的要求，对雨水排放口进行监测。

4.3.3 监测指标

排污单位自行监测的废水污染物一般应包括执行的国家或地方污染物排放（控制）标准、环境影响评价报告书（表）及其批复、排污许可证、环境管理部门管理需求、企业生产过程中产生并向厂界外环境排放的污染物等所有指标。此外，监测过程中应同步监测相关参数，包括能够反映监测期间生产状况与污染治理情况的数据。

现阶段，尚无专门针对火力发电或锅炉的行业废水排放标准。一般情况下，火电厂根据排放方式执行《污水综合排放标准》（GB 8978—1996）或《污水排入城镇下水道水质标准》（GB/T 31962—2015）；锅炉属于通用工序，应根据排污单位的行业类别确定其应执行的废水排放标准，因此可能执行行业废水排放标准，也可能执行综合排放标准。有地方标准的，应按照地方排放标准从严执行。此外，目前火电厂污染排放研究更多集中在废气排放上，对于废水排放现状及污染特征关注度相对较少，研究基础也比较薄弱。

《排污单位自行监测技术指南 火力发电及锅炉》（HJ 820—2017）在制定废水监测方案时，主要参考了《建设项目竣工环境保护验收技术规范 火力发电厂》（HJ/T 255—2006）和《火电厂环境监测技术规范》（DL/T 414—2012）。两项标准中，针对工业废水和生活污水的监测指标见表 4-6。

在此基础上，根据火电厂的燃料类型所造成的废水排放特点，充分考虑锅炉或燃气轮机规模，结合企业实际情况，对不同的排放口分别确定监测指标，见表 4-7。

表 4-6 HJ/T 255 及 DL/T 414 排水监测指标

排水种类	外排口废水		厂区生活污水	
监测项目	HJ/T 255	DL/T 414	HJ/T 255	DL/T 414
pH	√	√	√	
悬浮物	√	√	√	√
化学需氧量	√	√	√	√
石油类	√	√		
氟化物	√	√		
总砷		√		
硫化物	√			
挥发酚	√	√		
氨氮	√	√	√	√
五日生化需氧量			√	√
动植物油			√	√
水温	√	√		
排水量		√		√

表 4-7 火力发电及锅炉排污单位废水监测点位及污染物指标

监测点位	燃料类型	常规指标	特征指标
涉单台 14 MW 或 20 t/h 及以上锅炉或燃气轮机的排污单位			
企业废水总排口	燃煤	pH、化学需氧量、氨氮、悬浮物、流量	总磷[1]、石油类、氟化物、硫化物、挥发酚、溶解性总固体（全盐量）
	燃油	pH、化学需氧量、氨氮、悬浮物、流量	总磷[1]、石油类、硫化物、溶解性总固体（全盐量）
	燃气	pH、化学需氧量、氨氮、悬浮物、流量	总磷[1]、溶解性总固体（全盐量）
脱硫废水排放口	燃煤/燃油	pH、流量	总砷、总铅、总汞、总镉
循环冷却水排放口	所有	pH、化学需氧量、流量	总磷
直流冷却水排放口	所有	水温、流量	总余氯
仅涉单台 14 MW 或 20 t/h 以下锅炉的排污单位			
企业总排口	所有	pH、化学需氧量、氨氮、悬浮物、流量	—

注：1. 生活污水不排入总排口，总排口可不测总磷。

首先，针对最常规的污水总排放口确定监测指标。一般排污单位均设有污水总排口。锅炉或燃气轮机规模不同，监测指标有较大的差别。对于仅有单台 14 MW 或 20 t/h 以下锅炉的排污单位，只需在企业污水总排放口开展监测。由于小锅炉污水产生及排放量相对较小，污染物排放量相对较少，因此监测指标也仅限于常规指标，主要包括 pH、化学需氧量、氨氮、悬浮物、流量，而且不区分锅炉所使用的燃料类型。对于生活污水所涉及的其他指标（如动植物油、阴离子表面活性剂等）可不开展监测。

对于配置单台 14 MW 或 20 t/h 及以上锅炉或燃气轮机的排污单位，污水总排放口的监测指标随燃料类型的不同而有所不同。其中，气体燃料排污单位的监测指标最少，一般包括 pH、化学需氧量、氨氮、悬浮物、总磷、溶解性总固体（全盐量）、流量。燃油排污单位次之，主要是在气体燃料排污单位废水监测指标的基础上增加了石油类、硫化物两种特征污染物。燃煤排污单位监测指标最多，在燃油排污单位废水监测指标的基础上，再增加了氟化物、挥发酚两项监测指标。总磷是生活污水的特征指标之一，对于以上排污单位，如果生活污水不通过总排口排放，可不用监测总磷。

其次，确定脱硫废水的监测指标。脱硫废水一般源于锅炉烟气湿法脱硫过程中脱硫塔排放的废水。脱硫废水污染因子一般包括多种重金属，以及悬浮物、氯离子等。由于大多数气体燃料中含硫量较低，燃烧烟气中二氧化硫浓度较低，不需要设置脱硫设施，无脱硫废水排放。因此，脱硫废水的监测一般是针对燃煤或燃油锅炉排污单位。监测指标一般包括 pH、总砷、总铅、总汞、总镉及流量。由于以上所监测的四种重金属均为第一类污染物，根据《污水综合排放标准》（GB 8978—1996）的要求，需在车间或车间处理设施排放口进行采样监测。对于配置单台 14 MW 或 20 t/h 以下锅炉的排污单位，对脱硫废水无监测要求。

最后，确定冷却水的监测指标。火电厂及锅炉常用的湿冷方式一般分为直流冷却和循环冷却两种，直流冷却一般采用江、河水或海水对机组进行冷却，使用后的水经一定处理后再排入取水口的下游，直流冷却水不重复使用；循环冷却是采用工业水对机组进行冷却，冷却水循环使用并定期排出一定量的废水。直流冷却水由于在使用前需要加液氯或次氯酸钠，使用后仍有部分余氯，同时温度也有一定程度升高，因此确定直流冷却水排放口的监测指标为水温、总余氯及流量。循环冷却水由于水循环使用，无机盐逐渐积累，故需定期排水。此外，由于含磷药剂的使用，总磷浓度也较高。故循环冷却水排放口的主要监测指标为 pH、化学需氧量、总磷、流量。对于配置单台 14 MW 或 20 t/h 以下锅炉的排污单位，对循环冷却水及直流冷却水均无监测要求。

此外，由于使用锅炉或自备电厂的行业多种多样，其废水与行业废水混合排放的，还应参照相关行业的自行监测要求执行。需要注意的是，对于涉单台 14 MW 或 20 t/h 及以上燃煤、燃油锅炉或燃气轮机的排污单位，对脱硫废水仍需首先按照《排污单位自行监测技术指南　火力发电及锅炉》（HJ 820—2017）的相关要求执行。

4.3.4 最低监测频次

4.3.4.1 监测频次的一般要求

废水自行监测频次的一般确定原则同废气，详见本书 4.2.4。对监测频次影响较大的因素包括：是否属于重点排污单位；废水排放口属于重点排放口还是一般排放口；监测指标属于主要监测指标还是其他监测指标。

针对废水排放，《排污单位自行监测技术指南　火力发电及锅炉》（HJ 820—2017）并未区分重点排污单位与非重点排污单位，而是对所有排污单位均确定了统一的自行监测最低频次要求 2017 年发布的《重点排污单位名录管理规定（试行）》也未将火力发电行业列为废水重点排污单位。但实际工作中，由于脱硫废水中含有重金属等第一类污染物，不少火电行业排污单位被列为水环境重点排污单位。因此，除小锅炉外，其他火力发电及锅炉排污单位的监测频次都参照《排污单位自行监测技术指南　总则》（HJ 819—2017）中对重点排污单位的最低要求进行规定。

专栏二

根据《关于印发〈重点排污单位名录管理规定（试行）〉的通知》（环办监测〔2017〕86 号），具备下列条件之一的企业事业单位，纳入水环境重点排污单位名录。

（1）一种或几种废水主要污染物年排放量大于设区的市级环境保护主管部门设定的筛选排放量限值。

废水主要污染物指标是指化学需氧量、氨氮、总磷、总氮以及汞、镉、砷、铬、铅等重金属。筛选排放量限值根据环境质量状况确定，排污总量占比不得低于行政区域工业排污总量的 65%。

（2）有事实排污且属于废水污染重点监管行业的所有大中型企业。

废水污染重点监管行业包括制浆造纸，焦化，氮肥制造，磷肥制造，有色金属冶炼，石油化工，化学原料和化学制品制造，化学纤维制造，有漂白、染色、印花、洗水、后整理等工艺的纺织印染，农副食品加工，原料药制造，皮革鞣制加工，毛皮鞣制加工，羽毛（绒）加工，农药，电镀，磷矿采选，有色金属矿采选，乳制品制造，调味品和发酵制品制造，酒和饮料制造，有表面涂装工序的汽车制造，有表面涂装工序的半导体液晶面板制造等。

各地可根据本地实际情况增加相关废水污染重点监管行业。

（3）实行排污许可重点管理的已发放排污许可证的产生废水污染物的单位。

（4）设有污水排放口的规模化畜禽养殖场、养殖小区。

（5）所有规模的工业废水集中处理厂、日处理 10 万 t 及以上或接纳工业废水日处理 2 万 t 以上的城镇生活污水处理厂。各地可根据本地实际情况降低城镇污水集中处理设施的规模限值。

（6）产生含有汞、镉、砷、铬、铅、氰化物、黄磷等可溶性剧毒废渣的企业。

（7）设区的市级以上地方人民政府水污染防治目标责任书中承担污染治理任务的企业事业单位。

（8）三年内发生较大及以上突发水环境污染事件或者因水环境污染问题造成重大社会影响的企业事业单位。

（9）三年内超过水污染物排放标准和重点水污染物排放总量控制指标被环境保护主管部门予以“黄牌”警示的企业，以及整治后仍不能达到要求且情节严重被环境保护主管部门予以“红牌”处罚的企业。

4.3.4.2 监测频次的确定

根据《排污单位自行监测技术指南 火力发电及锅炉》（HJ 820—2017），火力发电及锅炉排污单位废水排放口各监测指标的最低监测频次按表 4-8 执行。按照《锅炉大气污染物排放标准》（GB 13271—2014）中对锅炉规模的划分，以 14 MW 或 20 t/h 为界，在满足《排污单位自行监测技术指南 总则》中最低监测频次要求的基础上，充分考虑不同燃料类型污染排放指标及排放量的不同，规定了不同的监测频次。

表 4-8 火力发电及锅炉排污单位废水排放口监测指标最低监测频次

锅炉或燃气轮机规模	燃料类型	监测点位	监测指标	监测频次
涉单台 14 MW 或 20 t/h 及以上锅炉或燃气轮机的排污单位	燃煤	企业废水总排放口	pH、化学需氧量、氨氮、悬浮物、总磷[1]、石油类、氟化物、硫化物、挥发酚、溶解性总固体（全盐量）、流量	月
		脱硫废水排放口	pH、总砷、总铅、总汞、总镉、流量	月
	燃气	企业废水总排放口	pH、化学需氧量、氨氮、悬浮物、总磷[1]、溶解性总固体（全盐量）、流量	季度
	燃油	企业废水总排放口	pH、化学需氧量、氨氮、悬浮物、总磷[1]、石油类、硫化物、溶解性总固体（全盐量）、流量	月
		脱硫废水排放口	pH、总砷、总铅、总汞、总镉、流量	月
	所有	循环冷却水排放口	pH、化学需氧量、总磷、流量	季度
	所有	直流冷却水排放口	水温、流量	日
			总余氯	冬、夏各监测一次
仅涉单台 14MW 或 20 t/h 以下锅炉的排污单位	所有	企业废水总排放口	pH、化学需氧量、氨氮、悬浮物、流量	年

注：1. 生活污水若不排入总排口，可不测总磷。

2. 除脱硫废水外，废水与其他工业废水混合排放的，参照相关工业行业监测要求执行；脱硫废水不外排的，监测频次可按季度执行。

（1）涉单台 14MW 或 20 t/h 及以上锅炉或燃气轮机的排污单位

针对废水总排放口，以煤或油为燃料的发电锅炉或燃气轮机组，废水污染较为严重，监测频次最低为月；以净化天然气为燃料的发电锅炉或燃气轮机组，废水监测频次最低为季度。针对脱硫废水排放口，脱硫废水经处理后无论回用还是外排，均需要按月开展监测，脱硫废水不外排的，最低监测频次可降低至季度。针对循环冷却水排放口，由于冷却水循环使用，定期排放的废水量较小，因此可按季度开展监测。针对直流冷却水排放口，由于直流冷却水不重复使用，经处理后直接排入取水口的下游，水量较大且有余温，对周围水生态环境影响较大，因此对水温、流量需按日监测；而残留的总余氯受季节影响较大，因此可安排在冬季、夏季各监测 1 次。

（2）涉单台 14 MW 或 20 t/h 及以下锅炉或燃气轮机的排污单位

废水量较少，污染物种类也相对较少，因此可在企业废水总排放口每年开展一次监测，对循环冷却水及直流冷却水均无监测要求。

4.3.5　监测技术要求

监测技术包括手工监测和自动监测两种。对于火力发电及锅炉排污单位，总体来说废水产生量不大，而且有很多应用场景对水质要求不高，如干灰调湿、煤场喷淋、厂区绿化等，特别是北方一些缺水地区，生活污水经处理后也可回用于生产。因此，除采用直流冷却方式排放的直流冷却水量较大外，其他废水回用较多，排放量较少。因此，《排污单位自行监测技术指南　火力发电及锅炉》（HJ 820—2017）中对废水监测指标仅要求手工监测。地方生态环境主管部门有自动监测要求的，应从其要求。

目前，废水监测指标如流量、pH、化学需氧量、氨氮等自动监测技术均比较成熟，排污单位可以根据监测成本、监测指标及监测频次等内容，在满足相关技术规范及管理要求的前提下，合理选择适当的监测技术。

4.4 厂界环境噪声监测

4.4.1 监测点位

厂界环境噪声监测点位设置原则应遵循《排污单位自行监测技术指南 总则》（HJ 819—2017）中的规定执行，同时考虑排污单位主要声源、周围噪声敏感建筑物的布局等因素。

对于火力发电及锅炉排污单位的噪声源，主要考虑表 4-9 中噪声源在厂区内的分布情况，若排污单位内还存在其他噪声源，应一并考虑，同时根据不同噪声源的强度选择对周边居民影响最大的位置开展监测。

表 4-9 厂界环境噪声布点应关注的主要噪声源

序号	燃料和热能转化设施类型	噪声排放源	
		主设备	辅助设备
1	燃煤锅炉	发电机、蒸汽轮机	引风机、冷却塔、脱硫塔、给水泵、灰渣泵房、碎煤机房、循环泵房等
2	以气体为燃料的锅炉或燃气轮机组	燃气轮机（内燃机）	冷却塔、压气机等
3	以油为燃料的锅炉或燃气轮机组	汽轮机、发电机	空压机、风机、水泵等

4.4.2 监测指标及监测频次

厂界环境噪声的监测指标为等效连续 A 声级，单位 dB（A）。

厂界环境噪声监测频次一般为每季度监测 1 次，监测时段根据主要噪声源运行情况确定，一般情况下火电厂连续运行，需监测昼夜时段。昼间是指 6:00—22:00 的时段，夜间是指 22:00—次日 6:00 的时段。

排污单位周边有敏感点的，应提高监测频次，具体的监测频次可由周边居民、排污单位、管理部门共同协商确定。排污单位应做好降噪措施，降低对周边居民的影响。

4.4.3　执行标准

厂界环境噪声执行标准一般为《工业企业厂界环境噪声排放标准》（GB 12348—2008）。该标准规定了 0～4 类声环境功能区对应的昼间、夜间厂界噪声排放限值，排污单位应根据所处声环境功能区的类别、环境影响评价报告书（表）及批复的要求，执行相应的限值要求。

根据标准要求，在噪声敏感建筑物的室内测量时，应当在上述标准表 1 中相应的限值减 10 dB（A）作为评价依据。

此外，夜间频发噪声的最大声级超过限值的幅度不得高于 10 dB（A），夜间偶发噪声的最大声级超过限值的幅度不得高于 10 dB（A）。

4.4.4　监测技术要求

测量应在被测声源正常工作时间进行，同时注明当时的工况。并分别在昼间、夜间两个时段测量。根据声源特征，选取不同的采样时间。对于稳态噪声，采用 1 min 的等效声级，对于非稳态噪声，测量被测声源有代表性时段的等效声级，必要时测量被测声源整个正常工作时段的等效声级。噪声测量值的背景值修正可按照《环境噪声监测技术规范　噪声测量值修正》（HJ 706—2014）的规定进行。

采用符合监测规范要求的监测仪器，每次测量前、后必须在测量现场进行声学校准及校验，测量仪器和标准仪器应检定合格，并在有效使用期限内使用。测量过程中，应避免其他无关声源的干扰。应根据相关要求做好测量记录。每次现场监测至少有 2 人。

4.5 周边环境质量影响监测

若环境影响评价文件及其批复、相关环境管理政策有明确要求的，排污单位应按要求开展相应的周边环境质量要素的监测。

若上述文件或环境管理政策上没有明确要求，则主要考虑燃煤电厂的灰（渣）场对地下水可能产生影响。燃煤电厂排污单位认为有必要的，应按照《地下水环境监测技术规范》（HJ/T 164—2004）等标准规范的规定，设置地下水监测点位，监测指标及监测频次详见表 4-10。

除此之外，排污单位认为有必要开展其他环境要素监测，以便更好地说明自身排放状况对周边环境质量影响的，也可参照《排污单位自行监测技术指南　总则》、环境影响评价技术文件、环境质量监测技术规范开展监测。

表 4-10　周边环境质量影响最低监测频次

目标环境	监测指标	监测频次
地下水	pH、化学需氧量、硫化物、氟化物、石油类、总硬度、总汞、总砷、总铅、总镉等	年

4.6 其他要求

4.6.1 其他监测点位及监测指标

火力发电及锅炉排污单位所持有的排污许可证中载明的其他污染物指标或其他环境管理明确要求管控的污染物指标，也应纳入自行监测范围，以更有效地支撑排污许可管理。

对于除《排污单位自行监测技术指南　火力发电及锅炉》（HJ 820—2017）中

所规定的典型工艺所涉及的污染物指标，排污单位根据生产过程的原辅用料、生产工艺、中间及最终产品类型、监测结果确定实际排放，同时又存在于有毒有害或优先控制污染物相关名录中的污染物指标，或其他有毒污染物指标，也应纳入自行监测范围内。这些纳入自行监测范围的污染物指标，应参照《排污单位自行监测技术指南　火力发电及锅炉》（HJ 820—2017）中表 1～表 4，以及《排污单位自行监测技术指南　总则》（HJ 819—2017）确定监测点位和监测频次。

当环境管理有要求，或企业认为有必要更好地说明自身污染治理及排放状况的，可以在企业内部设置监测点，监测污染物浓度或与有毒污染物排放密切相关的关键工艺参数等。比如，排污单位可以在除尘装置、脱硫装置等烟气净化装置前后设置废气监测点位，以确定净化装置的去除效率；可以在废水处理设施进口、出口均设置监测点位，以考察废水处理设施的净化效率。内部监测点位的设置及监测要求参考《排污单位自行监测技术指南　总则》的相关内容。

4.6.2　监测频次的确定

《排污单位自行监测技术指南　火力发电及锅炉》（HJ 820—2017）中规定的监测频次均为最低频次。排污单位在确保各指标的监测频次满足上述要求的基础上，可根据《排污单位自行监测技术指南　总则》（HJ 819—2017）中监测频次的确定原则提高监测频次。监测频次的确定原则：不应低于国家或地方发布的标准、规范性文件、规划、环境影响评价文件及其批复等明确规定的监测频次；主要排放口的监测频次高于非主要排放口；主要监测指标的监测频次高于其他监测指标；排向敏感地区的，应适当增加监测频次；排放状况波动大的，应适当增加监测频次；历史稳定达标状况较差的，需增加监测频次，达标状况良好的，可以适当降低监测频次；监测成本应与排污企业自身能力相一致，尽量避免重复监测。

4.6.3　其他要求

对于《排污单位自行监测技术指南　火力发电及锅炉》（HJ 820—2017）中未

规定的内容，如内部监测点位设置及监测要求，采样方法、监测分析方法、监测质量保证与质量控制，监测方案的描述、变更等，需按照《排污单位自行监测技术指南　总则》（HJ 819—2017）执行。

4.7　监测方案示例

火力发电及锅炉的生产类型较为复杂，涉及的国家行业标准主要包括《火电厂大气污染物排放标准》（GB 13223—2011）、《锅炉大气污染物排放标准》（GB 13271—2014）、《排污单位自行监测技术指南　火力发电及锅炉》（HJ 820—2017）、《排污许可证申请与核发技术规范　锅炉》（HJ 953—2018），此外还涉及地方排放标准和综合排放标准，各省（自治区、直辖市）对排污单位自行监测方案制定的要求也不尽相同。参考《国家重点监控企业自行监测及信息公开办法（试行）》（环发〔2013〕81 号），给出自行监测方案编制的大致框架内容作为参考，见表 4-11。附录 5 中列出了可供参考的完整的监测方案模板示例，排污单位可根据示例和本单位实际情况，进行相应的调整完善后，作为本单位的监测方案使用。

表 4-11　自行监测方案内容框架

框架序号	框架名称	具体内容
一	企业概况	排污单位地理位置、生产规模、产品生产情况等基本情况及工艺流程和产排污节点分析等排污情况
二	企业自行监测开展情况说明	对排污单位废水、废气、噪声等开展监测的项目、采取的监测方式进行总体的概括介绍
三	监测方案	按照废水、废气、噪声等不同污染类型以不同监测点位分别列出各监测指标的监测频次、监测方法、监测方式、执行标准等监测要求
四	监测点位示意图	按照废水、废气、噪声等不同污染类型分别给出各监测点位的位置示意图，如点位较多，可以用列表的形式进行对应说明
五	质量控制措施	从内部、外部加以双重控制，从监测人员、实验室能力、监测技术规范、仪器设备、记录要求等环境管理体系加强质控管理
六	信息记录和报告	从监测记录、自动监测设备运维记录、生产和污染治理设施运行状况记录等方面提出要求，并对信息报告和应急报告做出具体规定
七	自行监测信息公布	明确自行监测信息公布的方式、公布的内容和公布的时限

本节收集了 3 个案例，重点针对附录 5 中的监测点位、监测指标、监测频次、监测方法等内容进行阐述，对于共性较大的描述性内容和质量控制等相关内容，虽然未在本章列举，但并不意味着不重要或者不需要。

示例 1：某燃煤热电厂

一、企业基本情况

某燃煤热电厂，成立于 1994 年，占地面积 1 000 亩，处于地下水资源丰富地区。由于建厂较早，厂区周边有居民区、学校等。2 台 330 MW 燃煤机组于 2004 年 6 月建成投产；2008 年进行脱硫设施改造，工艺为石灰石-石膏湿法脱硫，设计效率为 95%；2013 年完成脱硝、电除尘技改工程；2016 年完成超低排放改造。厂区内设有燃料料仓、脱硫剂料仓、粉煤灰库、脱硫副产物库房及灰渣场，生成过程中使用碎煤机、筛分机、石灰石制粉设备，并用输煤栈道输送煤。近年来受市场影响，煤种也会发生改变。

烟气经 SCR 脱硝工艺（使用液氨作为还原剂）、静电除尘、石灰石-石膏湿法脱硫后，经 210 m 排气筒高空排放，执行《火电厂大气污染物排放标准》（GB 13223—2011）。脱硫废水经絮凝沉淀后回用于煤场喷淋，不外排；工业废水和初期雨水经处理后通过废水总排放口排放；直流冷却水直接排入长江；生活污水单独排入市政污水管道，经污水厂处理后排放；雨水通过雨水排口排放。

二、自行监测方案

1．废气监测方案

根据《排污单位自行监测技术指南　火力发电及锅炉》（HJ 820—2017），该企业属于涉单台 14 MW 或 20 t/h 及以上锅炉或燃气轮机的排污单位，应对净烟气排放口开展监测。此外，由于该厂设有燃料料仓、脱硫剂料仓、粉煤灰库、脱硫副产物库房，并有碎煤机、筛分机、石灰石制粉设备以及输煤栈道，因此还可参照《排污许可证申请与核发技术规范 锅炉》（HJ 953—2018）的自行监测管理要求，对以上排放口开展监测。有组织废气监测方案见表 4-12，此外还需同步监测烟气参数。

表 4-12 有组织废气监测方案

监测点位	监测指标	监测频次	监测方式	分析方法
1#燃煤燃气轮机排气筒（FQ01）	SO_2	连续	自动监测	—
	NO_x	连续	自动监测	—
	烟尘	连续	自动监测	—
	汞及其化合物	月	手工监测	《固定污染源废气 汞的测定 冷原子吸收分光光度法（暂行）》（HJ 543—2009）
	氨	季度	手工监测	《环境空气和废气 氨的测定 纳氏试剂分光光度法》（HJ 533—2009）
	林格曼黑度	季度	手工监测	《固定污染源排放烟气黑度的测定 林格曼烟气黑度图法》（HJ/T 398—2007）
2#燃煤燃气轮机排气筒（FQ02）	SO_2	连续	自动监测	—
	NO_x	连续	自动监测	—
	烟尘	连续	自动监测	—
	汞及其化合物	月	手工监测	《固定污染源废气 汞的测定 冷原子吸收分光光度法（暂行）》（HJ 543—2009）
	氨	季度	手工监测	《环境空气和废气 氨的测定 纳氏试剂分光光度法》（HJ 533—2009）
	林格曼黑度	季度	手工监测	《固定污染源排放烟气黑度的测定 林格曼烟气黑度图法》（HJ/T 398—2007）

监测点位	监测指标	监测频次	监测方式	分析方法
燃料仓废气排放口（FQ03）	颗粒物	年	手工监测	《固定污染源废气　低浓度颗粒物的测定　重量法》（HJ 836—2017）；《固定污染源排气中颗粒物测定与气态污染物采样方法》（GB/T 16157—1996）及其修改单（生态环境部公告　2017 年第 87 号）
脱硫剂料仓废气排放口（FQ04）	颗粒物	年	手工监测	
粉煤灰库废气排放口（FQ05）	颗粒物	年	手工监测	
脱硫副产物库房废气排放口（FQ06）	颗粒物	年	手工监测	
碎煤机废气排放口（FQ07）	颗粒物	年	手工监测	
筛分机废气排放口（FQ08）	颗粒物	年	手工监测	
石灰石制粉设备废气排放口（FQ09）	颗粒物	年	手工监测	
输煤栈道废气排放口（FQ10）	颗粒物	年	手工监测	

该厂使用液氨作为还原剂，因此需对氨开展无组织监测。此外，厂区周边存在居民区和学校，监测频次应执行《排污单位自行监测技术指南　火力发电及锅炉》（HJ 820—2017）的无组织废气监测要求，并可在此基础上适当增加监测频次。无组织废气监测方案见表 4-13。

表 4-13　无组织废气监测方案

监测点位	监测指标	监测频次	监测方式	分析方法
氨罐区周边	氨	季度	手工监测	《环境空气和废气　氨的测定　纳氏试剂分光光度法》（HJ 533—2009）
厂界上风向 1#	颗粒物	季度	手工监测	《环境空气　总悬浮颗粒物的测定　重量法》（GB/T 15432—1995）及其修改单（生态环境部公告　2018 年第 31 号）
厂界下风向 2#	颗粒物	季度	手工监测	
厂界下风向 3#	颗粒物	季度	手工监测	
厂界下风向 4#	颗粒物	季度	手工监测	

2．废水监测方案

根据《排污单位自行监测技术指南　火力发电及锅炉》（HJ 820—2017），该企业属于涉单台 14MW 或 20 t/h 及以上锅炉或燃气轮机的排污单位，应对脱硫废水车间排放口、废水总排放口、直流冷却水排放口开展监测。此外，由于存在雨水排放口，可能会有部分污染物通过雨排系统排入外环境，因此应在雨水排放口排放期间开展监测。生活污水排入市政污水厂处理后，可不做监测。废水监测方案见表 4-14。

表 4-14　废水监测方案

监测点位	监测指标	监测频次	监测方式	分析方法
脱硫废水车间排放口（FW01）	流量	季度	自动监测	—
	pH	季度	手工监测	《水质　pH 的测定　电极法》（HJ 1147—2020）
	总砷	季度	手工监测	《水质　汞、砷、硒、铋和锑的测定　原子荧光法》（HJ 694—2014）
	总铅	季度	手工监测	《水质　铜、锌、铅、镉的测定　原子吸收分光光度法》（GB/T 7475—1987）
	总汞	季度	手工监测	《水质　汞、砷、硒、铋和锑的测定　原子荧光法》（HJ 694—2014）
	总镉	季度	手工监测	《水质　铜、锌、铅、镉的测定　原子吸收分光光度法》（GB/T 7475—1987）
企业废水总排放口（FW02）	流量	月	自动监测	—
	pH	月	手工监测	《水质　pH 的测定　电极法》（HJ 1147—2020）
	化学需氧量	月	手工监测	《水质　化学需氧量的测定　重铬酸盐法》（HJ 828—2017）
	氨氮	月	手工监测	《水质　氨氮的测定　纳氏试剂分光光度法》（HJ 535—2009）
	悬浮物	月	手工监测	《水质　悬浮物的测定　重量法》（GB 11901—1989）
	石油类	月	手工监测	《水质　石油类和动植物油类的测定　红外分光光度法》（HJ 637—2018）
	氟化物	月	手工监测	《水质　氟化物的测定　离子选择电极法》（GB 7487—1987）

监测点位	监测指标	监测频次	监测方式	分析方法
企业废水总排放口（FW02）	硫化物	月	手工监测	《水质　硫化物的测定　亚甲基蓝分光光度法》（GB/T 16489—1996）
	挥发酚	月	手工监测	《水质　挥发酚的测定　4-氨基安替比林分光光度法》（HJ 503—2009）
	溶解性总固体（全盐量）	月	手工监测	《水质　全盐量的测定　重量法》（HJ/T 51—1999）
直流冷却水排放口（FW03）	流量	日	自动监测	—
	水温	日	手工监测	《水质　水温的测定　温度计或颠倒温度计测定法》（GB 13195—91）
	总余氯	6 月、12 月各一次	手工监测	《水质　游离氯和总氯的测定　*N,N*-二乙基-1,4-苯二胺分光光度法》（HJ 586—2010）
雨水排放口（FW04）	化学需氧量	日（有流动水排放时）	手工监测	《水质　化学需氧量的测定　重铬酸盐法》（HJ 828—2017）

3．厂界环境噪声监测方案

该火电厂周围有居民区、学校等敏感地点，因此应在《排污单位自行监测技术指南　火力发电及锅炉》（HJ 820—2017）按季度开展监测的基础上，适当提高监测频次。厂界环境噪声监测方案见表 4-15。

表 4-15　厂界环境噪声监测方案

监测点位	监测指标	监测频次	监测方式	监测方法
厂界南外 1 m 处	等效连续 A 声级	月（昼、夜各一次）	手工监测	《工业企业厂界环境噪声排放标准》（GB 12348—2008）
厂界北外 1 m 处		月（昼、夜各一次）	手工监测	
厂界西外 1 m 处		月（昼、夜各一次）	手工监测	
厂界东外 1 m 处		月（昼、夜各一次）	手工监测	

4．周边环境质量监测方案

该火电厂处于地下水资源丰富地区，可能存在灰渣场污染地下水的现象，因此应对地下水开展监测，监测方案见表 4-16。

表 4-16 地下水监测方案

监测点位	监测指标	监测频次	监测方式	监测方法
厂界外地下水	pH	年	手工监测	《生活饮用水标准检验方法 感官性状和物理指标》（GB/T 5750.4—2006）
	耗氧量	年	手工监测	《生活饮用水标准检验方法 有机物综合指标》（GB/T 5750.7—2006）
	硫化物	年	手工监测	《生活饮用水标准检验方法 无机非金属指标》（GB/T 5750.5—2006）
	氟化物	年	手工监测	《生活饮用水标准检验方法 无机非金属指标》（GB/T 5750.5—2006）
	石油类	年	手工监测	《水质 石油类的测定 紫外分光光度法（试行）》（HJ 970—2018）
	总硬度	年	手工监测	《生活饮用水标准检验方法 感官性状和物理指标》（GB/T 5750.4—2006）
	总汞	年	手工监测	《生活饮用水标准检验方法 金属指标》（GB/T 5750.6—2006）
	总砷	年	手工监测	《生活饮用水标准检验方法 金属指标》（GB/T 5750.6—2006）
	总铅	年	手工监测	《生活饮用水标准检验方法 金属指标》（GB/T 5750.6—2006）
	总镉	年	手工监测	《生活饮用水标准检验方法 金属指标》（GB/T 5750.6—2006）

示例 2：某使用燃气小锅炉的印染企业

一、企业基本情况

某印染企业，主要从事原棉染色生产，厂区北部、东部紧邻河道。配套 2 台 6 t/h 燃气小锅炉，燃料为净化天然气，不再使用液氨作为还原剂去除烟气中的氮氧化物。锅炉废水与其他生产废水一并排入厂区废水处理站，经处理后排入某河流。

二、自行监测方案

1．废气排放监测方案

根据《排污单位自行监测技术指南　火力发电及锅炉》（HJ 820—2017）和《排污许可证申请与核发技术规范　锅炉》（HJ 953—2018），该企业属于单台 14 MW 或 20 t/h 以下锅炉的排污单位，应对锅炉净烟气开展监测，监测方案见表 4-17。由于不使用液氨作为还原剂，因此无组织废气排放无须监测。

表 4-17　有组织废气监测方案

监测点位	监测指标	监测频次	监测方式	分析方法
1#锅炉净烟气烟道（DA001）	氮氧化物	月	手工监测	《固定污染源废气　氮氧化物的测定　定电位电解法》（HJ 693—2014）
	二氧化硫	年	手工监测	《固定污染源废气　二氧化硫的测定　定电位电解法》（HJ 57—2017）
	颗粒物	年	手工监测	《固定污染源废气　低浓度颗粒物的测定　重量法》（HJ 836—2017）
	林格曼黑度	年	手工监测	《固定污染源排放烟气黑度的测定　林格曼烟气黑度图法》（HJ/T 398—2007）
2#锅炉净烟气烟道（DA002）	氮氧化物	月	手工监测	《固定污染源废气　氮氧化物的测定　定电位电解法》（HJ 693—2014）
	二氧化硫	年	手工监测	《固定污染源废气　二氧化硫的测定　定电位电解法》（HJ 57—2017）
	颗粒物	年	手工监测	《固定污染源废气　低浓度颗粒物的测定　重量法》（HJ 836—2017）
	林格曼黑度	年	手工监测	《固定污染源排放烟气黑度的测定　林格曼烟气黑度图法》（HJ/T 398—2007）

2．废水排放监测方案

在该印染企业中，由于锅炉废水与其他废水混合排入厂区废水处理站，因此不再执行《排污单位自行监测技术指南　火力发电及锅炉》（HJ 820—2017）的废水排放监测要求，而是执行《排污单位自行监测技术指南　纺织印染工业》（HJ 879—2017）的相关要求，无须单独开展监测。

3．厂界环境噪声监测方案

由于厂区北部、东部紧邻河道，因此仅对排污单位西侧、南侧噪声开展监测。厂界环境噪声监测方案见表 4-18。

表 4-18 厂界环境噪声监测方案

监测点位	监测指标	监测频次	监测方式	监测方法
南侧厂界外 1 m	等效连续 A 声级	季度	手工监测	《工业企业厂界环境噪声排放标准》（GB 12348—2008）
西侧厂界外 1 m		季度	手工监测	

4．周边环境质量影响监测

燃气小锅炉对周边环境影响较小。该企业是否需要开展周边环境质量影响监测，由该企业环境影响评价文件及其批复以及所属相关工业行业监测要求而定，并参照行业监测要求执行。

示例 3：某生物质电厂

一、企业基本情况

某生物质电厂，位于工业园区内，北边临河，处于河网较为密集的地区。以秸秆为燃料，利用 1 台 110 t/h 锅炉、25 MW 汽轮机和发电机组进行发电，年设计发电 2 亿 kW·h 并输入电网。厂区内建有燃料仓库、转运站、秸秆破碎室、密闭输送带以及灰渣库。

锅炉废气经布袋除尘器除尘后经引风机排入 120 m 高烟囱，从锅炉和除尘器排出的灰渣输送入灰渣库。冷却水循环使用；工业废水经废水处理设施处理后，与经生活污水处理设施处理的生活污水回用于冲渣，多余部分通过废水总排放口排入河流。共设 1 个废水总排放口、1 个循环冷却水排放口和 1 个雨水排放口。

二、自行监测方案

1．废气监测方案

该企业为生物质发电厂，设有秸秆燃烧锅炉，根据《排污单位自行监测技术指南　火力发电及锅炉》（HJ 820—2017），应参照执行以油为燃料的锅炉，在锅炉排放口开展监测。此外，由于该厂建有燃料仓库、转运站、秸秆破碎室、封闭输送带以及灰渣库，因此还可参照《排污许可证申请与核发技术规范　锅炉》（HJ 953—2018）的自行监测管理要求，对以上排放口开展监测。有组织废气监测方案见表 4-19，并同步监测烟气参数。

表 4-19　有组织废气监测方案

监测点位	监测指标	监测频次	监测方式	分析方法
生物质锅炉排气筒（FQ01）	SO_2	连续	自动监测	—
	NO_x	连续	自动监测	—
	烟尘	连续	自动监测	—
	林格曼黑度	季度	手工监测	《固定污染源排放烟气黑度的测定　林格曼烟气黑度图法》（HJ/T 398—2007）
燃料仓库废气排放口（FQ02）	颗粒物	年	手工监测	《固定污染源废气　低浓度颗粒物的测定　重量法》（HJ 836—2017）；《固定污染源排气中颗粒物测定与气态污染物采样方法》（GB/T 16157—1996）及其修改单（生态环境部公告 2017 年第 87 号）
秸秆转运站废气排放口（FQ03）	颗粒物	年	手工监测	
秸秆破碎室废气排放口（FQ04）	颗粒物	年	手工监测	
秸秆封闭输送带废气排放口（FQ05）	颗粒物	年	手工监测	
灰渣库废气排放口（FQ06）	颗粒物	年	手工监测	

该厂不使用液氨，因此无须对氨开展无组织监测。无组织废气监测方案见表 4-20。

表 4-20　无组织废气监测方案

监测点位	监测指标	监测频次	监测方式	分析方法
厂界上风向 1#	颗粒物	季度	手工监测	《环境空气　总悬浮颗粒物的测定　重量法》（GB/T 15432—1995）及其修改单（生态环境部公告　2018 年第 31 号）
厂界下风向 2#	颗粒物	季度	手工监测	
厂界下风向 3#	颗粒物	季度	手工监测	
厂界下风向 4#	颗粒物	季度	手工监测	

2．废水监测方案

同废气监测，废水监测也应参照《排污单位自行监测技术指南　火力发电及锅炉》（HJ 820—2017）以油为燃料的锅炉。该电厂废水主要包括生产废水、生活污水、循环冷却水等。其中，生产废水包括反渗透除盐废水、锅炉排污水以及工业杂用水等，经工业废水处理站处理后，与经处理的生活污水一并通过厂区总排口排放。除此之外，该电厂还设有 1 个雨水排放口。因此，应对废水总排口、循环冷却水排放口、雨水排放口共 3 个排放口开展监测，监测方案见表 4-21。

表 4-21　废水监测方案

监测点位	监测指标	监测频次	监测方式	分析方法
企业废水总排放口（FW01）	流量	月	自动监测	—
	pH	月	手工监测	《水质 pH 值的测定　电极法》（HJ 1147—2020）
	化学需氧量	月	手工监测	《水质　化学需氧量的测定　重铬酸盐法》（HJ 828—2017）
	氨氮	月	手工监测	《水质　氨氮的测定　纳氏试剂分光光度法》（HJ 535—2009）
	悬浮物	月	手工监测	《水质　悬浮物的测定　重量法》（GB 11901—1989）
	总磷	月	手工监测	《水质　总磷的测定　钼酸铵分光光度法》（GB/T 11893—1989）
	石油类	月	手工监测	《水质　石油类和动植物油类的测定　红外分光光度法》（HJ 637—2018）

监测点位	监测指标	监测频次	监测方式	分析方法
企业废水总排放口（FW01）	硫化物	月	手工监测	《水质　硫化物的测定　亚甲基蓝分光光度法》（GB/T 16489—1996）
	溶解性总固体（全盐量）	月	手工监测	《水质　全盐量的测定　重量法》（HJ/T 51—1999）
循环冷却水排放口（FW02）	流量	日	自动监测	—
	pH	季度	手工监测	《水质 pH 值的测定　电极法》（HJ 1147—2020）
	化学需氧量	季度	手工监测	《水质　化学需氧量的测定　重铬酸盐法》（HJ 828—2017）
	总磷	季度	手工监测	《水质　总磷的测定　钼酸铵分光光度法》（GB/T 11893—1989）
雨水排放口（FW03）	化学需氧量	日（有流动水排放时）	手工监测	《水质　化学需氧量的测定　重铬酸盐法》（HJ 828—2017）

3．厂界环境噪声监测方案

该企业位于工业园区，根据《排污单位自行监测技术指南　火力发电及锅炉》（HJ 820—2017）对厂界环境噪声开展监测，监测方案见表 4-22。

表 4-22　厂界环境噪声监测方案

监测点位	监测指标	监测频次	监测方式	监测方法
厂界南外 1 m 处	等效连续 A 声级	月（昼、夜各 1 次）	手工监测	《工业企业厂界环境噪声排放标准》（GB 12348—2008）
厂界北外 1 m 处		月（昼、夜各 1 次）	手工监测	
厂界西外 1 m 处		月（昼、夜各 1 次）	手工监测	
厂界东外 1 m 处		月（昼、夜各 1 次）	手工监测	

4．周边环境质量影响监测

该企业位于工业园区，北边临河，处于河网较为密集的地区。根据当地环境管理要求，应对周边地表水环境质量影响状况开展监测，监测方案见表 4-23。

表 4-23　周边环境质量影响监测方案

监测点位	监测指标	监测频次	监测方式	监测方法
污水入××河至上游100 m	pH	季度	手工监测	《水质 pH 值的测定　电极法》（HJ 1147—2020）
	化学需氧量	月	手工监测	《水质　化学需氧量的测定　重铬酸盐法》（HJ 828—2017）
	氨氮	月	手工监测	《水质　氨氮的测定　纳氏试剂分光光度法》（HJ 535—2009）
	悬浮物	月	手工监测	《水质　悬浮物的测定　重量法》（GB 11901—1989）
	总磷	月	手工监测	《水质　总磷的测定　钼酸铵分光光度法》（GB/T 11893—1989）
	石油类	月	手工监测	《水质　石油类和动植物油类的测定　红外分光光度法》（HJ 637—2018）
	硫化物	月	手工监测	《水质　硫化物的测定　亚甲基蓝分光光度法》（GB/T 16489—1996）
	溶解性总固体（全盐量）	月	手工监测	《水质　全盐量的测定　重量法》（HJ/T 51—1999）
污水入××河至下游150 m	pH	季度	手工监测	《水质　pH 值的测定　电极法》（HJ 1147—2020）
	化学需氧量	月	手工监测	《水质　化学需氧量的测定　重铬酸盐法》（HJ 828—2017）
	氨氮	月	手工监测	《水质　氨氮的测定　纳氏试剂分光光度法》（HJ 535—2009）
	悬浮物	月	手工监测	《水质　悬浮物的测定　重量法》（GB 11901—1989）
	总磷	月	手工监测	《水质　总磷的测定　钼酸铵分光光度法》（GB 11893—1989）
	石油类	月	手工监测	《水质　石油类和动植物油类的测定　红外分光光度法》（HJ 637—2018）
	硫化物	月	手工监测	《水质　硫化物的测定　亚甲基蓝分光光度法》（GB/T 16489—1996）
	溶解性总固体（全盐量）	月	手工监测	《水质　全盐量的测定　重量法》（HJ/T 51—1999）

第 5 章　监测设施设置与维护要求

监测设施是监测活动开展的重要基础，监测设施的规范性直接影响监测数据质量。我国设计的监测设施设置与维护要求的标准规范有很多，但相对零散，且存在一定的衔接不够紧密的地方。本章立足现有的标准规范，结合污染源监测实际开展情况，对监测设施设置与维护要求进行全面梳理和总结，供开展污染源监测的相关人员参考。

5.1　基本原则和依据

5.1.1　基本原则

排污单位应当依据国家污染源监测相关标准规范、污染物排放标准、自行监测相关技术指南和其他相关规定等进行监测点位的确定和排污口规范化设置；地方颁布执行的污染源监测标准规范、污染物排放标准等对监测点位的确定和排污口规范化设置有要求时，可按照地方规范、标准从严执行。

5.1.2　相关依据

排污单位的排污口主要包括废水排放口和废气排放口。

目前，国家有关废水监测点位确定及排污口规范化设置的标准规范主要包括《污水监测技术规范》（HJ 91.1—2019）、《水污染物排放总量监测技术规范》（HJ/T 92—2002）、《固定污染源监测质量保证与质量控制技术规范（试行）》（HJ/T 373—2007）、《水污染源在线监测系统（COD_{Cr}、NH_3-N 等）安装技术规范》（HJ 353—2019）等。

废气监测点位确定及规范化设置的标准规范主要包括《固定污染源排气中颗粒物测定与气态污染物采样方法》（GB/T 16157—1996）、《固定源废气监测技术规范》（HJ/T 397—2007）、《固定污染源监测质量保证与质量控制技术规范（试行）》（HJ/T 373—2007）、《固定污染源烟气（SO_2、NO_x、颗粒物）排放连续监测技术规范》（HJ 75—2017）、《固定污染源烟气（SO_2、NO_x、颗粒物）排放连续监测系统技术要求及检测方法》（HJ 76—2017）等。

对于各类污染物排放口监测点位标志牌的规范化设置，主要依据国家环境保护总局发布的《排放口标志牌技术规格》（2003 年 10 月 15 日，国家环境保护总局　环办〔2003〕95 号），以及《环境保护图形标志——排放口（源）》（GB 15562.1—1995）等执行。

此外，国家环境保护局发布的《排污口规范化整治技术要求（试行）》（1996 年 5 月 20 日，国家环境保护局　环监〔1996〕470 号）对排污口规范化整治技术提出了总体要求，部分省、自治区、直辖市、地级市也对本辖区排污口的规范化管理发布了技术规定、标准；各行业污染物排放标准以及各重点行业的排污单位自行监测的相关技术指南则对废水、废气排放口监测点位进行了进一步明确。

5.2 废水监测点位的确定及排污口规范化设置

5.2.1 废水排放口的类型及监测点位确定

排污单位的废水排放口一般包括排污单位废水总排口、排污单位车间废水排放口、雨水排放口、生活污水排放口等。

废水总排口排放的废水一般应包括排污单位的生产废水、生活废水、初期雨水、事故废水等，开展自行监测的排污单位均须在废水总排放口设置监测点位。

对于排放一类污染物的排污单位，即排放环境中难以降解或能在动植物体内蓄积，对人体健康和生态环境产生长远不良影响，具有致癌、致畸、致突变污染物的排污单位，必须在车间废水排放口设置监测点位，对此类污染物进行监测。

考虑排污单位生产过程中，可能会有部分污染物通过雨排系统排入外环境，因此排污单位还应在雨水排放口设置监测点位，并在雨水排放口排放期间开展监测。

部分排污单位的生产污水和生活污水分别设置排放口，对于此类排污单位，除在生产废水排放口设置监测点位外，还应在生活污水排放口设置监测点位。

此外，排污单位还应根据各行业自行监测技术指南的相关要求，设置监测点位。

5.2.2　废水排放口的规范化设置

废水排放口的设置，应满足以下要求：

（1）废水排放口可以是矩形、圆管形或梯形，一般使用混凝土、钢板或钢管等原料。

（2）废水排放口应设置规范的、便于测量流量和流速的测流段，测流段水流应平直、稳定、集中，无下游水流顶托影响，上游顺直长度应大于 5 倍测流段最大水面宽度，同时测流段水深应大于 0.1 m 且不超过 1 m。

（3）废水排放口应能够方便安装三角堰、矩形堰、测流槽等测流装置或其他计量装置。

（4）有废水自动监测设施的排放口，还应能够满足安装污水水量自动计量装置（如超声波明渠流量计、管道式电磁流量计等）、采样取水系统、水质自动采样器等设备、设施的要求。

（5）排污单位应单独设置各类废水排放口，避免多家不同排污单位共用一个废水排放口。

5.2.3 采样点及监测平台的规范化设置

各类废水排放口监测点位的实际具体采样位置即采样点，一般应设在厂界内或厂界外不超过 10 m 范围内。压力管道式排放口应安装取样阀门；废水直接从暗渠排入市政管道的，应在企业界内或排入市政管道前设置取样口。有条件的排污单位应尽量设置一段能满足采样条件的明渠，以方便采样。

污水面在地下或距地面超过 1 m 的，应建取样台阶或梯架。

废水监测平台面积应不小于 1 m^2，平台应设置高度不低于 1.2 m 的防护栏、高度不低于 10 cm 的脚部挡板。监测平台、梯架通道及防护栏的相关设计载荷及制造安装应符合《固定式钢梯及平台安全要求　第 3 部分：工业防护栏杆及钢平台》（GB 4053.3—2009）的要求。

应保证污水监测点位场所通风、照明正常，还应在有毒有害气体的监测场所设置强制通风系统，并安装相应的气体浓度报警装置。

5.2.4 废水自动监测设施的规范化设置

5.2.4.1 监测站房的设置

废水自动监测站房的设置，应满足以下要求：

（1）新建监测站房面积应不小于 7 m^2。监测站房应尽量靠近采样点，与采样点的距离不宜大于 50 m。监测站房应做到专室专用。

（2）监测站房应密闭，安装空调，保证室内清洁，环境温度、相对湿度和大气压等应符合《工业自动化仪表工作条件　温度、湿度和大气压力》（ZBY 120—1983）的要求。

（3）监测站房内应有安全合格的配电设备，能提供足够的电力负荷，不小于

5 kW。站房内应配置稳压电源。

（4）监测站房内应有合格的给水、排水设施，应使用自来水清洗仪器及有关装置。

（5）监测站房应有完善规范的接地装置和避雷措施、防盗和防止人为破坏的设施。

（6）监测站房如采用彩钢夹芯板搭建，应符合相关临时性建（构）筑物设计和建造要求。

（7）监测站房内应配备灭火器箱、手提式二氧化碳灭火器、干粉灭火器或沙桶等。

（8）监测站房不能位于通讯盲区。

（9）监测站房的设置应避免对企业安全生产和环境造成影响。

5.2.4.2　采样取水系统的设置

废水自动监测设备的采样取水系统设置，应满足以下要求：

（1）采样取水系统应保证采集有代表性的水样，并保证将水样无变质地输送至监测站房供水质自动分析仪取样分析或采样器采样保存。

（2）采样取水系统应尽量设在废水排放堰槽取水口头部的流路中央，采水的前端设在下流的方向，减少采水部前端的堵塞。测量合流排水时，在合流后充分混合的场所采水。采样取水系统宜设置成可随水面的涨落而上下移动的形式。同时设置人工采样口，以便进行比对试验。

（3）采样取水系统的构造应有必要的防冻和防腐设施。

（4）采样取水管材料应对所监测项目没有干扰，并且耐腐蚀。取水管应能保证水质自动分析仪所需的流量。采样管路应采用优质的硬质 PVC 或 PPR 管材，严禁使用软管做采样管。

（5）采样泵应根据采样流量、采样取水系统的水头损失及水位差合理选择。取水采样泵应对水质参数没有影响，并且使用寿命长、易维护。采样取水系统的安装应便于采样泵的安置及维护。

（6）采样取水系统宜设有过滤设施，防止杂物和粗颗粒悬浮物损坏采样泵。

（7）氨氮水质自动分析仪采样取水系统的管路设计，应具有自动清洗功能，宜采用加臭氧、二氧化氯或加氯等冲洗方式。应尽量缩短采样取水系统与氨氮水质自动分析仪之间输送管路的长度。

5.2.4.3 现场废水自动分析仪的设置

现场废水自动分析仪的设置，应满足以下要求：

（1）现场水质自动分析仪应落地或壁挂式安装，有必要的防震措施，保证设备安装牢固稳定。在仪器周围应留有足够空间，方便仪器维护。现场水质自动分析仪的安装还应满足《自动化仪表工程施工及质量验收规范》（GB 50093—2013）的相关要求。其他要求参照仪器相应说明书内容。

（2）安装高温加热装置的现场水质自动分析仪，应避开可燃物和严禁烟火的场所。

（3）现场水质自动分析仪与数据采集传输仪的电缆连接应可靠稳定，并尽量缩短信号传输距离，减少信号损失。

（4）各种电缆和管路应加保护管铺于地下或空中架设，空中架设的电缆应附着在牢固的桥架上，并在电缆和管路以及电缆和管路的两端做明显标识。电缆线路的施工还应满足《电气装置安装工程电缆线路施工及验收规范》（GB 50168—2006）的相关要求。

（5）现场水质自动分析仪工作所必需的高压气体钢瓶，应稳定固定在监测站房的墙上，防止钢瓶跌倒。

（6）必要时（如南方的雷电多发区），仪器和电源也应设置防雷设施。

5.3　废气监测点位的确定及规范化设置

5.3.1　废气排放口类型及监测点位的确定

排污单位的废气排放口一般包括生产设施工艺废气排放口、自备或配套设施（如动力锅炉）废气排放口、污染处理设施排放口（如自备危险废物焚烧炉废气排放口、污水处理设施废气排放口）等。

排气筒（烟道）是目前排污单位废气有组织排放的主要排放口，因此，有组织废气的监测点位通常设置在排气筒（烟道）的横截断面（监测断面）上，并通过监测断面上的监测孔完成废气污染物的采样监测及流速、流量等废气参数的测量。

废气排放口监测点位的确定包括监测断面的设置及监测孔的设置两部分。排污单位应按照相关技术规范、标准的规定，根据所监测的污染物类别、监测技术手段的不同要求，先确定具体的废气排放口监测断面位置，再确定监测断面上监测孔的位置、数量。

5.3.2　监测断面规范化设置

5.3.2.1　基本要求

废气排放口监测断面包括手工监测断面和自动监测断面，监测断面设置应满足以下基本要求：

（1）监测断面应避开对测试人员操作有危险的场所，并在满足相关监测技术规范、标准规定的前提下，尽量选择方便监测人员操作、设备运输、安装的位置进行设置。

（2）若一个固定污染源排放的废气先通过多个烟道或管道后进入该固定污染源的总排气管时，应尽可能将废气监测断面设置在总排气管上，不得只在其中的一个烟道或管道上设置监测断面开展监测，并将测定值作为该源的排放结果；但允许在每个烟道或管道上均设置监测断面并同步开展废气污染物排放监测。

（3）监测断面一般优先选择设置在烟道垂直管段和负压区域，应避开烟道弯头和断面急剧变化的部位，确保所采集样品的代表性。

5.3.2.2 手工监测断面设置的具体要求

对于废气手工监测断面，在满足本章 5.3.2.1 中基本要求的同时，还应按照以下具体规定进行设置：

（1）颗粒态污染物及流速、流量监测断面

①监测断面的流速应不小于 5 m/s。

②监测断面位置应位于在距弯头、阀门、变径管下游方向不小于 6 倍直径（当量直径）和距上述部件上游方向不小于 3 倍直径（当量直径）处。

对矩形烟道，其当量直径按公式（5-1）计算：

$$D = \frac{2AB}{A+B} \tag{5-1}$$

式中，A、B——边长。

③现场空间位置有限，很难满足②中要求时，可选择比较适宜的管段采样。手工监测位置与弯头、阀门、变径管等的距离至少是烟道直径的 1.5 倍，并应适当增加测点的数量和采样频次。

（2）气态污染物监测断面

手工监测时，若需要同步监测颗粒态污染物及流速、流量，则监测断面应按照本章 5.3.2.2（1）中相关要求设置；否则，可不按上述要求设置，但要避开涡流区。

5.3.2.3 自动监测断面设置的具体要求

对于废气自动监测断面，在满足本章 5.3.2.1 中基本要求的同时，还应按照以下具体规定进行设置。

（1）一般要求

①位于固定污染源排放控制设备的下游和比对监测断面、比对采样监测孔的上游，且便于用参比方法进行校验。

②不受环境光线和电磁辐射的影响。

③烟道振动幅度尽可能小。

④安装位置应尽量避开烟气中水滴和水雾的干扰，如不能避开，应选用能够适用的检测探头及仪器。

⑤安装位置不漏风。

⑥固定污染源烟气净化设备设置有旁路烟道时，应在旁路烟道内安装自动监测设备采样和分析探头。

（2）颗粒态污染物及流速、流量监测断面

①监测断面的流速应不小于 5 m/s。

②用于颗粒物及流速自动监测设备采样和分析探头安装的监测断面位置，应设置在距弯头、阀门、变径管下游方向不小于 4 倍烟道直径，以及距上述部件上游方向不小于 2 倍烟道直径处。矩形烟道当量直径可按照公式（5-1）计算。

③无法满足②中要求时，颗粒物及流速自动监测设备采样和分析探头的安装位置应尽可能选择在气流稳定的断面，并采取相应措施保证监测断面烟气分布相对均匀，断面无紊流。对烟气分布均匀程度的判定采用相对均方根σ_r法，当$\sigma_r \leqslant 0.15$时视为烟气分布均匀，σ_r按公式（5-2）计算：

$$\sigma_r = \sqrt{\frac{\sum_{i=1}^{n}(v_i - \bar{v})^2}{(n-1) \times \overline{v^2}}} \tag{5-2}$$

式中，v_i——测点烟气流速，m/s；

$\bar{v}$——截面烟气平均流速，m/s；

n——截面上的速度测点数目，测点的选择按照《固定污染源排气中颗粒物与气态污染物采样方法》执行。

（3）气态污染物监测断面

①对于气态污染物自动监测设备采样和分析探头的安装位置，应设置在距弯头、阀门、变径管下游方向不小于 2 倍烟道直径，以及距上述部件上游方向不小于 0.5 倍烟道直径处。矩形烟道当量直径可按照公式（5-2）计算。

②无法满足①中要求时，应按照本章 5.3.2.3（2）③中的相关要求及公式（5-2）计算，设置监测断面。

③同步进行颗粒态污染物及流速、流量监测的，应优先满足颗粒态污染物及流速、流量监测断面的设置条件，监测断面的流速应不小于 5 m/s。

5.3.3 监测孔的规范化设置

5.3.3.1 监测孔规范化设置的基本要求

监测孔一般包括用于废气污染物排放监测的手工监测孔、用于废气自动监测设备校验的参比方法采样监测孔。

监测孔的设置应满足以下基本要求：

（1）监测孔位置应便于人员开展监测工作，应设置在规则的圆形或矩形烟道上，不宜设置在烟道的顶层。

（2）对于输送高温或有毒有害气体的烟道，监测孔应开在烟道的负压段；若负压段满足不了开孔需求，对正压下输送高温和有毒气体的烟道，应安装带有闸板阀的密封监测孔，见图 5-1。

（3）监测孔的内径一般不小于 80 mm，新建或改建污染源废气排放口监测孔的内径应不小于 90 mm；监测孔管长不大于 50 mm（安装闸板阀的监测孔管除外）。监测孔在不使用时用盖板或管帽封闭，在监测使用时应易开合。

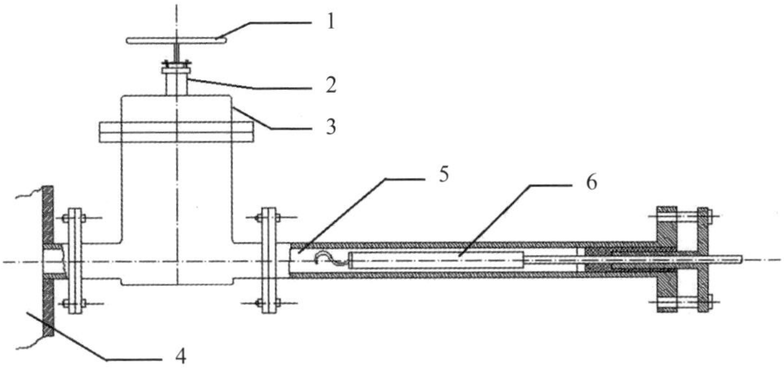

1—闸板阀手轮；2—闸板阀阀杆；3—闸板阀阀体；4—烟道；5—监测孔管；6—采样枪。

图 5-1　带有闸板阀的密封监测孔

5.3.3.2　手工监测开孔的具体要求

在确定的监测断面上设置手工监测的监测孔时，应在满足本章 5.3.3.1 中基本要求的同时，按照以下具体规定设置：

（1）若监测断面为圆形的烟道，监测孔应设在包括各测点在内的互相垂直的直径线上，其中，断面直径小于 3 m 时，应设置相互垂直的 2 个监测孔；断面直径大于 3 m 时，应尽量设置相互垂直的 4 个监测孔，见图 5-2。

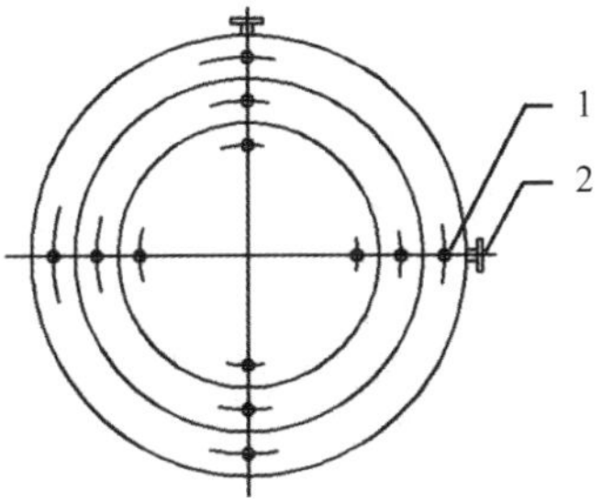

1—测点；2　监测孔。

图 5-2　圆形断面测点与监测孔示意图

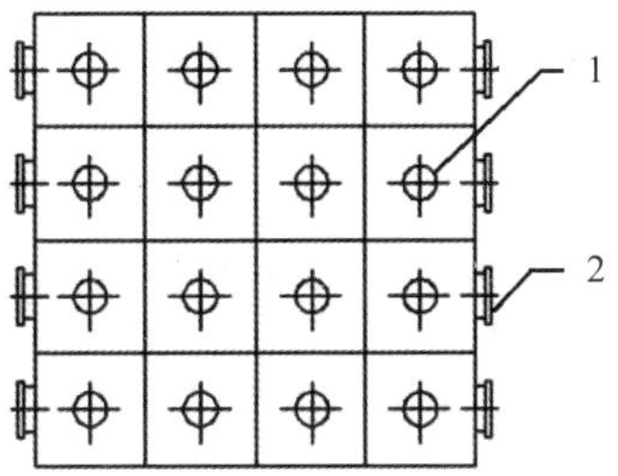

1—测点；2—监测孔。

图 5-3　矩形断面测点与监测孔示意图

（2）若监测断面为矩形烟道，监测孔应设在包括各测点在内的延长线上，其中，监测断面宽度大于 3 m 时，应尽量在烟道两侧对开监测孔，具体监测孔数量按照《固定污染源排气中颗粒物与气态污染物采样方法》的要求确定，见图 5-3。

5.3.3.3 自动监测设备参比方法采样监测开孔的具体要求

废气自动监测设备参比方法采样监测孔的设置，在满足本章 5.3.3.1 中基本要求的同时，还应按照以下具体规定设置：

（1）应在自动监测断面下游预留参比方法采样监测孔，在互不影响测量的前提下，参比方法采样监测孔应尽可能靠近废气自动监测断面，距离约 0.5 m 为宜。

（2）对于监测断面为圆形的烟道，参比方法采样监测孔应设在包括各测点在内的互相垂直的直径线上，其中，断面直径小于 4 m 时，应设置相互垂直的两个监测孔；断面直径大于 4 m 时，应尽量设置相互垂直的 4 个监测孔。

（3）若监测断面为矩形烟道，参比方法采样监测孔应设在包括各测点在内的延长线上，监测断面宽度大于 4 m 时，应尽量在烟道两侧对开监测孔，具体监测孔数量按照《固定污染源排气中颗粒物与气态污染物采样方法》的要求确定。

5.3.4 监测平台的规范化设置

监测平台应设置在监测孔的正下方 1.2～1.3 m 处，应安全、便于开展监测活动，必要时应设置多层平台以满足与监测孔距离的要求。

仅用于手工监测的平台可操作面积至少应大于 1.5 m^2（长度、宽度均不小于 1.2 m），最好应在 2 m^2 以上。用于安装废气自动监测设备和进行参比方法采样监测的平台面积至少在 4 m^2 以上（长度、宽度均不小于 2 m），或不小于采样枪长度外延 1 m。

监测平台应易于人员和监测仪器到达。应根据平台高度，按照《固定式钢梯及平台安全要求　第 1 部分：钢直梯》（GB 4053.1—2009）、《固定式钢梯及平台

安全要求　第 2 部分：钢斜梯》（GB 4053.2—2009）的要求，设置直梯或斜梯。当监测平台距离地面或其他坠落面距离超过 2 m 时，不应设置直梯，应有通往平台的斜梯、旋梯或通过升降梯、电梯到达，斜梯、旋梯宽度应不小于 0.9 m，梯子倾角不超过 45°，其他指标详见 GB 4053.1—2009 和 GB 4053.2—2009。监测平台距离地面或其他坠落面距离超过 20 m 时，应有通往平台的升降梯，见图 5-4。

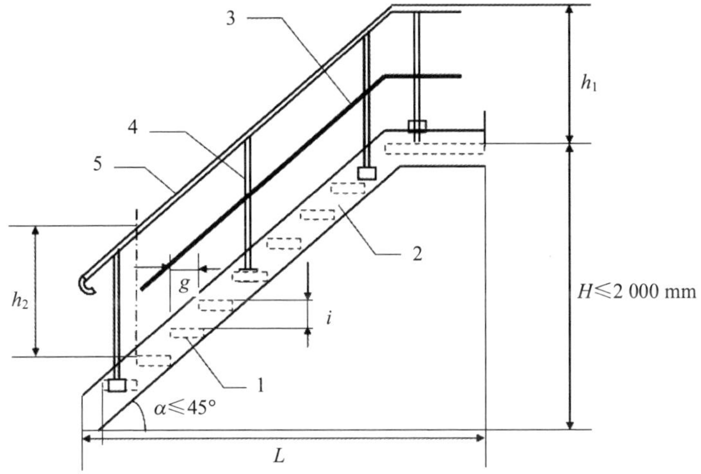

1—踏板；2—梯梁；3—中间栏杆；4—立柱；5—扶手；H—梯高；L—梯跨；

h_1—栏杆高；h_2—扶手高；α—梯子倾角；i—踏步高；g—踏步宽。

图 5-4　固定式钢斜梯

监测平台、通道的防护栏杆的高度应不低于 1.2 m，踢脚板不低于 10 cm。监测平台、通道、防护栏的设计载荷、制造安装、材料、结构及防护要求应符合《固定式钢梯及平台安全要求　第 3 部分：工业防护栏杆及钢平台》（GB 4053.3—2009）的要求，见图 5-5。

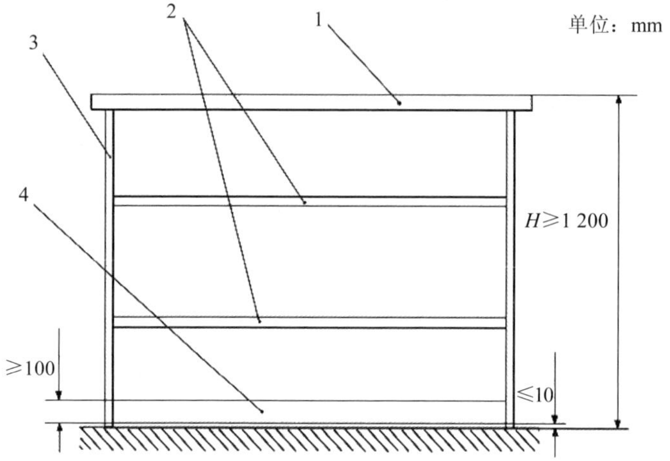

1—扶手（顶部栏杆）；2—中间栏杆；3—立柱；4—踢脚板；H—栏杆高度。

图 5-5 防护栏杆

监测平台应设置一个防水低压配电箱，内设漏电保护器、不少于 2 个 16A 插座及 2 个 10A 插座，以保证监测设备所需电力。

监测平台附近有造成人体机械伤害、灼烫、腐蚀、触电等危险源的，应在平台相应位置设置防护装置。监测平台上方有坠落物体隐患时，应在监测平台上方高处设置防护装置。防护装置的设计与制造应符合《机械安全防护装置固定式和活动式防护装置设计与制造一般要求》（GB/T 8196—2003）的要求。

排放剧毒、致癌物及对人体有严重危害物质的监测点位应储备相应安全防护装备。

5.3.5 废气自动监测设施的规范化设置

5.3.5.1 监测站房的设置

废气自动监测站房的设置，应满足以下要求：

（1）应为室外的废气自动监测系统提供独立站房，监测站房与采样点之间距离应尽可能近，原则上不超过 70 m。

（2）监测站房的基础荷载强度应不小于 2 000 kg/m^2。若站房内仅放置单台机柜，面积应不小于 2.5 m×2.5 m。若同一站房需放置多套分析仪表，每增加 1 台机柜，站房面积应至少增加 3 m^2，以便开展运维操作。站房空间高度应不小于 2.8 m，站房室内标高应大于室外标高。

（3）监测站房内应安装空调和采暖设备，室内温度应保持在 15～30℃，相对湿度应不大于 60%，空调应具有来电自动重启功能，站房内应安装排风扇或其他通风设施。

（4）监测站房内配电功率能够满足仪表实际要求，功率不少于 8 kW，至少预留三孔插座 5 个、稳压电源 1 个、UPS 电源 1 个。

（5）监测站房内应配备不同浓度的有证标准气体，且在有效期内。标准气体应当包含零气（含二氧化硫、氮氧化物浓度均≤0.1 μmol/mol 的标准气体，一般为高纯氮气，纯度≥99.999%；当测量烟气中二氧化碳时，零气中二氧化碳≤400 μmol/mol，含有其他气体的浓度不得干扰仪器的读数）和 CEMS 测量的各种气体（SO_2、NO_x、O_2）的量程标气，以满足日常零点、量程校准、校验的需要。低浓度标准气体可由高浓度标准气体通过经校准合格的等比例稀释设备获得（精密度≤1%），也可单独配备。

（6）监测站房应有必要的防水、防潮、隔热、保温措施，在特定场合还应具备防爆功能。

（7）监测站房应具有能够满足废气自动监测系统数据传输要求的通讯条件。

5.3.5.2　自动监测设备的安装施工要求

（1）废气自动监测系统安装施工应符合《自动化仪表工程施工及质量验收规范》《电气装置安装工程电缆线路施工及验收规范》的规定。

（2）施工单位应熟悉废气自动监测系统的原理、结构、性能，编制施工方案、施工技术流程图、设备技术文件、设计图样、监测设备及配件货物清单交接明细表、施工安全细则等有关文件。

（3）设备技术文件应包括资料清单、产品合格证、机械结构、电气、仪表安装的技术说明书、装箱清单、配套件、外购件检验合格证和使用说明书等。

（4）设计图样应符合技术制图、机械制图、电气制图、建筑结构制图等标准的规定。

（5）设备安装前的清理、检查及保养应符合以下要求。

①按交货清单和安装图样明细表清点检查设备及零部件，缺损件应及时处理，更换补齐。

②运转部件如取样泵、压缩机、监测仪器等，滑动部位均需清洗、注油润滑防护。

③因运输造成变形的仪器、设备的结构件应校正，并重新涂刷防锈漆及表面油漆，保养完毕后应恢复原标记。

（6）现场端连接材料（垫片、螺母、螺栓、短管、法兰等）为焊件组成对焊时，壁（板）的错边量应符合以下要求：

①管子或管件对口、内壁齐平，最大错边量≤1 mm;

②采样孔的法兰与连接法兰几何尺寸极限偏差不超过±5 mm，法兰端面的垂直度极限偏差≤0.2%;

③采用透射法原理颗粒物监测仪器发射单元和颗粒物监测仪反射单元，测量光束从发射孔的中心出射到对面中心线相叠合的极限偏差≤0.2%。

（7）从探头到分析仪的整条采样管线的铺设应采用桥架或穿管等方式，保证整条管线具有良好的支撑。管线倾斜度≥5º，为防止管线内积水，应在每隔 4～5 m 处装线卡箍固定。当使用伴热管线时应具备稳定、均匀加热和保温的功能；其设置加热温度应不低于 120℃，且应高于烟气露点温度 10℃以上，其实际温度值应能够在机柜或系统软件中显示查询。

（8）电缆桥架安装应满足最大直径电缆的最小弯曲半径要求。电缆桥架的连接应采用连接片连接。配电套管应采用钢管和 PVC 管材质配线管，其弯曲半径应满足最小弯曲半径要求。

（9）应将动力与信号电缆分开敷设，保证电缆通路及电缆保护管的密封，自控电缆应符合输入和输出分开、数字信号和模拟信号分开配线和敷设的要求。

（10）安装精度和连接部件坐标尺寸应符合技术文件和图样规定。监测站房仪器应排列整齐，监测仪器顶平直度和平面度应不大于 5 mm，监测仪器牢固固定，可靠接地。二次接线正确、牢固可靠，配导线的端部应标明回路编号。配线工艺整齐，绑扎牢固，绝缘性好。

（11）各连接管路、法兰、阀门封口垫圈应牢固完整，均不得有漏气、漏水现象。保持所有管路畅通，保证气路阀门、排水系统安装后应畅通和启闭灵活。自动监测系统空载运行 24 小时后，管路不得出现脱落、渗漏、振动强烈等现象。

（12）反吹气应为干燥清洁气体，反吹系统应进行耐压强度试验，试验压力为常用工作压力的 1.5 倍。

（13）电气控制和电气负载设备的外壳防护应符合《外壳防护等级》（GB 4208—2017）的技术要求，户内防护等级达到 IP24 级，户外防护等级达到 IP54 级。

（14）防雷、绝缘要求：

①系统仪器设备的工作电源应有良好的接地措施，接地电缆应采用大于 4 mm^2 的独芯护套电缆，接地电阻小于 4 Ω，且不能和避雷接地线共用。

②平台、监测站房、交流电源设备、机柜、仪表和设备金属外壳、管缆屏蔽层和套管的防雷接地，可利用厂内区域保护接地网，采用多点接地方式。厂区内不能提供接地线或提供的接地线达不到要求的，应在子站附近重做接地装置。

③监测站房的防雷系统应符合《建筑物防雷设计规范》（GB 50057—2016）的规定，电源线和信号线设防雷装置。

④电源线、信号线与避雷线的平行净距离≥1 m，避雷线与信号线交叉净距离≥0.3 m（图 5-6）。

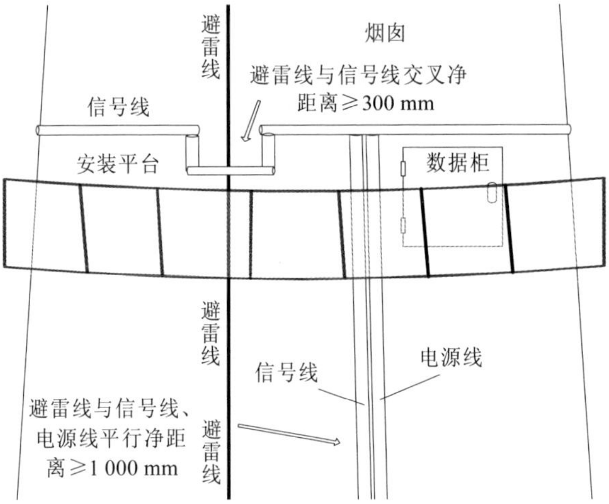

图 5-6　电源线、信号线与避雷线距离示意图

⑤由烟囱或主烟道上数据柜引出的数据信号线要经过避雷器引入监测站房，应将避雷器接地端同站房保护地线可靠连接。

⑥信号线为屏蔽电缆线，屏蔽层应有良好绝缘，不可与机架、柜体发生摩擦、打火，屏蔽层两端及中间均须做接地连接，见图 5-7。

图 5-7　信号线接地示意图

5.4 排污口标志牌的规范化设置

5.4.1 标志牌设置的基本要求

排污单位应在排污口及监测点位设置标志牌，标志牌分为提示性标志牌和警告性标志牌两种。提示性标志牌用于向人们提供某种环境信息，警告性标志牌用于提醒人们注意污染物排放可能会造成危害。

一般性污染物排放口及监测点位应设置提示性标志牌。排放剧毒、致癌物及对人体有严重危害物质的排放口及监测点位应设置警告性标志牌，警告标志图案应设置于警告性标志牌的下方。

标志牌应设置在距污染物排放口及监测点位较近且醒目处，并能长久保留。

排污单位可根据监测点位情况，设置立式或平面固定式标志牌。

5.4.2 标志牌技术规格

5.4.2.1 环保图形标志

（1）环保图形标志必须符合国家环境保护局和国家技术监督局发布的中华人民共和国国家标准《环境保护图形标志——排放口（源）》（GB 15562.1—1995）。

（2）图形颜色及装置颜色：

①提示标志：底和立柱为绿色，图案、边框、支架和文字为白色；

②警告标志：底和立柱为黄色，图案、边框、支架和文字为黑色。

（3）辅助标志内容：

①排放口标志名称；

②单位名称；

③排放口编号；

④污染物种类；

⑤××生态环境局监制；

⑥排放口经纬度坐标、排放去向、执行的污染物排放标准、标志牌设置依据的技术标准等。

（4）辅助标志字型：黑体字。

（5）标志牌尺寸：

①平面固定式标志牌外形尺寸：提示标志牌为 480 mm×300 mm；警告标志牌为边长 420 mm。

②立式固定式标志牌外形尺寸：提示标志牌为 420 mm×420 mm；警告标志牌为边长 560 mm；高度为标志牌最上端距地面 2 m。

5.4.2.2 其他要求

（1）标志牌材料

①标志牌采用 1.5～2 mm 冷轧钢板；

②立柱采用 38×4 无缝钢管；

③表面采用搪瓷或者反光贴膜。

（2）标志牌的表面处理

①搪瓷处理或贴膜处理；

②标志牌的端面及立柱要经过防腐处理。

（3）标志牌的外观质量要求

①标志牌、立柱无明显变形；

②标志牌表面无气泡，贴膜或搪瓷无脱落；

③图案清晰，色泽一致，不得有明显缺损；

④标志牌的表面不应有开裂、脱落及其他破损。

5.5　排污口规范化的日常管理与档案记录

排污单位应将排污口规范化建设纳入企业生产运行的管理体系中，制定相应的管理办法和规章制度，选派专职人员对排污口及监测点位进行日常管理和维护，并保存相关管理记录。

排污单位应建立排污口及监测点位档案。档案内容除包括排污口及监测点位的位置、编号、污染物种类、排放去向、排放规律、执行的排放标准等基本信息外，还应包括相关日常管理的记录，如标志牌的内容是否清晰完整，监测平台、各类梯架、监测孔、自动监测设施等是否能够正常使用，废水排放口是否损坏、排气筒有无漏风、破损现象等方面的检查记录，以及相应的维护、维修记录。

排污口及监测点位一经确认，排污单位不得随意变动。监测点位位置、排污口排放的污染物发生变化的，或排污口须拆除、增加、调整、改造或更新的，应按相关要求，及时向生态环境主管部门报备，并及时设立新的标志牌或更换标志牌相应内容。

第 6 章　废水手工监测技术要点

《排污单位自行监测技术指南　火力发电及锅炉》（HJ 820—2017）所涉及的废水监测指标有流量、pH、化学需氧量、氨氮、悬浮物、挥发酚、氟化物、硫化物、溶解性总固体、总汞、总镉、总砷、总铅等，为满足排污许可的有效实施，排污单位要根据实际情况对废水流量和具体的污染物指标进行监测，因此废水监测的内容就包括废水流量的监测及各项指标的现场采样和实验室分析。

6.1　流量

流量是排污单位排污总量核算的重要指标，在废水排放监测和管理中有着重要的地位。流量测量最初始于水文水利领域对天然河流、人工运河、引水渠道等的流量监测。对于工业废水的流量监测，目前常用的方法有自动测量和手工测量两种。

6.1.1　自动测量

自动测量是采用污水流量计进行测量，通常包括明渠流量计和管道流量计。通过污水流量计来测量渠道内和管道内废水（或污水）的体积流量。

（1）明渠流量计

利用明渠流量计进行自动测量时，采用超声波液位计和巴歇尔量水槽（以下简称巴氏槽）配合使用进行流量测定，并根据不同尺寸巴氏槽的经验公式计算出流量。需要注意的事项如下：

①巴氏槽安装前，应测算废水排放量并充分考虑污水处理设施的远期扩容，确保巴氏槽能满足最大流量下的测量。巴氏槽的材质要根据污水性质考虑防腐蚀。

②巴氏槽应安装于顺直平坦的渠道段，该段渠道长度不小于槽宽的 10 倍，下游渠道应无阻塞、不壅水，确保巴氏槽的水流处于自由出流状态。渠道应保持清洁，底部无障碍物，水槽应保持牢固可靠、不受损坏，凡有漏水部位应及时修补，每年应校验 1 次液位计的精度和水头零点。详细的安装和维护要求见《城市排水流量堰槽测量标准　巴歇尔量水槽》（CJ/T 3008.3—1993）。

③与巴氏槽配合使用的超声波液位计应注意日常维护，确保稳定运行，出现故障应及时更换。

（2）管道流量计

利用管道流量计测量时，可选择电磁流量计或超声流量计，宜优先选择电磁流量计。需要注意的事项如下：

①电磁流量计的选型应充分考虑测量精度、污水性质、流量范围、排水规律等。流量计的口径通常与管道相同，也可以根据设计流量、流速范围来选择流量计和配套管道，管道中的流速通常以 2～4 m/s 为宜。

②电磁流量计选型时，应充分考虑废水的电导率、最大流量、常用流量、最小流量、工艺管径、管内温度、压力，以及是否有负压存在等信息。

③电磁流量计一定要安装在管路的最低点或者管路的垂直段且务必保证管内满流，若安装在垂直管线，要求水流自下而上，尽量不要自上而下，否则容易出现非满流，使读数波动变化较大。流量计前后应避免有阀门、弯头、三通等结构存在，以防产生涡流或气泡，影响测流。

④电磁流量计安装的外部环境应避免安装在温度变化很大或受到设备高温辐射的场所，若必须安装时，须有隔热、通风的措施；电磁流量计最好安装在室内，若必须安装于室外，应避免雨水淋浇、积水受淹及太阳暴晒，须有防潮和防晒措施；避免安装在含有腐蚀性气体的环境中，必须安装时，须有通风措施；为了安

装、维护、保养方便，在电磁流量计周围需有足够的空间；避免有磁场及强振动源，如管道振动大，在电磁流量计两边应有固定管道的支座。

⑤应对电磁流量计进行周期性检查，定期扫除尘垢确保无沾污，并检查接线是否良好。

6.1.2 手工测量

手工测流方法是相对自动测流方法而言的，这种方法操作复杂、准确度较低，仅建议作为不满足自动测流条件或自动测流设施损坏时的临时补救措施，不建议用作长期自行监测手段。常用的测流方法有明渠流速仪、便携式超声波管道测流仪和容积法。

（1）明渠流速仪

明渠流速仪适用于明渠排水流量的测量，它是通过流速仪测量过水断面不同位置的流速，计算平均流速，再乘以断面面积即得测量时刻的瞬时流量。

用这种方法测量流量时，排污截面底部需硬质平滑，截面形状为规则的几何形，排污口处有不小于 3 m 的平直过流水段，且水位高度不小于 0.1 m。在明渠流量计自动测量断电或损坏时，可用此法临时测量排水流量。

（2）便携式超声波管道测流仪

便携式超声波管道测流仪的使用条件与电磁式自动测流仪一致，适用于顺直管道的满流测量。测量时，沿着管道的流向，将两个传感器分别贴合于管道，错开一定距离，通过两个传感器的时差测量流速，再乘以管道截面积，最终得出流量。测量的管壁应为能传导超声波的实密介质，如铸铁、碳钢、不锈钢、玻璃钢、PVC 等。测点应避开弯头、阀门等，确保流态稳定，无气泡和涡流。测点应避开大功率变频器和强磁场设备，以免产生干扰。在电磁流量计断电或损坏时，可用此法临时测量排水流量。

（3）容积法

容积法是将废水纳入已知容量的容器中，测定其充满容器所需要的时间，从而计算水量的方法。该方法简单易行，适用于计量污水量较小的连续或间歇排放的污水。用此方法测量流量时，溢流口与受纳水体应有适当的落差或能用导水管形成落差。

用手工测量时，一般遵循如下原则：

①如果排放污水的“流量—时间”排放曲线波动较小，即用瞬时流量代表平均流量所引起的误差小于 10%，则在某一时段内的任意时间测得的瞬时流量乘以该时间即为该时段的流量。

②如果排放污水的“流量—时间”排放曲线虽有明显波动，但其波动有固定的规律，可以用该时段中几个等时间间隔的瞬时流量来计算出平均流量，然后乘以时间得到流量。

③如果排放污水的“流量—时间”排放曲线既有明显波动又无规律可循，则必须连续测定流量，流量对时间的积分即为总量。

6.2　现场采样

采样前要根据采样任务确定监测点位、各监测点位的监测指标、各监测指标需要使用的采样容器、采样要求和保存运输要求等。

6.2.1　采样点位

《排污单位自行监测技术指南　火力发电及锅炉》（HJ 820—2017）对每个监测点位的监测指标都进行了明确规定。如果排污单位设置内部监测点位时，需根据实际情况在便于采样的地方进行布点采样。

如排污单位需要考核污水处理设施处理效率时，采样点位的布设如下：

（1）对整体污水处理设施效率监测时，在各种进入污水处理设施污水的入口和污水设施的总排放口设置采样点。

（2）对各污水处理单元效率监测时，在各种进入处理设施单元污水的入口和设施单元的排放口均设置采样点。

6.2.2 采样方法

废水的监测项目根据行业类型有不同的要求，排污单位根据本行业自行监测技术指南要求设置。采集样品时应设在废水混合均匀处，避免引入其他干扰。

在分时间单元采集样品时，需测定 pH、化学需氧量、石油类、硫化物、悬浮物，不能混合，只能单独采样。

根据监测项目选择不同的采样器，主要包括不锈钢采水器、有机玻璃水质采样器、油类采样器及用采样容器直接采样。有需求和条件的排污单位可配备水质自动采样装置进行时间比例采样和流量比例采样。当污水排放量较稳定时可采用时间比例采样，否则必须采用流量比例采样。所用自动采样器必须符合生态环境部发布的污水采样器技术要求。不同的采样器见图 6-1。

样品采集时应针对具体的监测项目注意以下事项：

（1）采样时不可搅动水底的沉积物。

（2）确保采样准时，点位准确，操作安全。

（3）采样结束前，应核对采样计划、记录与水样，如有错误或遗漏，应立即补采或重采。

不锈钢采水器

有机玻璃水质采样器

油类采样器

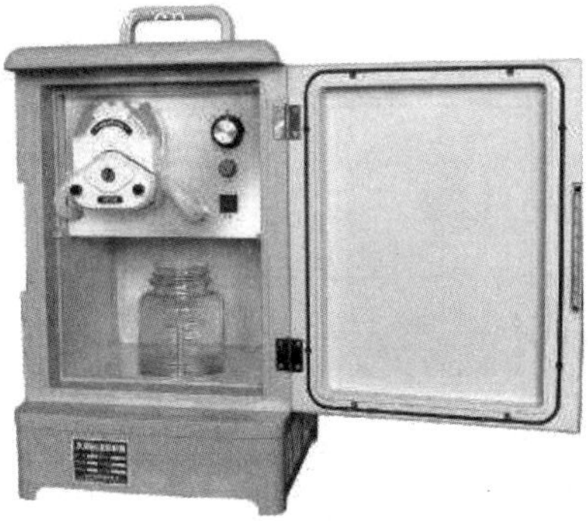

水质自动采样装置

图 6-1　不同采样器示意图

（4）如采样现场水体很不均匀，无法采到有代表性的样品，则应详细记录不均匀的情况和实际采样情况，供使用该数据者参考。

（5）测五日生化需氧量时，水样必须注满容器，上部不留空间并有水封口。

（6）用样品容器直接采样时，必须用水样冲洗 3 次之后再行采样，采油类的容器不能冲洗。

（7）采样时应注意除去水面的杂物、垃圾等漂浮物。

（8）用于测定悬浮物、五日生化需氧量、硫化物、动植物油的水样，必须单独定容采样，并全部用于测定。

（9）动植物油采样时，采样前先破坏可能存在的油膜，用直立式采水器把玻璃材质容器安装在采水器的支架中，将其放到 300 mm 深度，边采水边向上提升，在达到水面时剩余适当空间。

（10）采样时应认真填写“污水采样记录表”，表中应有以下内容：污染源名称、监测项目、采样点位、采样时间、样品编号、污水性质、污水流量、采样人姓名及其他有关事项。具体格式可由各排污单位制定，见表 6-1。

（11）对于 pH 和流量需现场监测的项目，应进行现场监测。

表 6-1 污水采样记录表

企业名称	行业名称	监测项目	样品编号	采样时间	采样口	采样口位置（车间或出厂口）	样品类别	样品表观	采样口流量/（m^3/s）	采样人

6.2.3 采样容器

当前市面上常见的采样容器按材质主要分为硬质玻璃瓶和聚乙烯瓶（在表 6-2 中分别用 G、P 表示），硬质玻璃瓶有透明和棕色两种。硬质玻璃瓶适用于化学需氧量、总有机碳、氨氮、总氮、总磷、硫化物、动植物油等监测项目的样品采集。硫化物采集时，应用棕色玻璃瓶，以降低光敏作用。五日生化需氧量采集时应用专门的溶氧瓶采集。聚乙烯瓶则适用于总铜、总锌、总镍、总镉等金属元素的样品采集。采集氨氮、总磷、总氮、总镍、总镉等项目时，两种材质的瓶子均可使用。具体适用情况见表 6-2。

表 6-2 样品保存和容器洗涤

项目	采样容器	保存剂及用量	保存期	采样量/mL	容器洗涤
pH*	G.P		12 h	250	I
悬浮物**	G.P		14 h	500	I
化学需氧量	G	加 H_2SO_4，pH≤2	2 d	500	I
总磷	G.P	HCl，H_2SO_4，pH≤2	24 h	250	Ⅳ
氨氮	G.P	加 H_2SO_4，pH≤2	24 h	250	I
总氮	G.P	加 H_2SO_4，pH≤2	7 d	250	I
硫化物	G.P	1 L 水样加 NaOH 至 pH 为 9，加入 5%抗坏血酸 5 mL，饱和 EDTA 3 mL，滴加饱和 $Zn(AC)_2$ 至胶体产生，常温避光	24 h	250	I

项目	采样容器	保存剂及用量	保存期	采样量/mL	容器洗涤
总砷	G.P	HNO_3，1 L 水样中加浓 HNO_3 10 mL，DDTC 法，HCl 2 mL	14 d	250	Ⅰ
总镉	G.P	HNO_3，1 L 水样中加浓 HNO_3 10 mL	14 d	250	Ⅲ
总汞	G.P	HCl，1%，如水样为中性，1 L 水样中加浓 HCl 10 mL	14 d	250	Ⅲ
总铅	G.P	HNO_3，1%，如水样为中性，1 L 水样中加浓 HNO_3 10 mL	14 d	250	Ⅲ
挥发酚**	G.P	用 H_3PO_4 调至 pH=2，用 0.01～0.02 g 抗坏血酸除去余氯	24 h	1000	Ⅰ

注：1. *表示应尽量做现场测定，**表示低温（0～4℃）避光保存。

2. G 为硬质玻璃瓶，P 为聚乙烯瓶。

3. Ⅰ、Ⅱ、Ⅲ、Ⅳ表示四种洗涤方法，如下：

Ⅰ：洗涤剂洗 1 次，自来水洗 3 次；

Ⅱ：洗涤剂洗 1 次，自来水洗 2 次，（1+3）（硝酸和水的体积比为 1∶3）HNO_3 荡洗 1 次，自来水洗 3 次；

Ⅲ：洗涤剂洗 1 次，自来水洗 2 次，（1+3）HNO_3 荡洗 1 次，自来水洗 3 次；

Ⅳ：铬酸洗液洗 1 次，自来水洗 3 次。

在采样之前，采样容器应经过相应的清洗和处理，采样之后要对其进行适当的封存。排污单位可根据监测项目自行选择采样容器并按照合适的方法进行清洗和处理。常用的采样容器见图 6-2。

图 6-2　采样容器（透明硬质玻璃瓶、棕色硬质玻璃瓶和聚乙烯瓶）

（1）采样容器选择时应遵守以下原则：

①最大限度地防止容器及瓶塞对样品的污染。由于一般的玻璃瓶在贮存水样

时可溶出钠、钙、镁、硅、硼等元素，在测定这些项目时应避免使用玻璃容器，以防止新的污染。一些有色瓶塞也会含有大量的重金属，因此采集金属项目时最好选用聚乙烯瓶。

②容器壁应易于清洗和处理，以减少如重金属对容器的表面污染。

③容器或容器塞的化学和生物性质应该是惰性的，以防止容器与样品组分发生反应。

④防止容器吸收或吸附待测组分，引起待测组分浓度的变化。微量金属易受这些因素的影响。

⑤选用深色玻璃能降低光敏作用。

（2）采样容器准备时，应遵循以下原则：

①所有的采样容器准备都应确保不发生正负干扰。

②尽可能使用专用容器。如不能使用专用容器，那么最好准备一套容器进行特定污染物的测定，以减少交叉污染。同时应注意防止以前采集高浓度分析物的容器因洗涤不彻底，污染随后采集的低浓度污染物的样品。

③对于新容器，一般应先用洗涤剂清洗，再用纯水彻底清洗。但是，用于清洁的清洁剂和溶剂可能引起干扰，所用的洗涤剂类型和选用的容器材质要随待测组分来确定。如测总磷的容器不能使用含磷洗涤剂；测重金属的玻璃容器及聚乙烯容器通常用盐酸或硝酸（c =1 mol/L）洗净并浸泡 1～2 天后用蒸馏水或去离子水冲洗。

（3）采样容器清洗时，应注意：

①用清洁剂清洗塑料或玻璃容器：用水和清洗剂的混合稀释溶液清洗容器和容器帽；用实验室用水清洗两次；控干水并盖好容器帽。

②用溶剂洗涤玻璃容器：用水和清洗剂的混合稀释溶液清洗容器和容器帽；用自来水彻底清洗；用实验室用水清洗两次；用丙酮清洗并干燥；用与分析方法匹配的溶剂清洗并立即盖好容器帽。

③用酸洗玻璃或塑料容器：用自来水和清洗剂的混合稀释溶液清洗容器和容

器帽；用自来水彻底清洗；用10%硝酸溶液清洗；控干后，注满10%硝酸溶液；密封，贮存至少24小时；用实验室用水清洗，并立即盖好容器帽。

6.2.4 样品保存与运输

6.2.4.1 样品保存

水样采集后应尽快送到实验室进行分析，样品如果长时间放置，受生物、化学、物理等因素影响，某些组分的浓度可能会发生变化。一般可通过冷藏、冷冻、添加保存剂等方式对样品进行保存。

（1）样品的冷藏、冷冻

在大多数情况下，样品从采集到运输最后到实验室期间，在0～5℃冷藏并暗处保存就足够了。−20℃的冷冻温度一般能延长贮存期。但冷冻需要掌握冷冻和融化技术，以使样品在融化时能迅速、均匀地恢复其原始状态，用干冰快速冷冻是令人满意的方法。样品一般选用聚氯乙烯或聚乙烯等塑料容器采集。

（2）添加化学保存剂

添加的保存剂一般包括酸、碱、抑制剂、氧化剂和还原剂，样品保存剂如酸、碱或其他试剂在采样前应进行空白试验，其纯度和等级必须达到分析的要求。

①加入酸和碱：控制溶液pH，测定金属离子的水样常用硝酸酸化至pH为1～2，这样既可以防止重金属的水解沉淀，又可以避免金属在器壁表面上的吸附，同时在pH=1～2的酸性介质中还能抑制生物的活动。用此法保存，大多数金属可稳定数周或数月。测定氰化物的水样需加氢氧化钠调至pH=12。测定六价铬的水样应加氢氧化钠调至pH=8，因在酸性介质中，六价铬的氧化电位高，易被还原。

②加入氧化剂：水样中痕量汞易被还原，引起汞的挥发性损失，加入硝酸—重铬酸钾溶液可使汞维持在高氧化态，汞的稳定性人为改善。

③加入还原剂：测定硫化物的水样，加入抗坏血酸对保存有利。含余氯水样能氧化氢离子，可使酚类等物质氯化生成相应的衍生物，因此在采样时加入适当

的硫代硫酸钠予以还原，可除去余氯干扰。

加入一些化学试剂可固定水样中的某些待测组分，保存剂可事先加入空瓶中，也可在采样后立即加入水样中。所加入的保存剂不能干扰待测成分的测定，如有疑义应先做必要的试验。

当加入保存剂的样品经过稀释后，在分析计算结果时要充分考虑。但如果加入足够浓的保存剂，若加入体积很小，可以忽略其稀释影响。固体保存剂因会引起局部过热，反而影响样品，所以应该避免使用。

所加入的保存剂有可能改变水中组分的化学或物理性质，因此选用保存剂时一定要考虑对测定项目的影响。如待测项目是溶解态物质，酸化会引起胶体组分和固体的溶解，则必须在过滤后酸化保存。

必须要做保存剂空白试验，特别是对微量元素的检测。要充分考虑加入保存剂所引起待测元素数量的变化。例如，酸类会增加砷、铅、汞的含量。因此，样品中加入保存剂后，应保留做空白试验。

针对技术指南中涉及的不同的监测项目应选用的容器材质、保存剂及其加入量、保存期、采样体积和容器洗涤方法见表 6-2。

6.2.4.2 样品运输

水样采集后必须立即送回实验室。若采样地点与实验室距离较远，应根据采样点的地理位置和每个项目分析前最长可保存时间，选用适当的运输方式，在现场工作开始之前，就要安排好水样的运输工作，以防延误。

水样运输前应将容器的外（内）盖盖紧。装箱时应用泡沫塑料等分隔，以防破损。同一采样点的样品应装在同一包装箱内，如需分装在两个或几个箱子中时，则需在每个箱内放入相同的现场采样记录表。运输前应检查现场记录上的所有水样是否全部装箱。要用醒目的色彩在包装箱顶部和侧面标注上“切勿倒置”的标记。每个水样瓶均需贴上标签，内容有采样点位编号、采样日期和时间、测定项目、保存方法，并写明用何种保存剂。

装有水样的容器必须加以妥善保存和密封，并装在包装箱内固定，以防在运输途中破损。除了防震、避免日光照射和低温运输外，还要防止新的污染物进入容器或沾污瓶口使水样变质。

在水样运送过程中，应有押运人员，每个水样都要附有一张样品交接单。在转交水样时，转交人和接收人都必须清点和检查水样并在样品交接单上签字，注明日期和时间。样品交接单是水样在运输过程中的文件，应防止差错并妥善保管以备查。尤其是通过第三者把水样从采样地点转移到实验室分析人员手中时，这张样品交接单就显得更为重要了。

在运输途中如果水样超过了保质期，管理员应对水样进行检查。如果决定仍然进行分析，那么在出报告时，应明确标出采样时间和分析时间。

6.2.5　留样

有污染物排放异常等特殊情况，要留样分析时，应针对具体项目的分析用量同时采集留样样品，并填写“留样记录表”，表中应涵盖以下内容：污染源名称、监测项目、采样点位、采样时间、样品编号、污水性质、污水流量、采样人姓名、留样时间、留样人姓名、固定剂添加情况、保存时间、保存条件及其他有关事项。

6.3　监测指标测试

6.3.1　测试方法概述

火力发电和锅炉排污单位自行监测项目包括理化指标（如 pH、悬浮物等）、无机阴离子（如硫化物、氟化物等）、有机污染综合指标（如化学需氧量、五日生化需氧量等）、金属及其化合物（如总砷、总汞、总铅、总镉等）、有机污染物（如挥发酚等）等几大类。这些监测项目所涉及的分析方法主要包括重量法、分光光度法、容量分析法、原子吸收分光光度法、电感耦合等离子体发射光谱法、电感耦合等离子体质谱法、离子色谱法、原子荧光法、气相色谱法和气相色谱—质谱法等。

（1）重量法

重量法是将被测组分从试样中分离出来，经过精确称量来确定待测组分含量的分析方法。它是分析方法中最直接的测定方法，可以直接称量得到分析结果，不需标准试样或基准物质进行比较，具有精确度高等特点。图 6-3 为重量法所用的分析天平。

（2）分光光度法

分光光度法测定样品的基本原理是利用朗伯—比尔定律，根据不同浓度样品溶液对光信号具有不同的吸光度，对待测组分进行定量测定。分光光度法是环境监测中常用的方法，具有灵敏度高、准确度高、适用范围广、操作简便和快速及价格低廉等特点。图 6-4 为分光光度法所用的分光光度计。

图 6-3 分析天平

图 6-4 分光光度计

（3）容量分析法

容量分析法是将一种已知准确浓度的标准溶液滴加到被测物质的溶液中，直到所加的标准溶液与被测物质按化学计量定量反应为止，然后根据标准溶液的浓度和用量计算被测物质的含量。按反应的性质，容量分析法可分为酸碱滴定法、氧化还原滴定法、络合滴定法和沉淀滴定法。容量分析法具有操作简便、快速、比较准确和仪器普通易得等特点。图 6-5 为滴定时所使用的套件。

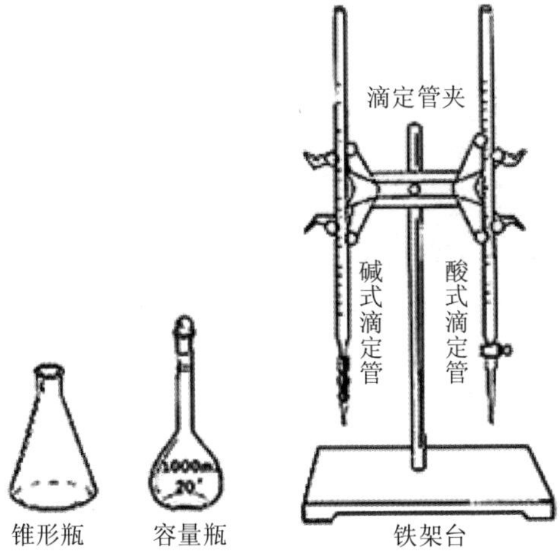

图 6-5　滴定套件

适合容量分析的化学反应应该具备的条件有以下几种：

①反应必须定量进行而且进行完全；

②反应速度要快；

③有比较简便、可靠的方法确定理论终点（或滴定终点）；

④共存物质不干扰滴定反应，或采用掩蔽剂等方法能予以消除。

（4）原子吸收分光光度法

原子吸收分光光度法的测量对象是呈原子状态的金属元素和部分非金属元素，是由待测元素灯发出的特征谱线通过供试品经原子化产生的原子蒸气时，被蒸气中待测元素的基态原子所吸收，通过测定辐射光强度减弱的程度，求出供试品中待测元素的含量，并能够灵敏可靠地测定微量或痕量元素。原子吸收分光光度法由光源、原子化器（分为火焰原子化器、石墨炉原子化器、氢化物发生原子化器及冷蒸气发生原子化器 4 种）、单色器、背景校正系统、自动进样系统和检测系统等组成。根据原子化器的不同，其又可分为火焰原子吸收分光光度法、石墨炉原子吸收分光光度法、氢化物发生原子吸收分光光度法、冷原子吸收分光光度法。图 6-6 为原子吸收分光光度法所用的一种仪器设备。

图 6-6 原子吸收分光光度法所用的火焰原子吸收光谱仪

①火焰原子吸收分光光度法是最常用的技术，非常适合含有目标分析物的液体或溶解样品，适用于 mg/L 级的痕量元素检测。缺点是原子化效率低，灵敏度不够高，一般不能直接分析固体样品。

②石墨炉原子吸收分光光度法能够分析低体积的液体样品，适用于实验室处理日常工作中的复杂基质，可高效去除干扰，敏感度高于火焰原子吸收分光光度法分析数个数量级，可以检测低至μg/L 级的痕量元素。缺点是试样组成不均匀性的影响较大，共存化合物的干扰比火焰原子分光光度法大，干扰背景比较严重，一般都需要校正背景。

③冷原子吸收分光光度法由汞蒸气发生器和原子吸收池组成，专门用于汞的测定。

（5）电感耦合等离子体发射光谱法

电感耦合等离子体发射光谱法是指以电感耦合等离子体作为激发光源，根据处于激发态的待测元素原子回到基态时发射的特征谱线对待测元素进行分析的仪器。具有检出限低、准确度及精密度高、分析速度快等优点。图 6-7 为电感耦合等离子体光谱仪。

（6）电感耦合等离子体质谱法

电感耦合等离子体质谱法是以独特的接口技术将电感耦合等离子体的高温电离特性与质谱检测器的灵敏快速扫描的优点相结合而形成一种高灵敏度的分析技

术。水样经预处理后，采用电感耦合等离子体质谱进行检测，根据元素的质谱图或特征离子进行定性，内标法定量。其具有灵敏度高、速度快，可在几分钟内完成几十个元素的定量测定的优点，常用于测定地下水中微量、痕量和超痕量的金属元素，某些卤素元素、非金属元素的同位素比值。图 6-8 为电感耦合等离子体质谱仪。

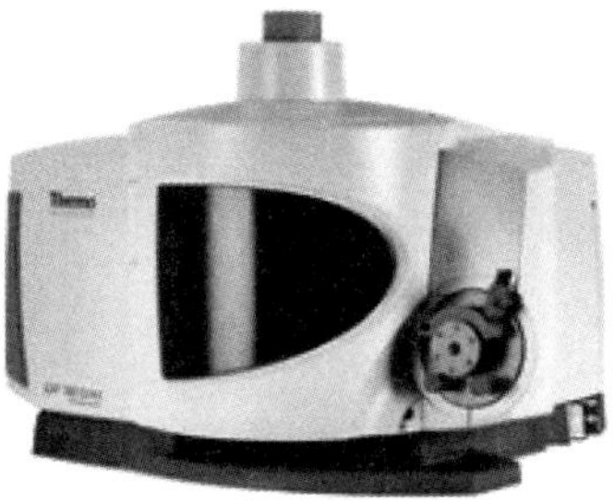

图 6-7　电感耦合等离子体光谱仪

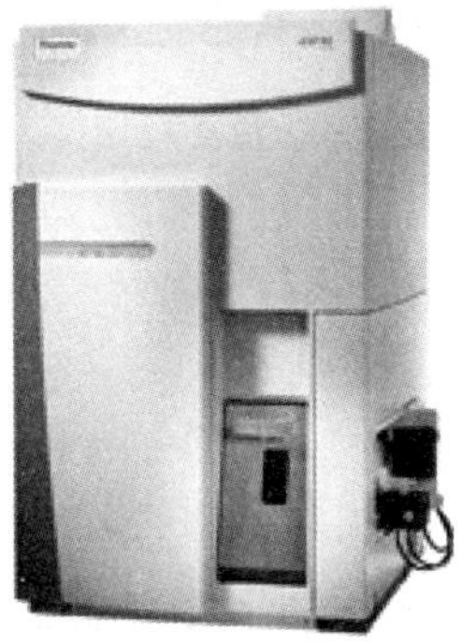

图 6-8　电感耦合等离子体质谱仪

（7）离子色谱法

离子色谱法是以低交换容量的离子交换树脂为固定相对离子性物质进行分离，用电导检测器连续检测流出物电导变化的一种色谱方法。其主要用于环境样品的分析，包括地表水、饮用水、雨水、生活污水和工业废水、酸沉降物和大气颗粒物等样品中的阴、阳离子，与微电子工业有关的水和试剂中痕量杂质的分析。图 6-9 为离子色谱仪。

（8）原子荧光法

原子荧光法根据测量待测元素的原子蒸气在一定波长的辐射能激发下发射的荧光强度进行定量分析的方法，是测定微量砷、锑、铋、汞、硒、碲、锗等元素最成功的分析方法之一。图 6-10 为原子荧光光谱仪。

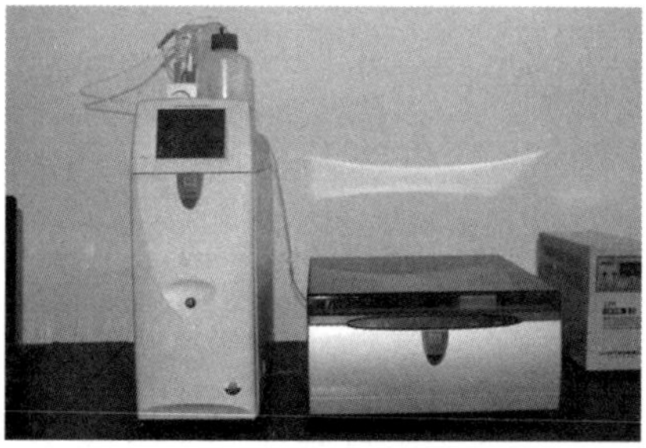

图 6-9　离子色谱仪

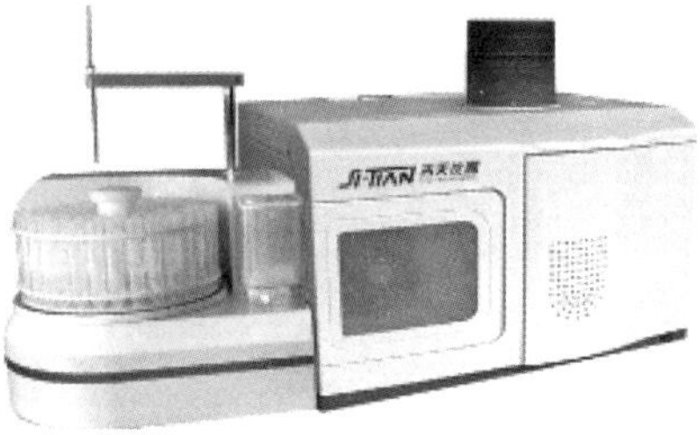

图 6-10　原子荧光光谱仪

6.3.2　指标测定

通过对火力发电及锅炉技术指南废水监测项目的梳理，除现场测量的流量在前面已经介绍外，对其余监测指标的常用监测分析方法和注意事项分别进行介绍，排污单位根据行业排放污染物的特征及单位实验室实际情况选择适合的监测方法开展自行监测。若有其他适用的方法，经过开展相关验证也可以使用。

6.3.2.1　pH

（1）常用方法

pH 是水中氢离子活度的负对数，$pH=-\log_{10}a_{H^+}$。pH 是环境监测中常用和重要的检验项目之一，可间接表示水的酸碱程度，测量常用的分析方法有《水质　pH 值的测定　玻璃电极法》（GB/T 6920—1986）和便携式 pH 计法（《水和废水监测分析方法：第四版》）。

（2）注意事项

①最好能够现场测定，否则样品采集后，应把样品保持在 0～4℃，并在 6 小时内进行测定。当 pH 大于 12 或小于 2 时，不宜使用便携式 pH 计法，以免损伤电极。

②便携式 pH 计由不同的复合电极构成，其浸泡方式会有所不同，有些电极要

用蒸馏水浸泡，有些则严禁用蒸馏水浸泡，应当严格遵守操作手册，以免损伤电极。

③玻璃电极在使用前先放入蒸馏水中浸泡 24 小时以上。用完后冲洗干净，浸泡在纯水中。

④测定 pH 时，玻璃电极的球泡应全部浸入溶液中，并使其稍高于甘汞电极的陶瓷芯端，以免搅拌时碰坏。

⑤必须注意玻璃电极的内电极与球泡之间、甘汞电极的内电极和陶瓷芯之间不得有气泡，以防短路。

⑥测定 pH 时，为减少空气和水样中二氧化碳的溶入或挥发，在测水样之前，不应提前打开水样瓶。

⑦玻璃电极表面受到污染时，需进行处理。如果附着无机盐结垢，可用温稀盐酸溶解；对钙镁等难溶性结垢，可用 EDTA 二钠溶液溶解；沾有油污时，可用丙酮清洗。电极按上述方法处理后，应在蒸馏水中浸泡一昼夜再使用。注意忌用无水乙醇、脱水性洗涤剂处理电极。

6.3.2.2　水温

（1）常用方法

水温是指水的温度，是水的一个很重要的物理特性。水温常用的测试方法为《水质　水温的测定　温度计或颠倒温度计测定法》（GB/T 13195—1991）。

（2）注意事项

①水温应在采样现场进行测定。

②当气温与水温相差较大时，尤应注意立即读数，避免受气温的影响，必要时，重复插入水中，再一次读数。

③当现场气温高于 35℃或低于–30℃时，水温计在水中的停留时间要适当延长，以达到温度平衡。

④在冬季的东北地区读数应在 3 s 内完成，否则水温计表面形成一层薄冰，影响读数的准确性。

6.3.2.3 悬浮物

（1）常用方法

水质中的悬浮物是指水样通过孔径为 0.45 μm 的滤膜，截留在滤膜上并于 103～105℃烘干至恒重的物质。悬浮物的测定常用方法为《水质　悬浮物的测定　重量法》（GB 11901—89）。

（2）注意事项

①所用聚乙烯瓶或硬质玻璃瓶要用洗涤剂清洗，再依次用自来水和蒸馏水冲洗干净。采样前用即将采集的水样清洗 3 次。采集 500～1 000 mL 样品，盖严瓶塞。

②采样时漂浮或浸没的不均匀固体物质不属于悬浮物，应从水样中除去。

③样品应尽快分析，如需放置，应贮存在 4℃冷藏箱中，但最长不得超过 7 天。采样时不能加任何保存剂，以防破坏物质在固、液间的分配平衡。

④滤膜上截留过多的悬浮物可能夹带过多的水分，除延长干燥时间外，还可能造成过滤困难，遇此情况，可酌情少取试样。

⑤滤膜上的悬浮物过少，则会增大称量误差，影响测定精度，必要时可增大试样体积，一般将 5～100 mg 悬浮物量作为量取试样体积的适用范围。

6.3.2.4 硫化物

（1）常用方法

硫化物指水中溶解性无机硫化物和酸溶性金属硫化物的总和。包括溶解性的 H_2S、HS^-、S^{2-}，以及存在于悬浮物中可溶性硫化物和可溶性金属硫化物。常用方法有《水质　硫化物的测定　亚甲基蓝分光光度法》（GB/T 16489—1996）、《水质　硫化物的测定　直接显色分光光度法》（GB/T 17133—1997）、《水质　硫化物的测定　流动注射-亚甲基蓝分光光度法》（HJ 824—2017）、《水质　硫化物的测定　碘量法》（HJ/T 60—2000）和《水质　硫化物的测定　气相分子吸收光谱法》（HJ/T 200—2005）。

（2）注意事项

①硫离子很容易被氧化，硫化氢易从水样中溢出，在采样时应防止曝气，并加适量的氢氧化钠溶液和乙酸锌—乙酸钠溶液，使水样呈碱性并形成硫化锌沉淀。水样应充满瓶，瓶塞下不留空气。

②对于无色、透明、不含悬浮物的清洁水样，采用沉淀分离法测定。

③对于含悬浮物、浊度较高、有色、不透明的水样，采用酸化—吹气—吸收法测定。

④采样时，先在采样瓶中加入一定量的乙酸锌溶液，再加水样，然后滴加适量的氢氧化钠溶液，使之呈碱性并生成硫化锌沉淀。

⑤硫化物含量过高时，在采样时可多加固定剂，直至完全沉淀。水样充满采样容器后立即密封保存。

⑥每批次样品须至少测定两个实验室空白，空白值不得超过方法检出限。否则应查明原因，重新分析直至合格之后才能测定样品。

6.3.2.5　化学需氧量

（1）常用方法

化学需氧量（COD）是指在强酸并加热条件下，用重铬酸钾作为氧化剂处理水样时所消耗氧化剂的量。常用分析方法有《水质　化学需氧量的测定　重铬酸盐法》（HJ 828—2017）、《水质　化学需氧量的测定　快速消解分光光度法》（HJ/T 399—2007）和《高氯废水　化学需氧量的测定　氯气校正法》（HJ/T 70—2001）。

（2）注意事项

①实验试剂硫酸汞剧毒，实验人员应避免与其直接接触。样品前处理过程应在通风橱中进行。

②采集水样的体积不得少于 100 mL，采集的水样应置于玻璃瓶中，并尽快分析。如不能立即分析，应加入硫酸至 pH＜2，置于 4℃以下保存，保存时间不能超过 5 天。

③对于污染严重的水样，可选取所需体积的 1/10 的水样放入硬质玻璃管，加入 1/10 的试剂，摇匀后加热沸腾数分钟，观察溶液是否变成蓝绿色。若呈蓝绿色，应再适当少取水样，重复以上试验，直至溶液不变蓝绿色为止，从而可以确定待测水样适当的稀释倍数。

④消解时应使溶液缓慢沸腾，不宜爆沸。如出现爆沸，说明溶液中出现局部过热，会导致测定结果有误。爆沸的原因可能是加热过于激烈，或是防爆沸玻璃珠的效果不好。

6.3.2.6 氨氮

（1）常用方法

氨氮（NH_3-N）以游离氨（NH_3）或铵盐（NH_4^+）形式存在于水中。氨氮常用测定方法有《水质 氨氮的测定 蒸馏-中和滴定法》（HJ 537—2009）、《水质 氨氮的测定 气相分子吸收光谱法》（HJ/T 195—2005）、《水质 氨氮的测定 纳氏试剂分光光度法》（HJ 535—2009）、《水质 氨氮的测定 水杨酸分光光度法》（HJ 536—2009）、《水质 氨氮的测定 连续流动-水杨酸分光光度法》（HJ 665—2013）和《水质 氨氮的测定 连续流动-水杨酸分光光度法》（HJ 666—2013）。

（2）注意事项

①水样采集在聚乙烯或玻璃瓶内，要尽快分析。如需保存，应加硫酸使水样酸化至 pH＜2，2～5℃下可保存 7 天。

②水样中含有悬浮物、余氯、钙镁等金属离子、硫化物和有机物时会产生干扰，含有此类物质时要做适当处理，以消除对测定的影响。

③如果水样的颜色过深、含盐量过多，酒石酸钾盐对水样中的金属离子掩蔽能力不够，或水样中存在高浓度的钙、镁和氯化物时，需要预蒸馏。

④试剂和环境温度会影响分析结果，冰箱贮存的试剂需放置到室温后再分析，分析过程中室温波动不超过±5℃。

⑤当同批分析的样品浓度波动较大时，可在样品与样品之间插入空白当试样

分析，以减小高浓度样品对低浓度样品的影响。

⑥标定盐酸标准滴定溶液时，至少平行滴定 3 次，平行滴定的最大允许偏差不大于 0.05 mL。

⑦分析过程中发现检测峰峰型异常，一般情况下平峰为超量程，双峰为基体干扰，不出峰为泵管堵塞或试剂失效。

⑧每天分析完毕后，用纯水对分析管路进行清洗，并及时将流动检测池中的滤光片取下放入干燥器中，防尘防湿。

6.3.2.7　总磷

（1）常用方法

总磷的常用测定方法有《水质　总磷的测定　钼酸铵分光光度法》（GB 11893—89）、《水质　磷酸盐和总磷的测定　连续流动-钼酸铵分光光度法》（HJ 670—2013）和《水质　总磷的测定　流动注射-钼酸铵分光光度法》（HJ 671—2013）。

（2）注意事项

①用硝酸—高氯酸消解需要在通风橱中进行。高氯酸和有机物的混合物经加热易发生危险，需将试样先用硝酸消解，然后再加入高氯酸消解。

②在采样前，用水冲洗所有接触样品的器皿，样品采集于清洗过的聚乙烯或玻璃瓶中。用于测定磷酸盐的水样，取样后于 0～4℃暗处保存，可稳定 24 小时。用于测定总磷的水样，采集后应立即加入硫酸至 pH＜2，常温可保存 24 小时；于 −20℃冷冻，可保存 1 个月。

③对于磷酸含量较少的样品（磷酸盐或总磷浓度≤0.1 mg/L），不可用聚乙烯瓶保存，冷冻保存状态除外。

④绝不可把消解的试样蒸干。

⑤如消解后有残渣时，用滤纸过滤于具塞比色管中。

⑥水样中的有机物用过硫酸钾氧化不能完全破坏时，可用此法消解。

⑦当同批分析的样品浓度波动大时，可在样品与样品之间插入空白当试样分

析，以减小高浓度样品对低浓度样品的影响。

⑧每次分析完毕后，用纯水对分析管路进行清洗，并及时将流动检测池中的滤光片取下放入干燥器中，防尘防湿。

6.3.2.8 氟化物

（1）常用方法

氟化物广泛存在于天然水体中，常用测定方法为《水质　氟化物的测定　茜素磺酸锆目视比色法》（HJ 487—2009）、《水质　氟化物的测定　氟试剂分光光度法》（HJ 488—2009）、《水质　氟化物的测定　离子选择电极法》（GB 7484—87）。

（2）注意事项

①必须用聚乙烯瓶采集和贮存水样。

②电极使用后应用水充分冲洗干净，并用滤纸吸去水分，放在空气中，或者放在稀的氟化物标准溶液中。

③不得用手指接触电极的膜表面。

④亚砷酸为剧毒物质，防止对人体的危害。

⑤测定时，应调节温度，使试样与标准系列之间的温度不得超过 25°C。

6.3.2.9 石油类

（1）常用方法

水中石油类常用的测定方法为《水质　石油类和动植物油类的测定　红外分光光度法》（HJ 637—2018）。

（2）注意事项

①用采样瓶采集约 500 mL 水样后，加入盐酸溶液酸化至 pH≤2。

②如样品不能在 24 小时内测定，应在 0～4℃冷藏保存，3 天内测定。

③试验中使用的四氯乙烯须符合品质相关要求，避光保存。

④同一批样品测定所使用的四氯乙烯应来自同一瓶，如样品数量多，可将多

瓶四氯乙烯混合均匀后使用。

⑤所有使用完的器皿置于通风橱内挥发完后清洗。

⑥四氯乙烯废液应集中存放于密闭容器中，并做好相应标识，委托有资质单位处理。

6.3.2.10　总汞

（1）常用方法

水中的总汞是指未经过滤的样品经消解后测得的汞，包括无机的、有机结合的、可溶的和悬浮的全部汞。常用的测定方法主要有《水质　总汞的测定　冷原子吸收分光光度法》(HJ 597—2011)、《水质　汞、砷、硒、铋和锑的测定　原子荧光法》（HJ 694—2014）和《水质　总汞的测定　高锰酸钾-过硫酸钾消解法双硫腙分光光度法》(GB 7469—87)。

（2）注意事项

①样品采集后应当按照每升水样加入 5 mL 盐酸的比例添加保存剂。

②测定可滤态汞时，采样后尽快通过 0.45 μm 滤膜过滤，然后再按要求添加保存剂。

③试验所用试剂（尤其是高锰酸钾）中的汞含量对空白试验测定值影响较大。因此，试验中应选择汞含量尽可能低的试剂。

④在样品还原前，所有试剂和试样的温度应保持一致（＜25℃）。环境温度低于 10℃时，灵敏度会明显降低。

⑤汞的测定易受到环境中的汞污染，在汞的测定过程中应加强对环境中汞的控制，保持清洁、加强通风。

⑥水蒸气对汞的测定有影响，会导致测定时响应值降低，应注意保持连接管路和汞吸收池干燥。可通过红外灯加热的方式去除汞吸收池中的水蒸气。

⑦反应装置的连接管宜采用硼硅玻璃、高密度聚乙烯、聚四氟乙烯、聚砜等材质，不宜采用硅胶管。

⑧实验中产生的废液和废物不可随意倾倒，应置于密闭容器中保存，委托有资质单位处理。

6.3.2.11 总砷

（1）常用方法

水中的总砷是指未经过滤的样品经消解后测得的砷，包括单体形态、无机和有机结合化合物中砷的总量。常用的测定方法主要有《水质 汞、砷、硒、铋和锑的测定 原子荧光法》（HJ 694—2014）、《水质 65 种元素的测定 电感耦合等离子体质谱法》（HJ 700—2014）、《水质 总砷的测定 二乙基二硫代氨基甲酸银分光光度法》（GB 7485—1987）和《水质 32 种元素的测定 电感耦合等离子体发射光谱法》（HJ 776—2015）。

（2）注意事项

①样品采集后应当按照每升水样加入 2 mL 盐酸的比例添加保存剂。

②测定可滤态砷时，采样后尽快通过 0.45 μm 滤膜过滤，然后再按要求添加保存剂。

③砷化氢为剧毒气体，故砷化氢发生系统应严防漏气。加入锌粒后要立即接好导气管，以免砷化氢中毒且影响测定结果。应在通风良好的条件下操作。

④三氧化二砷为剧毒药品，建议购买砷标准中间液，避免中毒。

⑤盐酸、硝酸均具有强烈的化学腐蚀性和刺激性，操作时应按规定要求佩戴防护器具，并在通风橱中进行，避免酸雾吸入呼吸道和接触皮肤、衣物。

⑥测定试样（或空白试样）：每个试样测定前，先用硝酸和水的体积比为 2∶98（2+98）的稀硝酸溶液冲洗系统直到信号降至最低，待分析信号稳定后才可开始测定。

⑦样品采集后立即加硝酸酸化至 pH 为 1～2，正常情况下每 1 000 mL 水样加 2 mL 浓硝酸。

⑧试验用的玻璃器皿或塑料器皿洗涤干净后，在稀硝酸溶液中浸泡至少 12

小时，使用前用蒸馏水冲洗干净。

⑨试验中产生的废液应集中收集，并清晰地做好标记贴上标签，委托有资质的单位处理。

6.3.2.12　总铅

（1）常用方法

水质中的总铅是指未经过滤的水样，经消解后测得的铅。常用的测定方法主要有《水质　铜、锌、铅、镉的测定　原子吸收分光光度法》（GB/T 7475—1987）、《水质　铅的测定　双硫腙分光光度法》（GB 7470—87）、《水质　65 种元素的测定　电感耦合等离子体质谱法》（HJ 700—2014）和《水质　32 种元素的测定　电感耦合等离子体发射光谱法》（HJ 776—2015）。

（2）注意事项

①用聚乙烯塑料瓶采集样品。采样瓶先用洗涤剂洗净，再在硝酸溶液中浸泡，使用前用水冲洗干净。

②采样后，每 1 000 mL 水样立即加入 2 mL 硝酸，酸化至 pH 约为 1.5，加入 5 mL 碘溶液，以免挥发性有机铅化合物在水样处理和消化过程中损失。

③所用玻璃仪器，在使用前都应用硝酸清洗，并用自来水和无铅蒸馏水冲洗干净。

6.3.2.13　总镉

（1）常用方法

水质中的总镉是指未经过滤的水样经消解后测得的镉。常用的测定方法主要有《水质　铜、锌、铅、镉的测定　原子吸收分光光度法》（GB/T 7475—1987）、《水质　镉的测定　双硫腙分光光度法》（GB 7471—87）、《水质　65 种元素的测定　电感耦合等离子体质谱法》（HJ 700—2014）和《水质　32 种元素的测定　电感耦合等离子体发射光谱法》（HJ 776—2015）。

（2）注意事项

①用聚乙烯塑料瓶采集样品。采样瓶先用洗涤剂洗净，再在盐酸溶液中浸泡，使用前用自来水和去离子水冲洗干净。

②采样后，每 1 000 mL 水样立即加入 2 mL 硝酸，酸化至 pH 约为 1.5。

③所用玻璃器皿使用前应用盐酸浸泡，自来水和去离子水冲洗干净。

④试验中所用氢氧化钠—氰化钾溶液剧毒，称量和配置时要特别小心，取时要戴胶皮手套，避免沾污皮肤。

⑤禁止用嘴通过移液管来吸取氰化钾溶液。

6.3.2.14 挥发酚

（1）常用方法

水质中的挥发酚是指能够随水蒸气蒸馏出来和特定物质发生特定化学反应的挥发性酚类化合物，结果均以苯酚计。常用的测定方法主要有《水质　挥发酚的测定　4-氨基安替比林分光光度法》（HJ 503—2009）、《水质　挥发酚的测定　4-氨基安替比林分光光度法》（HJ 825—2017）和《水质　挥发酚的测定　溴化容量法》（HJ 502—2009）。

（2）注意事项

①注意不同方法的适用范围。溴化容量法只适用于高浓度工业废水中挥发酚的测定；分光光度法适用于不同类型水质中挥发酚的测定。

②测定中氧化剂、油类、硫化物、有机或无机还原性物质和苯胺类会干扰酚的测定，消除方法参见具体的分析方法。

③样品采集量应大于 500 mL，贮存于硬质玻璃瓶中。

④在样品采集现场，用淀粉-碘化钾试纸检测样品中有无游离氯等氧化剂的存在。若试纸变蓝，应及时加入过量硫酸亚铁去除。

⑤采集后的样品应及时加磷酸酸化至 pH 约为 4.0，并加适量硫酸铜，使样品中硫酸铜质量浓度约为 1 g/L，以抑制微生物对酚类的生物氧化作用。

⑥采集后的样品应在 4℃下冷藏，24 小时内进行测定。

⑦每次试验前后，应清洗整个蒸馏设备。

⑧不得用橡胶塞、橡胶管连接蒸馏瓶及冷凝器，以防止对测定产生干扰。

⑨试验中产生的废液应集中收集，并清晰地做好标记贴上标签，委托有资质的单位处理。

6.3.2.15　溶解性总固体（全盐量）

（1）常用方法

水质中的溶解性总固体（全盐量）是指可通过孔径 0.45 μm 的滤膜或滤器，并于 105℃±2℃烘干至恒重的残渣重量。常用的测定方法为《水质　全盐量的测定　重量法》（HJ/T 51—1999）。

（2）注意事项

①水样过滤时，一般需弃去初滤液 10～15 mL。若水中全盐量大于 2 000 mg/L，可适当减少取样体积。

②如果蒸干残渣有色，应通过滴加过氧化氢溶液的方式处理，直至残渣变白或颜色稳定不变为止。

③含有大量钙、镁、氯化物的水样蒸干后易吸水，使测定结果偏高，可采用减少取样量和快速称重的方法减少影响。

6.3.2.16　总余氯

（1）常用方法

总余氯一般指以“游离氯”或“化合氯”，或两者共存形式存在的氯。常用测定方法主要有《水质　游离氯和总氯的测定　*N,N*-二乙基-1,4-苯二胺滴定法》（HJ 585—2010）、《水质　游离氯和总氯的测定　*N,N*-二乙基-1,4-苯二胺分光光度法》（HJ 586—2010）。

（2）注意事项

①《水质　游离氯和总氯的测定　*N*,*N*-二乙基-1,4-苯二胺分光光度法》（HJ 586—2010）不适用于测定较浑浊或色度较高的水样。

②对于游离氯或总氯浓度高于方法测定上限的样品，可适当稀释后进行测定。

③应注意部分化合物会对总余氯的测定产生干扰，可通过测定干扰化合物的浓度进行校正，或加入掩蔽剂的方式消除干扰。可能产生干扰的化合物的测定方法或消除干扰方式详见标准中的相关规定。

④总余氯不稳定，样品应尽量现场测定。如样品不能现场测定，则需对样品加入固定剂保存。

⑤当样品在现场测定时，若样品过酸、过碱或盐浓度较高，应增加磷酸盐缓冲溶液的加入量，以确保试样的 pH 为 6.2～6.5。测定时，样品应避免强光、振摇和温热。

⑥若样品需运回实验室分析，对于酸性或碱性很强的样品，应按标准规定加入相应的固定剂或缓冲溶液。

⑦分析测试过程中可能使用到的汞盐属剧毒化学品，操作时应按规定要求佩戴防护器具，避免接触皮肤和衣物。检测后的废液应做妥善的安全处理。

第 7 章　废水自动监测系统技术要点

近年来，为加强地区排污的监控力度和满足排污许可的要求，全国各级生态环境部门大力推进废水自动监测系统的建设。废水自动监测系统也称为水污染源在线监测系统，通常是由水污染源在线监测设备和水污染源在线监测站房组成。随着全国废水自动监测系统的逐年攀升，做好系统的建设、验收及运行维护管理工作成为影响数据质量关键环节。本章基于《水污染源在线监测系统（COD_{Cr}、NH_3-N 等）安装技术规范》（HJ 353—2019）、《水污染源在线监测系统（COD_{Cr}、NH_3-N 等）验收技术规范》（HJ 354—2019）、《水污染源在线监测系统（COD_{Cr}、NH_3-N 等）运行技术规范》（HJ 355—2019）、《水污染源在线监测系统（COD_{Cr}、NH_3-N 等）数据有效性判别技术规范》（HJ 356—2019），对废水自动监测系统的建设、验收、运行维护应注意的技术要点进行了梳理。

7.1　自动监测设备

水污染自动监测设备通常由采样设备、废水在线监测仪器、数据采集设备、数据传输设备、通信设备和终端接收设备等组成。

采样设备通常是指采样管路、采样泵以及自动采样器。采样管路应根据废水水质选择适宜的采样管材质，防止腐蚀和堵塞，且不应使用软管。采样泵应根据水样流量、废水水质、水质自动采样器的水头损失及水位差合理选择。固定采样管道与采样头或潜水泵之间应装有活接头，便于后期维护。

在线监测仪器是指在现场用于监控、监测污染物排放的化学需氧量（COD_{Cr}）在线自动监测仪、pH 水质自动分析仪、氨氮水质自动分析仪、总磷水质自动分析仪、污水流量计、水质自动采样器和数据采集传输仪等仪器、仪表。火力发电和锅炉行业主要涉及流量的在线监测。

流量计通常包括明渠流量计和管道流量计。采用超声波明渠流量计测定流量时，应按技术规范要求修建堰槽；管道流量计可选择电磁流量计或超声波流量计，宜优先选择电磁流量计。

数据采集设备主要是对各种监测设备测量的数据进行采集、存储及处理，并将有关的数据进行存储和输出。

数据传输设备将采集的各种监测数据传输至生态环境主管部门，目前，数据的传输有多种方式包括 GPRS 方式、GSM 短消息方式、局域网方式等。

排污单位在安装自动监测设备时，应当根据国家对每个监测设备的具体技术要求进行选型安装。选型安装在线监测仪器时，应根据污染物浓度和排放标准，选择检测范围与之匹配的在线监测仪器，监测仪器应满足国家相应的技术要求。选型安装数据传输设备时，应按照《污染物在线监控（监测）系统数据传输标准》（HJ 212—2017）和《污染源在线自动监控（监测）数据采集传输仪技术要求》（HJ 477—2009）的规范要求设置，不得添加其他可能干扰监测数据存储、处理、传输的软件或设备。

在污染源自动监测设备建设、联网和管理过程中，如果当地管理部门有相关规定的，应同时参考地方的规定要求。如上海市环境保护局于 2017 年发布了《上海市固定污染源自动监测建设、联网、运维和管理有关规定》。

7.2 现场安装要求

废水自动监测系统现场安装主要涉及现场监测站房建设、排放口规范化整治、采样点位选取等内容，其中监测站房的建筑设计应满足在线监测监控的功能需求且专室专用，建设在远离腐蚀性气体的地点，并满足所处位置的气候、生态、地质、安全等要求；排放口应满足生态环境主管部门规定的排放口规范化设置要求；采样点位应避开有腐蚀性气体、较强的电磁干扰和振动的地方，应易于到达，且保证采样管路不超过 50 m，同时应有足够的工作空间和安全措施，便于采样和维护操作。具体要求见第 5 章 5.2.4。

7.3　调试检测

废水污染源自动监测设备现场安装完成后，需对其进行调试、试运行及联网检测，以验证设备是否符合连续稳定运行的技术要求。

调试是指在设备运行初期进行校准、校验的初期检查，并按照标准规范要求编制调试报告。设备调试完成后，进入试运行阶段，编制相关测试报告。

设备完成调试、试运行之后，正式进入联网测试阶段。设备联网就是将数据采集传输仪与水污染源在线监测仪器进行连接，将在线监测仪器输出的监测数据通过数据采集传输仪上传至生态环境主管部门的自动监测平台。

具体要求应符合《水污染源在线监测系统（COD_{Cr}、NH_3-N 等）安装技术规范》（HJ/T 353—2019）、《水污染源在线监测系统（COD_{Cr}、NH_3-N 等）验收技术规范》（HJ/T 354—2019）。

7.4　验收要求

废水污染源自动监测设备完成安装、调试及试运行，并与生态环境主管部门自动监测平台联网，同时符合下列要求后，建设方组织仪器供应商、管理部门等相关方实施技术验收工作，并编制在线验收报告。验收的主要内容应包括在线监测仪器的技术指标验收和联网验收。验收前自动监测设备应满足如下条件：

（1）水污染源在线监测系统已进行了调试与试运行，并提供调试与试运行报告。

（2）提供水污染源在线监测系统的选型、工程设计、施工、安装调试及性能等相关技术资料。

（3）水污染源在线监测系统所采用的基础通信网络和基础通信协议应符合《污染物在线监控（监测）系统数据传输标准》（HJ 212—2017）的相关要求，对通信规范的各项内容做出响应，并提供相关的自检报告。

（4）数据采集传输仪已稳定运行 1 个月，向上位机发送的数据准确、及时。

7.4.1 技术指标验收

7.4.1.1 验收要求

（1）水污染源在线监测仪器技术指标验收包括对超声波明渠污水流量计、水质自动采样器等技术指标验收。

（2）验收期间不允许对水污染源在线监测仪器进行零点和量程校准、维护、检修和调节。

（3）所有的水污染源在线监测仪器均应进行验收监测。

7.4.1.2 验收内容

超声波明渠污水流量计的检测验收方法、指标和要求，参照《环境保护产品技术要求 超声波明渠污水流量计》（HJ 15—2019）。

7.4.2 联网验收

联网验收由数据采集传输仪验收、现场数据比对验收和联网稳定性验收三部分组成。

7.4.2.1　数据采集传输仪验收

（1）数据采集传输仪应具备模拟量、数字量、标准串行口（RS485/RS232）接口、继电器输出接口等，可以通过 RS485 接口或 RS232 接口，向上位机发送数据，以便实时监控污水排放状况。

（2）数据采集传输仪接口应具有扩展功能、模块化结构设计，可根据使用要求，增加输入、输出通道的数量，以满足用户的各项监控功能要求。

（3）数据采集传输仪应能实时显示水污染源在线监测仪器和辅助设备的工作状态和报警信息，可以用图、表方式，实时显示污染物排放状况和环境参数。

（4）数据采集传输仪可存储 12 个月及以上的原始数据，记录水质测定数据和各类仪器运行状态数据，自动生成运行状况报告、水质测定数据报告、掉电记录报告、操作记录报告和仪器校准报告。

（5）在水污染源在线监测系统现场验收过程中，人为模拟现场断电、断水和断气等故障，在恢复供电等外部条件后，水污染源在线监测系统应能正常自启动和远程控制启动。在数据采集传输仪中保存故障前完整的分析结果，并在故障过程中不被丢失。数据采集传输仪完整记录所有故障信息。

7.4.2.2　现场数据比对验收

数据采集传输仪向上位机发送数据稳定运行 1 个月后，抽取 1 周数据进行抽样比对，对比上位机接收到的数据和数据采集传输仪存储的数据完全一致，同时，水污染源在线监测仪器的测量值与数据采集传输仪存储的数据和上位机接收到的实时数据应保持一致。

7.4.2.3　联网稳定性验收

在连续 1 个月内，子系统能稳定运行，不出现除通信稳定性、通信协议正确性、数据传输正确性以外的其他联网问题。

7.5 运行管理要求

污染源自动监测设备通过验收后，自动监测设备即被认定为已处于正常运行状态，设备运行维护单位应按照相关技术规范的要求做好日常运行管理。

7.5.1 总体要求

水污染源在线监测设备运维单位应根据相关技术规范及仪器使用说明书进行运行管理，并制定完善的水污染源自动监测设备运行维护管理制度，确定系统运行操作人员和管理维护人员的工作职责。运维人员应按照国家相关规定，经培训合格，持证上岗，并熟练掌握水污染源在线监测设备的原理、使用和维护方法。

设备验收完成后应对设备相关参数进行备案，备案参数应与设备参数保持一致，如需修改相关参数，应提交情况说明，重新进行备案。

7.5.2 运维单位

运维单位应在所服务的省市无不良运行维护记录，未出现过故意干扰在线监测仪器，以及在线监测数据弄虚作假的案例，运维人员应持有在线监测仪器运行维护上岗证书且在有效期内。运维单位应严格按照技术规范开展日常运行维护工作，建立完善的运行维护管理制度及档案资料备查，提供驻地运行维护服务，当设备出现故障时要在 6 小时内到达现场及时处理，能与在线监测仪器建设单位保持良好沟通，确保最短时间内修复故障。运维单位相关人员信息和资质证书应粘贴至监测站房。

7.5.3 管理制度

运维单位应建立水污染源自动监测设备运行维护管理制度，主要包括设备操作、使用和维护保养制度；运行、巡检和定期校准、校验制度；标准物质和易耗品的定期更换以及废药剂的收集处置制度；设备故障及应急处理制度；自动监测数据分析记录、统计制度等一系列管理制度。

7.5.4　日常巡检

运维单位应按照相关技术规范及仪器使用说明书建立日常巡检制度，开展日常巡检工作并做好记录。日常巡检的内容主要包括每日远程检查和每周 1～2 次的现场日常维护，设备出现故障时应第一时间处理解决；除日常维护工作外，应按照相关要求和设备说明书完成月度、季度、半年、年度维护内容。每日数据传输情况、定期的设备检查及保养情况应记录并归档。每次进行备件或材料更换时，更换的备件或材料的品名、规格、数量等应记录并归档。如更换有证标准物质或标准样品，还需记录新标准物质或标准样品的来源、有效期和浓度等信息。对日常巡检或维护保养中发现的故障或问题，系统管理维护人员应及时处理并记录。

7.5.5　定期校验

运维单位应按照相关技术规范及仪器使用说明书建立定期校验制度，自动监测设备的定期校验包括实际水样与标准方法比对、质控样试验和日常校验。相关校准、校验记录应及时归档。

7.6　质量保证要求

7.6.1　总体要求

水污染源自动监测设备日常运行质量保证是保障设备正常稳定运行、持续提供有质量保证的监测数据的必要手段。操作维护人员每日远程检查检测设备运行状态，若发现异常，应立即前往；操作维护人员每周 1～2 次对设备进行现场维护，包括试剂添加、设备状态检查、采水系统维护、供电系统检查等；操作维护人员每月 1 次对现场设备进行保养，包括对设备的进样回路、测量部件和设备外壳进行清洗；操作维护人员定期开展校验，每月至少进行 1 次实际水样比对试验和质控样试验，每季度进行重复性、零点漂移和量程漂移试验。当设备出现故障时应在 24 小时内修复，如无法修复需要停机的，应报当地生态环境主管部门备案。设备在一年中的运转率应达到 90%，以保证监测数据的数量要求。

设备运转率=实际运行天数/企业排放天数×100%。

7.6.2 日常巡检

7.6.2.1 运行和日常维护

（1）每日上午、下午远程检查仪器运行状态，检查数据传输系统是否正常，如发现数据有持续异常情况，应立即前往站点进行检查。

（2）每周 1～2 次对监测系统进行现场维护，现场维护内容包括：

①检查各台自动分析仪及辅助设备的运行状态和主要技术参数，判断运行是否正常。

②检查站房内电路系统、通讯系统是否正常。

③观察数据采集传输仪运行情况，并检查连接处有无损坏，对数据进行抽样检查，对比自动分析仪、数据采集传输仪及上位机接收到的数据是否一致。

（3）每月现场维护内容

①检查超声波流量计高度是否发生变化。

②对在线监测仪器进行 1 次保养，对仪器分析系统进行维护。对数据存储/控制系统的工作状态进行 1 次检查，对自动分析仪进行 1 次日常校验。检查监测仪器接地情况，检查监测用房防雷措施。

（4）其他预防性维护

保持机房、实验室、监测用房（监控箱）的清洁，保持设备的清洁，避免仪器振动，保证监测用房内的温度、湿度满足仪器正常运行的需求。

对电源控制器、空调等辅助设备要进行经常性检查。

此处未提及的维护内容，按相关仪器说明书的要求进行仪器维护保养、易耗品的定期更换工作。

7.6.2.2　维护记录

操作人员在对系统进行日常维护时，应做好巡检记录，巡检记录应包含该系统的运行状况、系统辅助设备的运行状况、系统校准工作等必检项目和记录，以及仪器使用说明书中规定的其他检查项目和校准、维护保养、维修记录。

7.6.3　仪器检修

污染源自动监测设备发生故障后，应该严格按照相关技术规范及管理要求进行设备检修，具体情况如下：

（1）在线监测设备需要停用、拆除或者更换的，应当事先报经生态环境主管部门批准。

（2）当运行单位发现故障或接到故障通知时，应在 6 小时内赶到现场处理。

（3）对于一些容易诊断的故障，如电磁阀控制失灵、膜裂损、气路堵塞、数据仪死机等，可携带工具或者备件到现场进行针对性维修，此类故障维修时间不应超过 8 小时，对不易诊断和维修的仪器故障，若 72 小时内无法排除，应安装备用仪器或采用有资质的第三方检测公司进行人工采样监测数据。

（4）仪器经过维修后，在正常使用和运行之前应确保维修内容全部完成，性能通过检测程序，按国家有关技术规定对仪器进行校准检查。若监测仪器进行了更换，在正常使用和运行之前应对仪器进行一次校验和比对实验，校验和比对试验方法详见《水污染源在线监测系统（COD_{Cr}、NH_3-N 等）运行技术规范》第 4 章、第 5 章。

（5）若数据存储/控制仪发生故障，应在 12 小时内修复或更换，并保证已采集的数据不丢失。

（6）第三方运行机构应备有足够的备品备件及备用仪器，对其使用情况进行定期清点，并根据实际需要进行增购，以不断调整和补充各种备品备件及备用仪器的存储数量。

（7）在线监测设备因故障不能正常采集、传输数据时，应及时向生态环境主管部门报告，必要时采用人工方法进行监测，人工监测的周期不低于每两周 1 次，监测技术要求参照《地表水和污水监测技术规范》执行。

7.6.4 缺失数据、异常数据的标记和处理

根据《水污染源在线监测系统数据有效性判别技术规范（试行）》处理。

7.6.4.1 缺失数据的处理

缺失瞬时流量值以缺失时间段上推至与缺失时间段相同长度的前一段时间段瞬时流量值的算术平均值替代，累计流量值以推算出的算术平均值乘以缺失时间段内的排水时间计算获得。如前一段时间有数据缺失，再依次往前类推。

缺失时间段的排水量也可通过在缺失时间段的用水量乘以排水系数计算获得。

7.6.4.2 数据逻辑性分析

（1）未通过设备验收的污染源自动监测设备，其提供的自动监测数据无效，不得作为总量核定、环境管理和监督执法的依据。

（2）当流量为 0 时，所得的监测值为无效数据，应予以剔除。

（3）当监测值为负值时，无任何物理意义，可视为无效数据，应予以剔除。

（4）将自动监测仪校零、校标和质控样试验期间的数据作为无效数据处理，不参加统计，但对该时段的数据做标记，作为监测仪器检查和校准的依据予以保留。

（5）当自动分析仪、数据采集传输仪及上位机接收到的数据误差大于 1%时，上位机接收到的数据为无效数据。

（6）监测值如出现急剧升高、急剧下降或连续不变时，该数据进行统计时不能随意剔除，需要通过现场检查、质控等手段来识别，再做处理。

（7）从上次比对试验或校验合格到此次比对试验或校验不合格期间的在线监测数据作为无效数据，按本章 7.6.4.1 处理。

第 8 章　废气手工监测技术要点

与废水手工监测类似，废气手工监测也是一项全面性、系统性的工作。我国同样有一系列监测技术规范和方法标准用于指导和规范废气手工监测。本章立足现有的技术规范和标准，结合日常工作经验，分别针对有组织废气、无组织废气归纳总结了常见的方法和操作要求，以及方法使用过程中的重点注意事项。对于一些虽然适用，但不够便捷，目前实际应用很少的方法，本书中未列举，若排污单位根据实际情况，确实需要采用这类方法的，应严格按照方法的适用条件和要求开展相关监测活动。

8.1　有组织废气监测

8.1.1　监测方式

有组织废气监测主要是针对排污单位通过排气筒排放的污染物排放浓度、排放速率、排气参数等开展的监测，主要的监测方式有现场测试和"现场采样+实验室分析"两种。

（1）现场测试是指采用便携式仪器在污染源现场直接采集气态样品，通过预处理后进行即时分析，现场得到污染物的相关排放信息。目前，采用现场测试的主要指标包括二氧化硫、氮氧化物、一氧化碳、硫化氢、排气参数（温度、氧含量、含湿量、流速）等，测试方法主要包括定电位电解法、非分散红外法、皮托管法、热电偶法、干湿球法等。

（2）“现场采样+实验室分析”是指采用特定仪器采集一定量的污染源废气并妥善保存带回实验室进行分析。目前我国多数污染物指标仍采用这种监测方式，主要的采样方式包括直接采样法（气袋、注射器、真空瓶等）和富集（浓缩）采样法（活性炭吸附、滤筒、滤膜捕集、吸收液吸收等），主要的分析方法包括重量法、色谱法、质谱法、分光光度法等。

8.1.2　现场采样

8.1.2.1　现场采样方式

（1）现场直接采样

现场直接采样包括注射器采样、气袋采样、采样管采样和真空瓶采样。现场采样时，应按照《固定污染源排气中颗粒物测定与气态污染物采样方法》规定配备相应的采样系统进行采样。

1）注射器采样

常用 100 mL 注射器采集样品。采样时，先用现场气体抽洗 2～3 次，然后抽取 100 mL，密封进气口，带回实验室分析。样品存放时间不宜过长，一般当天完成分析。

气相色谱分析法常采用此法取样。取样后，应将注射器进气口朝下，垂直放置，以使注射器内压略大于外压，避光保存。

2）气袋采样

应选不吸附、不渗漏，也不与样气中污染组分发生化学反应的气袋，如聚四氟乙烯袋、聚乙烯袋、聚氯乙烯袋和聚酯袋等，还有用金属薄膜作衬里（如衬银、衬铝）的气袋。

采样时，先用待测废气冲洗 2～3 次，再充满样气，夹封进气口，带回实验室尽快分析。

3）采样管采样

采样时，打开两端旋塞，用抽气泵接在采样管的一端，迅速抽进比采样管容积大6～10倍的待测气体，使采样管中原有气体被完全置换出，关上旋塞，则采样管体积即为采气体积。

4）真空瓶采样

真空瓶是一种具有活塞的耐压玻璃瓶。采样前，先用抽真空装置把真空瓶内气体抽走，抽气减压到绝对压力为 1.33 kPa。采样时，打开旋塞采样，采完关闭旋塞，则真空瓶体积即为采样体积。

（2）富集（浓缩）采样法

富集（浓缩）采样法主要包括溶液吸收法、填充柱阻留法和滤料阻留法等。

1）溶液吸收法

原理：采样时，用抽气装置将待测废气以一定流量抽入装有吸收液的吸收瓶，采集一段时间。采样结束后，送至实验室进行测定。

常用吸收液：酸碱溶液、有机溶剂等。

吸收液选用应遵循的原则：

①反应快，溶解度大；

②稳定时间长；

③吸收后利于分析；

④毒性小，价格低，易于回收。

2）填充柱阻留法

原理：填充柱是用一根长6～10 cm、内径3～5 mm的玻璃管或塑料管，内装颗粒状填充剂制成。采样时，让气样以一定流速通过填充柱，待测组分因吸附、溶解或化学反应等作用被阻留在填充剂上，达到浓缩采样的目的。采样后，通过解吸或溶剂洗脱，使被测组分从填充剂上释放出来进行测定。

填充剂主要类型：

①吸附型：活性炭、硅胶、分子筛、高分子多孔微球等；

②分配型：表面涂有高沸点有机溶剂的惰性多孔颗粒物；

③反应型：惰性多孔颗粒物、纤维状物表面能与被测组分发生化学反应。

3）滤料阻留法

原理：该方法是将过滤材料（滤筒、滤膜等）放在采样装置内，用抽气装置抽气，废气中的待测物质被阻留在过滤材料上，根据相应的分析方法测定出待测物质的含量。

常用过滤材料：玻璃纤维滤筒、石英滤筒、刚玉滤筒、玻璃纤维滤膜、过氯乙烯滤膜、聚苯乙烯滤膜、微孔滤膜、核孔滤膜等。

8.1.2.2　现场采样技术要点

有组织废气排放监测时，采样点位布设、采样频次、时间、监测分析方法以及质量保证等均应符合《固定污染源排气中颗粒物测定与气态污染物采样方法》和《固定源废气监测技术规范》的规定。

（1）采样位置和采样点

1）采样位置应避开对测试人员操作有危险的场所。

2）采样位置应优先选择在垂直管段，避开烟道弯头和断面急剧变化的部位。采样位置应设置在距弯头、阀门、变径管下游方向不小于 6 倍直径处和距上述部件上游方向不小于 3 倍直径处。采样断面的气流速度最好在 5 m/s 以上。采样孔内径应不小于 80 mm，宜选用 90～120 mm 内径的采样孔。

3）当测试现场空间位置有限，很难满足上述要求时，可选择比较适宜的管段采样，但采样断面与弯头等的距离至少是烟道直径的 1.5 倍，并应适当增加测点的数量和采样频次。

4）对于气态污染物，由于混合比较均匀，其采样位置可不受上述规定限制，但应避开涡流区。

5）采样平台应有足够的工作面积使工作人员安全、方便地操作。监测平台长度应≥2 m，宽度≥2 m 或不小于采样枪长度外延 1 m，周围设置 1.2 m 以上的安全护栏，有牢固并符合要求的安全措施；当采样平台设置在离地面高度≥2 m 的位置时，应有通往平台的斜梯（或“Z”字梯、旋梯），宽度应≥0.9 m；当采样平台设置在离地面高度≥20 m 的位置时，应有通往平台的升降梯。

6）在对颗粒物和废气流量进行测量时，根据采样位置的尺寸进行多点分布采样测量；一般情况下，排气参数（温度、含湿量、氧含量、流速、流量）和气态污染物在管道中心位置测定。

（2）排气参数的测定

1）温度的测定：常用测定方法为热电偶法或电阻温度计法。一般情况下可在靠近烟道中心的一点测定，封闭测孔，待温度计读数稳定后读取数据。

2）含湿量的测定：常用测定方法为干湿球法。在靠近烟道中心的一点测定，封闭测孔，使气体在一定的速度下流经干球、湿球温度计，根据干球、湿球温度计的读数和测点处排气的压力，计算出排气的水分含量。

3）氧含量的测定：常用测定方法为电化学法或氧化锆氧分析仪法。在靠近烟道中心的一点测定，封闭测孔，待氧含量读数稳定后读取数据。

4）流速、流量的测定：常用测定方法为皮托管法。根据测得的某测点处的动压、静压及温度、断面截面积等参数计算出排气流速和流量。

（3）采样频次和采样时间

采样频次和采样时间确定的主要依据：相关标准和规范的规定和要求；实施监测的目的和要求；被测污染源污染物排放特点、排放方式及排放规律，生产设施和治理设施的运行状况；被测污染源污染物排放浓度的高低和所采用的监测分析方法的检出限。

具体要求如下：

1）相关标准中对采样频次和采样时间有规定的，按相关标准的规定执行。

2）相关标准中没有明确规定的，排气筒中废气的采样以连续 1 小时的采样获取平均值，或在 1 小时内，以等时间间隔采集 3～4 个样品，并计算平均值。

3）特殊情况下，若某排气筒的排放为间断性排放，排放时间小于 1 小时，应在排放时段内实行连续采样，或在排放时段内以等时间间隔采集 2～4 个样品，并计算平均值；若某排气筒的排放为间断性排放，排放时间大于 1 小时，则应在排放时段内按 2）的要求采样。

（4）监测分析方法选择

选择监测分析方法时，应遵循以下原则：

1）监测分析方法的选用应充分考虑相关排放标准的规定、被测污染源排放特点、污染物排放浓度的高低、所采用监测分析方法的检出限和干扰等因素。

2）相关排放标准中有监测分析方法的规定时，应采用标准中规定的方法。

3）对于相关排放标准中未规定监测分析方法的污染物项目，应选用国家环境保护标准、环境保护行业标准规定的方法。

4）在某些项目的监测中，尚无方法标准的，可采用国际标准化组织（ISO）或其他国家的等效方法标准，但应经过验证合格，其检出限、准确度和精密度应能达到质控要求。

（5）质量保证要求

1）属于国家强制检定目录内的工作计量器具，必须按期送往计量部门检定，检定合格，取得检定证书后方可用于监测工作。

2）排气温度、氧含量、含湿量、流速测定、烟气、烟尘测定等仪器应根据要求定期校准，对一些仪器使用的电化学传感器应根据使用情况及时更换。

3）采样系统采样前应进行气密性检查，防止系统漏气。检查采样嘴、皮托管等是否变形或损坏。

4）滤筒、滤料等外观应无裂纹、空隙或破损，无挂毛或碎屑，能耐受一定的高温和机械强度。采样管、连接管、滤筒、滤料等不被腐蚀，不与待测组分发生化学反应。

5）样品采集后注意样品的保存要求，应尽快送至实验室分析。

8.1.3 具体指标的监测

各监测指标除遵循本章 8.1.1 监测方式和 8.1.2 现场采样的相关要求外，还应遵循各自的具体要求。

8.1.3.1 二氧化硫（SO_2）的监测

（1）常用方法

二氧化硫（SO_2）是有组织废气排放的主要常规污染物之一，目前主要的监测方法有定电位电解法和非分散红外吸收法两种现场测试方法，标准监测方法见表 8-1。

表 8-1 常用二氧化硫监测标准方法

序号	标准方法	原理及特点
1	固定污染源废气 二氧化硫的测定 定电位电解法（HJ 57—2017）	（1）废气被抽至主要由电解槽、电解液和电极组成的传感器中，二氧化硫通过渗透膜扩散到电极表面，发生氧化反应，产生的极限电流大小与二氧化硫浓度成正比。 （2）需要配备除湿性能好的预处理器，以去除水分对监测的影响。 （3）测定时，易受一氧化碳干扰
2	固定污染源废气 二氧化硫的测定 非分散红外吸收法（HJ 629—2011）	（1）二氧化硫气体在 6.82～9 μm 波长红外光谱具有选择性吸收。一束恒定波长为 7.3 μm 的红外光通过二氧化硫气体时，其光通量的衰减与二氧化硫的浓度符合朗伯-比尔定律。 （2）需要配备除湿性能好的预处理器，以排除水分对监测的影响

（2）注意事项

1）水分对二氧化硫的测定影响较大。废气中的高含水量和水蒸气会对测定结果造成负干扰，还会对仪器检测器（检测室）造成损坏和污染，因此监测时，特别是在废气含湿量较高的情况下，应使用除湿性能较好的预处理设备，及时排空除湿装置的冷凝水，防止影响测定结果。

2）对于定电位电解法而言，一氧化碳对二氧化硫的监测会存在一定程度的干扰。监测仪器应具有一氧化碳测试功能，当一氧化碳浓度高于 50 μmol/mol 时，应根据《固定污染源废气　二氧化硫的测定　定电位电解法》（HJ 57—2017）中的附录 A 进行一氧化碳干扰试验，确定仪器的适用范围，根据一氧化碳、二氧化硫浓度是否超出了干扰试验允许的范围，从而对二氧化硫数据是否有效进行判定。

3）监测结果一般应在校准量程的 20%～100%，特别是应注意不能超过校准量程，因此监测活动正式开展前，应根据历史监测资料，预判二氧化硫可能的浓度范围，从而选择合适的标准气体进行校准，确定校准量程。

4）监测活动开展的全过程中，仪器不得关机。

5）定电位电解法仪器测定二氧化硫的传感器更换后，应重新开展干扰试验。对于未开展一氧化碳干扰试验的定电位电解法仪器，在有组织废气监测过程中，一氧化碳浓度高于 50 μmol/mol 时同步测得的二氧化硫数据，应作为无效数据予以剔除。

8.1.3.2　氮氧化物（NO_x）的监测

（1）常用方法

有组织废气中的氮氧化物包括以一氧化氮和二氧化氮两种形式存在的氮氧化物，因此，对有组织废气中氮氧化物的监测实际上是通过对一氧化氮和二氧化氮的监测实现的。

表 8-2 给出了有组织废气中氮氧化物监测标准方法的原理及特点。

表 8-2　常用氮氧化物监测标准方法

序号	标准方法	原理及特点
1	固定污染源废气　氮氧化物的测定　定电位电解法（HJ 693—2014）	（1）废气被抽至主要由电解槽、电解液和电极组成的传感器中，一氧化氮或二氧化氮通过渗透膜扩散到电极表面，发生氧化还原反应，产生的极限电流大小与一氧化氮或二氧化氮浓度成正比。 （2）两个不同的传感器分别测定一氧化氮（结果以 NO_2 计）和二氧化氮，两者测定之和为氮氧化物（以 NO_2 计）

序号	标准方法	原理及特点
2	固定污染源废气 氮氧化物的测定 非分散红外吸收法（HJ 692—2014）	（1）利用一氧化氮气体对红外光谱区，特别是 5.3 μm 波长光的选择性吸收，由朗伯-比尔定律定量废气中一氧化氮和废气中的二氧化氮通过转换器还原为一氧化氮后的浓度。 （2）一般先将废气通入转换器，将废气中的二氧化氮还原为一氧化氮，再将废气通入非分散红外吸收法仪器进行监测，此时，由二氧化氮转化而来的一氧化氮，将和废气中原有的一氧化氮一起经过分析测试，测得结果为总的氮氧化物（以 NO_2 计）

从表 8-2 中可以看出，常用的有组织废气中氮氧化物监测方法主要包括定电位电解法、非分散红外吸收法两种现场测试方法，这两种方法实现氮氧化物测定的过程方式是不同的，但最终监测结果均以二氧化氮计。

（2）注意事项

1）测定结果一般应在校准量程的 20%～100%，特别是应注意不能超过校准量程。

2）监测活动开展的全过程中，仪器不得关机。

3）运用非分散红外吸收法测定氮氧化物时，应注意至少每半年做一次二氧化氮的转化效率的测定，转化效率不能低于 85%，否则应更换还原剂；在监测活动中，进入转换器的二氧化氮浓度不要大于 200 μmol/mol。

8.1.3.3 颗粒物的监测

（1）常用方法

颗粒物的监测一般使用重量法，采用“现场采样+实验室分析”的监测方式，利用等速采样原理，抽取一定量的含颗粒物的废气，根据所捕集到的颗粒物质量和同时抽取的废气体积，计算出废气中颗粒物的浓度。

目前颗粒物监测方法标准主要有《固定污染源排气中颗粒物测定与气态污染物采样方法》（GB/T 16157—1996）和《固定污染源废气　低浓度颗粒物的测定　重量法》（HJ 836—2017）。根据原环境保护部的相关规定，在测定有组织废气中颗粒物浓度时，应遵循表 8-3 中的规定选择合适的监测方法标准。

表 8-3　常用颗粒物监测标准方法的适用范围

序号	废气中颗粒物浓度范围	适用的标准方法
1	≤20 mg/m³	《固定污染源废气　低浓度颗粒物的测定　重量法》（HJ 836—2017）
2	＞20 mg/m³，且≤50 mg/m³	《固定污染源废气　低浓度颗粒物的测定　重量法》（HJ 836—2017）、《固定污染源排气中颗粒物测定与气态污染物采样方法》（GB/T 16157—1996），均适用
3	＞50 mg/m³	《固定污染源排气中颗粒物测定与气态污染物采样方法》（GB/T 16157—1996）

依据《固定污染源排气中颗粒物测定与气态污染物采样方法》（GB/T 16157—1996）进行颗粒物监测时，仅将滤筒作为样品，进行采样前后的分析称量；依据《固定污染源废气　低浓度颗粒物的测定　重量法》（HJ 836—2017）进行低浓度颗粒物监测时，需要将装有滤膜的采样头作为样品，进行采样前后的整体称量。

（2）注意事项

1）样品采集时，应将采样嘴对准气流方向，与气流方向的偏差不得大于 10°；不同于气态污染物，颗粒物在排气筒监测断面（横截面）上的分布是不均匀的，必须多点等速采样，各点等时长采样，每个点采样时间不少于 3 min。

2）应选择在气流平稳的工况下进行采样。采样前后，排气筒内气流的流速变化不应大于 10%，否则应重新测量。

3）每次开展低浓度颗粒物监测时，每批次应采集全程序空白样品。实际监测样品的增重若低于全程序空白样品的增重，则认定该实际监测样品无效。低浓度颗粒物样品采样体积为 1 m^3 时，方法检出限为 1.0 mg/m^3；废气中颗粒物浓度低于方法检出限时，全程序空白样品采样前后重量之差的绝对值不得超过 0.5 mg。

4）采样前后样品称重的环境条件应保持一致。低浓度颗粒物样品称重使用的恒温恒湿设备的温度应控制在15～30℃任意一点，控温精度±1℃；相对湿度应保持在（50±5）% RH范围内。

8.1.3.4 汞排放监测

（1）常用方法

对废气中的汞排放进行监测时，主要依据的标准是《固定污染源废气　汞的测定　冷原子吸收分光光度法（暂行）》（HJ 543—2009）。采用“气泡吸收管+烟气采样器”通过吸收液现场采集样品，之后送至实验室采用冷原子吸收分光光度法分析测定。

（2）注意事项

1）由于橡皮管对汞有吸附作用，因此采样管与吸收管之间应采用聚乙烯管连接，接口处用聚四氟乙烯生料带密封。

2）当汞浓度较高时，可采用大型冲击式吸收采样瓶。全部玻璃器皿在使用前要用10%硝酸溶液浸泡过夜或用（1+1）硝酸溶液浸泡40 min，以除去器壁上吸附的汞。

3）测定样品前必须做试剂空白试验，空白值不超过0.005 μg汞。

4）采样结束后，封闭吸收管进出气口，置于样品箱内运输，并注意避光，样品采集后应尽快分析。若不能及时测定，应置于冰箱内0～4℃保存，5天内测定。

8.1.3.5 烟气黑度的监测

（1）常用方法

烟气黑度的监测主要依据《固定污染源排放烟气黑度的测定　林格曼烟气黑度图法》（HJ/T 398—2007）。现场对照林格曼烟气黑度图观测比对。

（2）注意事项

1）观测者与烟囱的距离应足以保证能够清晰地观察烟气排放情况。观察者的视线应尽量与烟气飘动的方向垂直，观察排气的仰视角尽可能低，应尽量避免在过于陡峭的角度观察，观察烟气宜在比较均匀的天空照明条件下进行。

2）应使用符合规范要求的林格曼烟气黑度图，并注意保持图面的整洁，不被污损或褪色。

3）图片面向观测者，尽可能使图位于观测者与烟囱顶部的连线上，并使图与烟气有相似的天空背景。图片距观测者应有足够的距离，以使图上的线条看起来融合在一起，从而使每个方块都有均匀的黑度。

4）观察烟气应选择在烟气黑度最大的地方，该部位应无冷凝水蒸气。

8.1.3.6　氨排放监测

（1）常用方法

对废气中的氨排放进行监测时，主要依据《环境空气和废气　氨的测定　纳氏试剂分光光度法》（HJ 533—2009）进行测定。采用“气泡吸收管+小流量采样器”通过吸收液现场采集样品，之后送实验室采用纳氏试剂分光光度法进行分析测定。

（2）注意事项

1）当烟道气的温度明显高于环境温度时，应对采样管线加热，防止烟气在采样管线中结露。

2）开启采样泵前，确认采样系统的连接是否正确，采样泵的进气口端通过干燥管（或缓冲管）与采样管的出气口相连，如果接反会导致酸性吸收液倒吸，污染和损坏仪器。万一出现倒吸的情况，应及时将流量计拆下来，用酒精清洗、干燥，并重新安装，经流量校准合格后方可继续使用。

3）为避免采样管中的吸收液被污染，运输和贮存过程中勿将采样管倾斜或倒置，并及时更换采样管的密封接头。

4）采样时，应携带采样全程空白吸收管。采样后应尽快分析，以防止吸收空气中的氨。

5）当样品中含有三价铁等金属离子、硫化物和有机物时，应注意消除干扰。

8.2 无组织废气监测

8.2.1 监测方式

无组织废气监测是指排污单位对没有经过排气筒无规则排放的废气，或者虽经排气筒排放，但排气筒高度没有达到有组织排放要求的低矮排气筒排放的废气进行的监测。

无组织废气排放监测的主要方式为“现场采样+实验室分析”，与有组织废气的方式相同，就是指采用特定仪器采集一定量的无组织废气并妥善保存带回实验室进行分析。主要采样方式包括现场直接采样法（注射器、气袋、采样管、真空瓶等）和富集（浓缩）采样法（活性炭吸附、滤筒、滤膜捕集、吸收液吸收等），主要分析方法包括重量法、色谱法、质谱法、分光光度法等。

8.2.2 现场采样

8.2.2.1 现场采样技术要点

无组织废气排放监测的主要参考标准为《大气污染物无组织排放监测技术导则》（HJ/T 55—2000）、《大气污染物综合排放标准》（GB 16297—1996）和排污单位具体执行的行业标准。

（1）控制无组织排放的基本方式

按照《大气污染物综合排放标准》的规定，我国以控制无组织排放所造成的后果来对无组织排放实行监督和限制。采用的基本方式是按规定设置监控点（监测点）和规定监控点的污染物浓度限值。在设置监测点时，有的污染物要求除在下风向设置监控点外，还要在上风向设置对照点，监控浓度限值为监控点与参照点的浓度差值；有的污染物要求只在周界外浓度最高点设置监控点。

（2）设置监控点的位置和数目

根据《大气污染物综合排放标准》的规定，二氧化硫、氮氧化物、颗粒物和氟化物的监控点设在无组织排放源下风向 2～50 m 的浓度最高点，相对应的参照点设在排放源上风向 2～50 m 内；其余物质的监控点设在单位周界外 10 m 范围内的浓度最高点。按规定监控点最多可设 4 个，参照点只设 1 个。

（3）采样频次的要求

按《大气污染物无组织排放监测技术导则》（HJ/T 55—2000）规定对无组织排放实行监测时，实行连续 1 小时的采样，或者实行在 1 小时内以等时间间隔采集 4 个样品计算平均值。在进行实际监测时，为了捕捉到监控点最高浓度的时段，实际安排的采样时间可超过 1 小时。

（4）工况的要求

由于大气污染物排放标准对无组织排放实行限制的原则是在最大负荷下生产和排放，以及在最不利于污染物扩散稀释的条件下，无组织排放监控值不应超过排放标准所规定的限制，因此，监测人员应在不违反上述原则的前提下，选择尽可能高的生产负荷及不利于污染物扩散稀释的条件进行监测。

针对以上基本要求，排污单位执行的行业排放标准中对无组织排放有明确要求的，按照行业标准执行。

8.2.2.2　监测前准备工作

（1）单位基本情况调查

1）主要原、辅材料和主、副产品，相应用量和产量、来源及运输方式等，重点了解用量大和可产生大气污染的材料和产品，列表说明，并予以必要的注释。

2）注意车间和其他主要建筑物的位置和尺寸；有组织排放和无组织排放口位置及其主要参数；排放污染物的种类和排放速率；单位周界围墙的高度和性质（封闭式或通风式）；单位区域内的主要地形变化等。还应对单位周界外的主要环境敏感点（影响气流运动的建筑物和地形分布、有无排放被测污染物的源存在）进行调查，并标于单位平面布置图中。

3）了解环境保护影响评价、工程建设设计、实际建设的污染治理设施的种类、原理、设计参数、数量以及目前的运行情况等。

（2）无组织排放源基本情况调查

除调查排放污染物的种类和排放速率（估计值）外，还应重点调查被监测无组织排放源的形状、尺寸、高度及其处于建筑群的具体位置等。

（3）仪器设备准备

按照被测物质的对应标准分析方法中有关无组织排放监测的采样部分所规定的仪器设备和试剂做好准备。所用仪器应通过计量监督部门的性能检定合格，并在使用前做必要调试和检查。采样时应注意检查电路系统、气路部分、校正流量计。

（4）监测条件

监测时，被测无组织排放源的排放负荷应处于相对较高，或者处于正常生产和排放状态。监测期间的主导风向（平均风速）应有利于监控点的设置，并尽可能缩小监控点和被测无组织排放源之间的距离。在通常情况下，选择冬季微风的日期，避开阳光辐射较强烈的中午时段进行监测是比较适宜的。

8.2.3 监测指标测试

8.2.3.1 颗粒物无组织排放监测

《环境空气　总悬浮颗粒物的测定　重量法》（GB/T 15432—1995）适合于用大流量或中流量总悬浮颗粒物采样器（简称采样器）进行空气中总悬浮颗粒物的测定。方法的检测限为 0.001 mg/m^3。总悬浮颗粒物含量过高或雾天采样使滤膜阻力大于 10 kPa 时，本方法不适用。

注意事项：

（1）每张滤膜均需用 X 光看片机进行检查，不得有针孔或任何缺陷。在选中的滤膜光滑表面的两个对角上打印编号，并在滤膜袋上打印同样编号备用。

（2）将滤膜放在恒温恒湿箱中平衡 24 小时，平衡温度取 15～30℃中任一点，记录下平衡温度与湿度。

（3）在上述平衡条件下称量滤膜时，大流量采样器滤膜称量精确到 1 mg，中流量采样器滤膜称量精确到 0.1 mg，记录下滤膜重量。

（4）将称量好的滤膜平展地放在滤膜保存盒中，采样前不得将滤膜弯曲或折叠。

8.2.3.2　非甲烷总烃无组织排放监测

《环境空气　总烃、甲烷和非甲烷总烃的测定　直接进样-气相色谱法》（HJ 604—2017）适用于环境空气中总烃、甲烷和非甲烷总烃的测定，也适用于污染源无组织排放监控点空气中总烃、甲烷和非甲烷总烃的测定。

当进样体积为 1.0 mL 时，本标准测定总烃、甲烷的检出限均为 0.06 mg/m^3（以甲烷计），测定下限均为 0.24 mg/m^3（以甲烷计）；非甲烷总烃的检出限为 0.07 mg/m^3（以碳计），测定下限为 0.28 mg/m^3（以碳计）。

注意事项：

（1）采样容器使用前应充分洗净，经气密性检查合格后，置于密闭采样箱中以避免污染。

（2）样品返回实验室时，应平衡至环境温度后再进行测定。

（3）测定复杂样品后，如发现分析系统内有残留时，可通过提高柱温等方式去除，以分析除烃空气确认。

8.2.3.3　氨无组织排放监测

（1）《空气质量　氨的测定　离子选择电极法》（GB/T 14669—1993）

本标准适用于测定空气和工业废气中的氨。

本方法检测限为 10 mL 吸收溶液中 0.7 μg 氨。当样品溶液总体积为 10 mL，采样体积为 60 L 时，最低检测浓度为 0.014 mg/m^3。

（2）《环境空气　氨、甲胺、二甲胺和三甲胺的测定　离子色谱法》（HJ 1076—2019）

本标准适用于环境空气和固定污染源无组织排放监控点空气中的氨、甲胺、二甲胺和三甲胺的测定。

环境空气采样体积为 30 L，吸收液体积为 10 mL 时，本标准中氨、甲胺、二甲胺和三甲胺的检出限分别为 0.003 mg/m^3、0.009 mg/m^3、0.009 mg/m^3 和 0.007 mg/m^3，测定下限分别为 0.012 mg/m^3、0.036 mg/m^3、0.036 mg/m^3 和 0.028 mg/m^3。

（3）《环境空气和废气　氨的测定　纳氏试剂分光光度法》（HJ 533—2009）

本标准适用于环境空气中氨的测定，也适用于制药、化工、炼焦等工业行业废气中氨的测定。本标准的方法检出限为 0.5 μg/10 mL 吸收液。当吸收液体积为 50 mL，采气 10 L 时，氨的检出限为 0.25 mg/m^3，测定下限为 1.0 mg/m^3，测定上限为 20 mg/m^3。当吸收液体积为 10 mL，采气 45 L 时，氨的检出限为 0.01 mg/m^3，测定下限为 0.04 mg/m^3，测定上限为 0.88 mg/m^3。

（4）《环境空气　氨的测定　次氯酸钠-水杨酸分光光度法》（HJ 534—2009）

本标准适用于环境空气中氨的测定，也适用于恶臭源厂界空气中氨的测定。

本标准的方法检出限为 0.1μg/10 mL 吸收液。当吸收液总体积为 10 mL，采样体积为 1～4 L 时，氨的检出限为 0.025 mg/m^3，测定下限为 0.10 mg/m^3，测定上限为 12 mg/m^3。当吸收液总体积为 10 mL，采样体积为 25 L 时，氨的检出限为 0.004 mg/m^3，测定下限为 0.016 mg/m^3。

8.2.3.4　无组织排放点位布设

（1）监控点布设方法

1）根据《大气污染物综合排放标准》（GB 16297—1996）的规定，监控点布设方法有以下两种：

①在排放源上、下风向分别设置参照点和监控点的方法：

对于 1997 年 1 月 1 日之前设立的污染源，监测二氧化硫、氮氧化物、颗粒物和氟化物污染物无组织排放时，在排放源的上风向设参照点，下风向设监控点，监控点设于排放源下风向的浓度最高点，不受单位周界的限制。

②在单位周界外设置监控点的方法：

对于 1997 年 1 月 1 日之后设立的污染源，监测其污染物无组织排放时，监控点设置在单位周界外污染物浓度最高点处，监控点设置方法参照《大气污染物无组织排放监测技术导则》（HJ/T 55—2000）标准文本中条目 9.1。对于 1997 年 1 月 1 日之前设立的污染源，监测除二氧化硫、氮氧化物、颗粒物和氟化物之外的污染物无组织排放时，也用此方法布设监控点。

2）设置参照点与监控点的原则要求：

①设置参照点的原则要求：

参照点应不受或尽可能少受被测无组织排放源的影响，参照点要力求避开其近处的其他无组织排放源和有组织排放源的影响，尤其要注意避开那些可能对参照点造成明显影响而同时对监控点无明显影响的排放源；参照点的设置，要以能够代表监控点的污染物本底浓度为原则。具体设置方法参见《大气污染物无组织排放监测技术导则》（HJ/T 55—2000）标准文本中条目 9.2.1。

②设置监控点的原则要求：

监控点应设置于无组织排放的下风向，距排放源 2～50 m 范围内的浓度最高点。设置监控点时不需要回避其他源的影响。具体设置方法参见《大气污染物无组织排放监测技术导则》（HJ/T 55—2000）标准文本中条目 9.2.2。

3）复杂情况下的监控点设置

在特别复杂的情况下，不可能单独运用上述各点的内容来设置监控点，需对情况做仔细分析，综合运用《大气污染物综合排放标准》（GB 16297—1996）和《大气污染物无组织排放监测技术导则》（HJ/T 55—2000）的有关条款设置监控点。同时，也可能无法对污染物的运动和分布做确切的描述和得出确切的结论，此时监测人员应尽可能利用现场可利用的条件，如利用无组织排放废气的颜色、嗅味、烟雾分布、地形特点等，甚至采用人造烟源或其他情况，借以分析污染物的运动和可能的浓度最高点，并据此设置监控点。

（2）样品采集

1）有与大气污染物排放标准相配套的国家标准分析方法的污染物项目，应按照配套标准分析方法中适用于无组织排放采样的方法执行。

2）尚缺少配套标准分析方法的污染物项目，应按照环境空气监测方法中的采样要求进行采样。

3）无组织排放监测的采样频次，参见本章 8.2.2.1（3）。

（3）分析方法

1）有与大气污染物排放标准相配套的国家标准分析方法的污染物项目，应按照配套标准分析方法（其中适用于无组织排放的部分）执行。

2）个别没有配套标准分析方法的污染物项目，应按照适用于环境空气监测的标准分析方法执行。

（4）计值方法

1）在污染源单位周界外设监控点的监测结果，以最多 4 个监控点中的测定浓度最高点的测值为无组织排放监控浓度值。（注意：浓度最高点的测值应是 1 小时连续采样或由等时间间隔采集的 4 个样品所得的 1 小时平均值。）

2）在无组织排放源上、下风向分别设置参照点和监控点的监测结果，以最多 4 个监控点中的浓度最高点的测值扣除参照点的测值所得之差值，作为无组织排放监控浓度值。（注意：监控点和参照点的测值是指 1 小时连续采样或由等时间间隔采集的 4 个样品所得的 1 小时平均值。该计值方法仅适用于标准分析方法中明确规定可扣除参照点浓度的情形。）

第 9 章　废气自动监测系统技术要点

随着“蓝天保卫战”的打响，大气污染防治工作继续向纵深推进，废气自动监测系统因其实时、自动等功能，在环境管理中发挥着越来越大的作用。如何确保废气自动监测数据能够有效应用，这就要求排污单位加强废气自动监测系统的运维和管理，使其能够稳定、良好地运行。本章基于《固定污染源烟气（SO_2、NO_x、颗粒物）排放连续监测技术规范》（HJ 75—2017）、《固定污染源烟气（SO_2、NO_x、颗粒物）排放连续监测系统技术要求及检测方法》（HJ 76—2017），对废气自动监测系统的建设、验收、运行维护应注意的技术要点进行梳理。

9.1　自动监测系统

废气自动监测系统通常是指烟气排放连续监测系统（Continuous Emission Monitoring System，CEMS），能够对固定污染源排放的颗粒物和（或）气态污染物的排放浓度和排放量进行连续、实时的自动监测。连续监测固定污染源烟气参数所需要的全部设备组成连续监测系统（Continuous Monitoring System，CMS）。

一套完整的 CEMS 主要包括颗粒物监测单元、气态污染物监测单元、烟气参数监测单元、数据采集与传输单元以及相应的建筑设施等。

颗粒物监测单元：主要对排放烟气中的烟尘浓度进行测量。

气态污染物监测单元：主要对排放烟气中的二氧化硫、氮氧化物等气态形式存在的污染物进行监测。

烟气参数监测单元：主要对排放烟气的温度、压力、湿度、含氧量等参数进行监测，用于污染物排放量的计算以及将污染物的浓度转化成标准干烟气状态和排放标准中规定的过剩空气系数下的浓度。

数据采集与传输单元：主要完成测量数据的采集、存储、统计功能，并按相关标准要求的格式将数据传输到环境监管部门。

对于氮氧化物监测单元，二氧化氮可以直接测量，也可通过转化炉转化为一氧化氮后一并测量，但不允许只监测烟气中的一氧化氮，二氧化氮转换为一氧化氮的效率不小于 95%。

排污单位在进行自动监控系统安装选型时，应当根据国家对每个监测设备的具体技术要求进行选型安装。选型安装在线监测仪器时，应根据污染物浓度和排放标准，选择检测范围与之匹配的在线监测仪器，监测仪器应满足国家对应仪器的技术要求。如二氧化硫、氮氧化物、颗粒物应符合《固定污染源烟气（SO_2、NO_x、颗粒物）排放连续监测技术规范》和《固定污染源烟气（SO_2、NO_x、颗粒物）排放连续监测系统技术要求及检测方法》等相关规范要求。选型安装数据传输设备时，应按照《污染物在线监控（监测）系统数据传输标准》和《污染源在线自动监控（监测）数据采集传输仪技术要求》（HJ 477—2009）的规范要求设置，不得添加其他可能干扰监测数据存储、处理、传输的软件或设备。

在污染源自动监测设备建设、联网和管理过程中，当地生态环境管理部门有相关规定的，应同时参考地方的规定要求。如 2017 年上海市环保局发布了《上海市固定污染源自动监测建设、联网、运维和管理有关规定》。

9.2 现场安装要求

CEMS 的现场安装主要涉及现场监测站房、废气排放口、自动监控点位设置及监测断面等内容。现场监测站房必须能满足仪器设备功能需求且专室专用，保障供电、给排水、温湿度控制、网络传输等必需的运行条件，配备安装必要的电源、通信网络、温湿度控制、视频监视和安全防护设施；排放口应设置符合《环境保护图形标志　排放口（源）》（GB 15562.1—1995）要求的环境保护图形标志牌。排放口的设置应按照生态环境部和地方生态环境主管部门的相关要求，进行规范化设置；自动监控点位的选取应尽可能选取固定污染源烟气排放状况中有代表性的点位。具体要求见第 5 章 5.3 节的相关部分内容。

9.3　调试检测

CEMS 在现场安装运行以后，在接受验收前，应对其进行技术性能指标和联网情况的调试检测。

9.3.1　技术指标调试检测

CEMS 在进行调试检测工作时，需认真记录调试过程中出现的自动监测数据，同时编制调试报告并加盖公章存档。具体要求如下：

在现场完成 CEMS 安装、初调之后，CEMS 连续运行时间不少于 168 小时。连续运行 168 小时后可开展调试检测，调试检测周期为 72 小时。需要注意的是，调试检测期间不允许出现计划外的检修和调节仪器，一旦因不可预期的故障（如 CEMS 故障、固定污染源故障或断电等）造成调试中断，排污单位应在恢复正常后重新开始为期 72 小时的调试检测。

调试检测的技术指标包括：

（1）颗粒物 CEMS：零点漂移、量程漂移、线性相关系数、置信区间、允许区间。

（2）气态污染物 CEMS 和氧气 CMS：零点漂移、量程漂移、示值误差、系统响应时间、准确度。

（3）流速 CMS：速度场系数、速度场系数精密度。

（4）温度 CMS：准确度。

（5）湿度 CMS：准确度。

9.3.2 联网调试检测

完成 CEMS 设备安装、调试后，15 天内按照《污染物在线监控（监测）系统数据传输标准》的技术要求，将在线监测仪器输出的监测数据通过数据采集传输仪上传至生态环境主管部门自动监测平台，数据采集传输仪要求至少稳定运行 1 个月，且向上位机发送数据准确、及时。

9.4 验收要求

同废水自动监测设备一样，CEMS 在完成安装、调试检测并与生态环境主管部门联网，同时符合下列要求后，建设方组织仪器供应商、管理部门等相关方实施技术验收工作，并编制在线验收报告。验收的主要内容应包括在线监测仪器的技术指标验收和联网验收。验收前废气自动监测系统应满足如下条件：

（1）CEMS 的安装位置及手工采样位置应符合本章 9.2 的要求。

（2）数据采集和传输以及通信协议均应符合《污染物在线监控（监测）系统数据传输标准》的要求，并提供 1 个月内的数据采集和传输自检报告，报告应对数据传输标准的各项内容做出响应。

（3）根据本章 9.3.1 的要求进行 72 小时的调试检测，并提供调试检测合格报告及调试检测结果数据。

（4）调试检测后至少稳定运行 7 天。

9.4.1 技术指标验收

9.4.1.1 验收要求

CEMS 技术指标验收包括颗粒物 CEMS、气态污染物 CEMS、烟气参数 CMS

技术指标验收。符合下列要求后，即可进行技术指标验收。

（1）现场验收期间，生产设备应正常且稳定运行，可通过调节固定污染源烟气净化设备达到某一排放状况，该状况在测试期间应保持稳定。

（2）日常运行中更换 CEMS 分析仪表或变动 CEMS 取样点位时，应进行再次验收。

（3）现场验收时必须采用有证标准物质或标准样品，较低浓度的标准气体可以通过将高浓度的标准气体进行等比例稀释的方法获得，等比例稀释装置的精密度在 1%以内。标准气体要求贮存在铝或不锈钢瓶中，不确定度不超过±2%。

（4）对于光学法颗粒物 CEMS，校准时需对实际测量光路进行全光路校准，确保发射光先经过出射镜片，再经过实际测量光路，到达校准镜片后，再经过入射镜片到达接收单元，不得只对激光发射器和接收器进行校准。对于抽取式气态污染物 CEMS，当对全系统进行零点校准和量程校准、示值误差和系统响应时间的检测时，零气和标准气体应通过预设管线输送至采样探头处，经由样品传输管线回到站房，经过全套预处理设施后进入气体分析仪。

（5）验收前检查直接抽取式气态污染物采样伴热管的设置，从探头到分析仪的整条采样管线的铺设应采用桥架或穿管等方式，保证整条管线具有良好的支撑。要求管线倾斜度≥5°，防止管线内积水，在每隔 4～5 m 处装线卡箍。使用的伴热管线应具备稳定、均匀加热和保温的功能，其设置加热温度≥120℃，且应高于烟气露点温度 10℃以上，实际温度值应能够在机柜或系统软件中显示查询。冷干法 CEMS 冷凝器的设置和实际控制温度应保持在 2～6℃。

9.4.1.2　验收内容

颗粒物 CEMS 技术指标验收包括颗粒物的零点漂移、量程漂移和准确度验收。气态污染物 CEMS 和氧气 CMS 技术指标验收包括零点漂移、量程漂移、示值误差、系统响应时间和准确度验收。

现场验收时，先做示值误差和系统响应时间的验收测试，不符合技术要求的，可不再继续开展其余项目验收。

通入零气和标准气体时，均应先通过 CEMS 系统，不得直接通入气体分析仪。

示值误差、系统响应时间、零点漂移和量程漂移验收技术需满足表 9-1 的要求。

表 9-1 示值误差、系统响应时间、零点漂移和量程漂移验收技术要求

检测项目			技术要求
气态污染物 CEMS	二氧化硫	示值误差	当满量程≥100 μmol/mol（286 mg/m^3）时，示值误差不超过±5%（相对于标准气体标称值）； 当满量程＜100 μmol/mol（286 mg/m^3）时，示值误差不超过±2.5%（相对于仪表满量程值）
		系统响应时间	≤200 s
		零点漂移、量程漂移	不超过±2.5%
	氮氧化物	示值误差	当满量程≥200 μmol/mol（410 mg/m^3）时，示值误差不超过±5%（相对于标准气体标称值）； 当满量程＜200 μmol/mol（410 mg/m^3）时，示值误差不超过±2.5%（相对于仪表满量程值）
		系统响应时间	≤200 s
		零点漂移、量程漂移	不超过±2.5%
氧气 CMS	氧气	示值误差	±5%（相对于标准气体标称值）
		系统响应时间	≤200 s
		零点漂移、量程漂移	不超过±2.5%
颗粒物 CEMS	颗粒物	零点漂移、量程漂移	不超过±2.0%

注：氮氧化物以二氧化氮计。

准确度验收技术需满足表 9-2 的要求。

表 9-2　准确度验收技术要求

检测项目			技术要求
气态污染物CEMS	二氧化硫	准确度	排放浓度≥250 μmol/mol（715 mg/m^3）时，相对准确度≤15%
			50 μmol/mol（143 mg/m^3）≤排放浓度＜250 μmol/mol（715 mg/m^3）时，绝对误差不超过±20 μmol/mol（57 mg/m^3）
			20 μmol/mol（57 mg/m^3）≤排放浓度＜50 μmol/mol（143 mg/m^3）时，相对误差不超过±30%
			排放浓度＜20 μmol/mol（57 mg/m^3）时，绝对误差不超过±6 μmol/mol（17 mg/m^3）
	氮氧化物	准确度	排放浓度≥250 μmol/mol（513 mg/m^3）时，相对准确度≤15%
			50 μmol/mol（103 mg/m^3）≤排放浓度＜250 μmol/mol（513 mg/m^3）时，绝对误差不超过±20 μmol/mol（41 mg/m^3）
			20 μmol/mol（41 mg/m^3）≤排放浓度＜50 μmol/mol（103 mg/m^3）时，相对误差不超过±30%
			排放浓度＜20 μmol/mol（41 mg/m^3）时，绝对误差不超过±6 μmol/mol（12 mg/m^3）
氧气CMS	氧气	准确度	＞5.0%时，相对准确度≤15%
			≤5.0%时，绝对误差不超过±1.0%
颗粒物CEMS	颗粒物	准确度	排放浓度＞200 mg/m^3 时，相对误差不超过±15%
			100 mg/m^3＜排放浓度≤200 mg/m^3 时，相对误差不超过±20%
			50 mg/m^3＜排放浓度≤100 mg/m^3 时，相对误差不超过±25%
			20 mg/m^3＜排放浓度≤50 mg/m^3 时，相对误差不超过±30%
			10 mg/m^3＜排放浓度≤20 mg/m^3 时，绝对误差不超过±6 mg/m^3
			排放浓度≤10 mg/m^3，绝对误差不超过±5 mg/m^3
流速CMS	流速	准确度	流速＞10 m/s 时，相对误差不超过±10%
			流速≤10 m/s 时，相对误差不超过±12%
温度CMS	温度	准确度	绝对误差不超过±3℃
湿度CMS	湿度	准确度	烟气湿度＞5.0%时，相对误差不超过±25%
			烟气湿度≤5.0%时，绝对误差不超过±1.5%

注：氮氧化物以二氧化氮计，以上各参数区间划分以参比方法测量结果为准。

9.4.2 联网验收

联网验收由通信及数据传输验收、现场数据比对验收和联网稳定性验收三部分组成。

9.4.2.1 通信及数据传输验收

按照《污染物在线监控（监测）系统数据传输标准》的规定检查通信协议的正确性。数据采集和处理子系统与监控中心之间的通信应稳定，不能出现经常性的通信连接中断、报文丢失、报文不完整等通信问题。为保证监测数据在公共数据网上传输的安全性，所采用的数据采集和处理子系统应进行加密传输。监测数据在向监控系统传输的过程中，应由数据采集和处理子系统直接传输。

9.4.2.2 现场数据比对验收

数据采集和处理子系统稳定运行 1 周后，对 1 周的数据进行抽样检查，对比上位机接收到的数据和现场机存储的数据是否一致，精确至一位小数。

9.4.2.3 联网稳定性验收

在连续 1 个月内，子系统能稳定运行，不出现除通信稳定性、通信协议正确性、数据传输正确性以外的其他联网问题。

9.4.2.4 联网验收技术指标要求

联网验收技术指标要求见表 9-3。

表 9-3 联网验收技术指标要求

验收检测项目	考核指标
通信稳定性	1. 现场机在线率为 95%以上； 2. 正常情况下，掉线后，应在 5 min 之内重新上线； 3. 单台数据采集传输仪每日掉线次数在 3 次以内； 4. 报文传输稳定性在 99%以上，当出现报文错误或丢失时，启动纠错逻辑，要求数据采集传输仪重新发送报文
数据传输安全性	1. 对所传输的数据应按照 HJ 212—2017 中规定的加密方法进行加密处理传输，保证数据传输的安全性； 2. 服务器端对请求连接的客户端进行身份验证
通信协议正确性	现场机和上位机的通信协议应符合 HJ 212—2017 的规定，抽查数据正确率为 100%
数据传输正确性	系统稳定运行 1 周后，对 1 周的数据进行检查，对比接收的数据和现场的数据是否一致，精确至一位小数，抽查数据正确率为 100%
联网稳定性	系统稳定运行 1 个月，不出现除通信稳定性、通信协议正确性、数据传输正确性以外的其他联网问题

9.5 运行管理要求

废气自动监测系统通过验收后，CEMS 设备即被认定为已处于正常运行状态，设备运行维护单位应按照相关技术规范的要求做好日常运行管理工作。

9.5.1 总体要求

CEMS 运维单位应根据 CEMS 使用说明书和本章节要求的编制仪器运行管理规程，确定系统运行操作人员和管理维护人员的工作职责。运维人员应当熟练掌握烟气排放连续监测仪器设备的原理、使用和维护方法。CEMS 日常运行管理应包括日常巡检、日常维护保养和 CEMS 的校准和检验。

9.5.2 管理制度

运维单位应建立 CEMS 运行维护管理制度，主要包括设备操作、使用和维护保养制度；运行、巡检和定期校准、校验制度；标准物质和易耗品的定期更换制度；设备故障及应急处理制度；自动监测数据分析记录、统计制度等一系列管理制度。

9.5.3 日常巡检

CEMS 运维单位应根据本章和仪器使用说明中的相关要求制订巡检规程，并严格按照规程开展日常巡检工作并做好记录。日常巡检记录应包括检查项目、检查日期、被检项目的运行状态等内容，每次巡检应记录并归档。CEMS 日常巡检时间间隔不超过 7 天。

日常巡检可参照《固定污染源烟气（SO_2、NO_x、颗粒物）排放连续监测技术规范》附录 G 中表 G.1～表 G.3 的表格形式记录。

9.5.4 日常维护保养

运维单位应根据 CEMS 说明书的要求对 CEMS 系统的保养内容、保养周期或耗材更换周期等做出明确规定，每次保养情况应记录并归档。每次进行备件或材料更换时，更换的备件或材料的品名、规格、数量等应记录并归档。如更换有证标准物质或标准样品，还需记录新标准物质或标准样品的来源、有效期和浓度等信息。对日常巡检或维护保养中发现的故障或问题，运维人员应及时处理并记录。

CEMS 日常运行管理参照《固定污染源烟气（SO_2、NO_x、颗粒物）排放连续监测技术规范》附录 G 中的格式记录。

9.5.5 校准和检验

运维单位应根据本章 9.6 节规定的方法和质量保证规定的周期制订 CEMS 系统的日常校准和校验操作规程。校准和校验记录应及时归档。

9.6　质量保证要求

9.6.1　总体要求

CEMS 日常运行质量保证是保障 CEMS 能够正常稳定运行、持续提供有质量保证的监测数据的必要手段。当 CEMS 不能满足技术指标而失控时，应及时采取纠正措施，并应缩短下一次校准、维护和校验的间隔时间。

9.6.2　定期校准

CEMS 运行过程中的定期校准是质量保证中的一项重要工作，定期校准应做到：

（1）具有自动校准功能的颗粒物 CEMS 和气态污染物 CEMS 每 24 小时至少自动校准一次仪器零点和量程，同时测试并记录零点漂移和量程漂移。

（2）无自动校准功能的颗粒物 CEMS 每 15 天至少校准一次仪器的零点和量程，同时测试并记录零点漂移和量程漂移。

（3）无自动校准功能的直接测量法气态污染物 CEMS 每 15 天至少校准一次仪器的零点和量程，同时测试并记录零点漂移和量程漂移。

（4）无自动校准功能的抽取式气态污染物 CEMS 每 7 天至少校准一次仪器的零点和量程，同时测试并记录零点漂移和量程漂移。

（5）抽取式气态污染物 CEMS 每 3 个月至少进行一次全系统的校准，要求零气和标准气体从监测站房发出，经采样探头末端，与样品气体通过的路径（应包括采样管路、过滤器、洗涤器、调节器、分析仪表等）一致，进行零点漂移和量程漂移、示值误差和系统响应时间的检测。

（6）具有自动校准功能的流速 CMS 每 24 小时至少进行一次零点校准，无自动校准功能的流速 CMS 每 30 天至少进行一次零点校准。

（7）校准技术指标应满足表 9-4 的要求。定期校准记录按《固定污染源烟气（SO_2、NO_x、颗粒物）排放连续监测技术规范》附录 G 中的表 G.4 表格记录。

表 9-4 CEMS 定期校准校验技术指标要求及数据失控时段的判别

项目	CEMS 类型		校准功能	校准周期	技术指标	技术指标要求	失控指标	最少样品数/对
定期校准	颗粒物 CEMS		自动	24 h	零点漂移	不超过±2.0%	超过±8.0%	—
					量程漂移	不超过±2.0%	超过±8.0%	
			手动	15 d	零点漂移	不超过±2.0%	超过±8.0%	
					量程漂移	不超过±2.0%	超过±8.0%	
	气态污染物 CEMS	抽取测量或直接测量	自动	24 h	零点漂移	不超过±2.5%	超过±5.0%	—
					量程漂移	不超过±2.5%	超过±10.0%	
		抽取测量	手动	7 d	零点漂移	不超过±2.5%	超过±5.0%	
					量程漂移	不超过±2.5%	超过±10.0%	
		直接测量	手动	15 d	零点漂移	不超过±2.5%	超过±5.0%	
					量程漂移	不超过±2.5%	超过±10.0%	
	流速 CMS		自动	24 h	零点漂移或绝对误差	零点漂移不超过±3.0%或绝对误差不超过±0.9 m/s	零点漂移超过±8.0%且绝对误差超过±1.8 m/s	—
			手动	30 d	零点漂移或绝对误差	零点漂移不超过±3.0%或绝对误差不超过±0.9 m/s	零点漂移超过±8.0%且绝对误差超过±1.8 m/s	—
	颗粒物 CEMS			3 个月或6 个月	准确度	满足《固定污染源烟气（SO_2、NO_x、颗粒物）排放连续监测技术规范》9.3.8	超过《固定污染源烟气（SO_2、NO_x、颗粒物）排放连续监测技术规范》9.3.8 规定范围	5
	气态污染物 CEMS							9
	流速 CMS							5

9.6.3　定期维护

CEMS 运行过程中的定期维护是日常巡检的一项重要工作，维护频次按照《固定污染源烟气（SO_2、NO_x、颗粒物）排放连续监测技术规范》中附录 G 中表 G.1～表 G.3 说明的进行，定期维护应做到：

（1）污染源停运到开始生产前应及时到现场清洁光学镜面。

（2）定期清洗隔离烟气与光学探头的玻璃视窗，检查仪器光路的准直情况；定期对清吹空气保护装置进行维护，检查空气压缩机或鼓风机、软管、过滤器等部件。

（3）定期检查气态污染物 CEMS 的过滤器、采样探头和管路的结灰和冷凝水情况、气体冷却部件、转换器、泵膜老化状态。

（4）定期检查流速探头的积灰和腐蚀情况、反吹泵和管路的工作状态。

（5）定期维护记录按照《固定污染源烟气（SO_2、NO_x、颗粒物）排放连续监测技术规范》附录 G 中表 G.1～表 G.3 的表格形式记录。

9.6.4　定期校验

CEMS 投入使用后，燃料、除尘效率的变化、水分的影响、安装点的振动等都会对测量结果的准确性产生影响。定期校验应做到：

（1）有自动校准功能的测试单元每 6 个月至少做一次校验，没有自动校准功能的测试单元每 3 个月至少做一次校验；校验用参比方法和 CEMS 同时段数据进行比对，按照《固定污染源烟气（SO_2、NO_x、颗粒物）排放连续监测技术规范》进行。

（2）校验结果应符合表 9-4 的要求，不符合时，则应扩展为对颗粒物 CEMS 的相关系数的校正和（或）评估气态污染物 CEMS 的准确度和（或）流速 CMS 的速度场系数（或相关性）的校正，直到 CEMS 达到表 9-2 的要求，方法见《固定污染源烟气（SO_2、NO_x、颗粒物）排放连续监测技术规范》附录 A。

（3）定期校验记录按照《固定污染源烟气（SO_2、NO_x、颗粒物）排放连续监测技术规范》附录 G 中的表 G.5 表格形式记录。

9.6.5 常见故障分析及排除

当 CEMS 发生故障时，系统管理维护人员应及时处理并记录。设备维修记录见《固定污染源烟气（SO_2、NO_x、颗粒物）排放连续监测技术规范》附录 G 中的表 G.6。维修处理过程中，要注意以下几点：

（1）CEMS 需要停用、拆除或者更换的，应当事先报经主管部门批准。

（2）运维单位发现故障或接到故障通知，应在 4 小时内赶到现场处理。

（3）对于一些容易诊断的故障，如电磁阀控制失灵、膜裂损、气路堵塞、数据采集仪死机等，可携带工具或者备件到现场进行针对性维修，此类故障维修时间不应超过 8 小时。

（4）仪器经过维修后，在正常使用和运行之前应确保维修内容全部完成，性能通过检测程序，按本章 9.6.2 对仪器进行校准检查。若监测仪器进行了更换，在正常使用和运行之前应对系统进行重新调试和验收。

（5）若数据存储/控制仪发生故障，应在 12 小时内修复或更换，并保证已采集的数据不丢失。

（6）监测设备因故障不能正常采集、传输数据时，应及时向主管部门报告，缺失数据按本章 9.7.2（2）处理。

9.6.6 定期校准校验技术指标要求及数据失控时段的判别与修约

（1）CEMS 在定期校准、校验期间的技术指标要求及数据失控时段的判别标准见表 9-4。

（2）当发现任一参数不满足技术指标要求时，应及时按照《固定污染源烟气（SO_2、NO_x、颗粒物）排放连续监测技术规范》及仪器说明书等的相关要求，采取校准、调试乃至更换设备重新验收等纠正措施直至满足技术指标要求。当发现任一参数数据失控时，应记录失控时段（从发现失控数据起到满足技术指标要求后为止的时间段）及失控参数，并进行数据修约。

9.7 数据审核和处理

9.7.1 数据审核

在固定污染源生产状况下，经验收合格的 CEMS 正常运行时段为 CEMS 数据有效时间段。CEMS 非正常运行时段（如 CEMS 故障期间、维修期间、超过本章 9.6.2 规定的期限未校准时段、失控时段以及有计划的维护保养、校准等时段）均为 CEMS 数据无效时段。

污染源计划停运一个季度以内的，不得停运 CEMS，日常巡检和维护要求仍按照本章 9.5 和 9.6 的规定执行；计划停运超过一个季度的，可停运 CEMS，但应报当地生态环境主管部门备案。污染源启运前，应提前启运 CEMS 系统，并进行校准，在污染源启运后的两周内进行校验，满足表 9-4 技术指标要求的，视为启运期间自动监测数据有效。

9.7.2 数据无效时间段数据处理

（1）CEMS 故障期间、维修时段数据按照本章 9.7.2（2）处理，超期未校准、失控时段数据按照本章 9.7.2（3）处理，有计划（质量保证/质量控制）的维护保养、校准等时段数据按照本章 9.7.2（4）处理。

（2）CEMS 因发生故障需停机维修时，其维修期间的数据替代按本章 9.7.2（4）处理；也可以用参比方法监测的数据替代，频次不低于一天一次，直至 CEMS 技术指标调试到符合表 9-1 和表 9-2 时为止。如使用参比方法监测的数据替代，则监测过程应按照《固定污染源排气中颗粒物测定与气态污染物采样方法》和《固定源废气监测技术规范》的要求进行，替代数据包括污染物浓度、烟气参数和污染物排放量。

（3）CEMS 系统数据失控时段污染物排放量按照表 9-5 进行修约，污染物浓度和烟气参数不修约。CEMS 系统超期未校准的时段视为数据失控时段，污染物排放量按照表 9-5 进行修约，污染物浓度和烟气参数不修约。

表 9-5　失控时段的数据处理方法

季度有效数据捕集率（α）	连续失控小时数 N/h	修约参数	选取值
$\alpha \geqslant 90\%$	$N \leqslant 24$	二氧化硫、氮氧化物、颗粒物的排放量	上次校准前 180 个有效小时排放量最大值
	$N > 24$		上次校准前 720 个有效小时排放量最大值
$75\% \leqslant \alpha < 90\%$	—		上次校准前 2 160 个有效小时排放量最大值

（4）CEMS 系统有计划（质量保证/质量控制）的维护保养、校准及其他异常导致的数据无效时段，该时段污染物排放量按照表 9-6 处理，污染物浓度和烟气参数不修约。

表 9-6　维护期间和其他异常导致的数据无效时段的处理方法

季度有效数据捕集率（α）	连续无效小时数 N/h	修约参数	选取值
$\alpha \geqslant 90\%$	$N \leqslant 24$	二氧化硫、氮氧化物、颗粒物的排放量	失效前 180 个有效小时排放量最大值
	$N > 24$		失效前 720 个有效小时排放量最大值
$75\% \leqslant \alpha < 90\%$	—		失效前 2 160 个有效小时排放量最大值

9.7.3　数据记录与报表

9.7.3.1　记录

按《固定污染源烟气（SO_2、NO_x、颗粒物）排放连续监测技术规范》附录 D 的表格形式记录监测结果。

9.7.3.2　报表

按《固定污染源烟气（SO_2、NO_x、颗粒物）排放连续监测技术规范》附录 D（表 D.9、表 D.10、表 D.11、表 D.12）的表格形式定期将 CEMS 监测数据上报，报表中应给出最大值、最小值、平均值、累计排放量以及参与统计的样本数。

第 10 章　厂界环境噪声及周边环境影响监测

厂界环境噪声和周边环境质量监测应按照相关的标准和规范开展。对于厂界噪声而言，重点是监测点位的布设，应能够反映厂内噪声源对厂外，尤其是对厂外居民区等敏感点的影响。对周边环境质量监测，一般主要涉及灰场地下水。本章围绕厂界环境噪声和地下水监测的关键点进行介绍和说明。

10.1　厂界环境噪声监测

10.1.1　环境噪声的含义

《中华人民共和国噪声污染防治法》第二条规定：本法所称环境噪声污染，是指所产生的环境噪声超过国家规定的环境噪声排放标准，并干扰他人正常生活、工作和学习的现象。所以在测量厂界环境噪声时应重点关注：①噪声排放是否超过标准规定的排放限值；②是否干扰他人正常生活、工作和学习。

10.1.2　厂界环境噪声布点原则

《工业企业环境噪声排放标准》（GB 12348—2008）中规定厂界环境噪声监测点的选择应根据工业企业声源、周围噪声敏感建筑物的布局以及毗邻的区域类别，在工业企业厂界布设多个测点，其中包括距噪声敏感建筑物较近以及受被测声源影响大的位置。《排污单位自行监测技术指南　总则》（HJ 819—2017）则更具体地指出了厂界环境噪声监测点位设置应遵循的原则：①根据厂内主要噪声源距厂界位置布点；②根据厂界周围敏感目标布点；③“厂中厂”是否需要监测根据内部和外围排污单位协商确定；④面临海洋、大江、大河的厂界原则上不布点；⑤厂界紧邻交通干线不布点；⑥厂界紧邻另一个排污单位的，在临近另一个排污单位侧是否布点由排污单位协商确定。

厂界一侧长度在 100 m 以下，原则上可布设 1 个监测点位；300 m 以下的可布设 2～3 个监测点位；300 m 以上的可布设 4～6 个监测点位。通常所说的厂界，是指由法律文书（如土地使用证、土地所有证、租赁合同等）中所确定的业主所拥有的使用权（或所有权）的场所或建筑边界，各种产生噪声的固定设备的厂界为其实际占地边界。

设置测量点时，一般情况下，应选在工业企业厂界外 1 m，高度 1.2 m 以上；当厂界有围墙且周围有受影响的噪声敏感建筑物时，测点应选在厂界外 1 m、高于围墙 0.5 m 以上的位置；当厂界无法测量到声源的实际排放状况时（如声源位于高空、厂界设有声屏障等），应在厂界外高于围墙 0.5 m 处设置测点，同时在受影响的噪声敏感建筑物的户外 1 m 处另设测点，建筑物高于 3 层时，可考虑分层布点；当厂界与噪声敏感建筑物距离小于 1 m 时，厂界环境噪声应在噪声敏感建筑物室内测量，室内测量点位设在距任何反射面至少 0.5 m 以上、距地面 1.2 m 的高度处，在受噪声影响方向的窗户开启状态下测量；固定设备结构传声至噪声敏感建筑物室内，在噪声敏感建筑物室内测量时，测点应距任何反射面至少 0.5 m 以上，距地面 1.2 m、距外窗 1 m 以上，窗户关闭状态下测量，具体要求参照《环境噪声监测技术规范　结构传播固定设备噪声》（HJ 707—2014）。

10.1.3　环境噪声测量仪器

测量厂界环境噪声使用的测量仪器为积分平均声级计或环境噪声自动监测仪，其性能应不低于《电声学　声级计　第 1 部分：规范》（GB/T 3785.1—2010）中对 2 型仪器的要求。测量 35 dB 以下的噪声时应使用 1 型声级计，且测量范围应满足所测量噪声的需要。校准所用仪器应符合《电声学　声校准器》（GB/T 15173—2010）对 1 级或 2 级声校准器的要求。当需要进行噪声的频谱分析时，仪器性能应符合《电声学　倍频程和分数倍频程滤波器》（GB/T 3241—2010）中对滤波器的要求。

测量仪器和校准仪器应定期检定合格，并在有效使用期限内使用；每次测量前后必须在测量现场进行声学校准，其前后校准示值偏差不得大于 0.5 dB，否则测量结果无效。测量时传声器加防风罩。测量仪器时间计权特性设为“F”档，采样时间间隔不大于 1 s。

10.1.4　环境噪声监测注意事项

测量应在无雨雪、无雷电天气，风速为 5 m/s 以下时进行。不得不在特殊气象条件下测量时，应采取必要措施保证测量准确性，同时注明当时所采取的措施及气象情况，测量应在被测声源正常工作时间进行，同时注明当时的工况。

分别在昼间、夜间两个时段测量。夜间有频发、偶发噪声影响时同时测量最大声级。被测声源是稳态噪声，采用 1 min 的等效声级。被测声源是非稳态噪声，测量被测声源有代表性时段的等效声级，必要时测量被测声源整个正常工作时段的等效声级。噪声超标时，必须测量背景值，背景噪声的测量及修正按照《环境噪声监测技术规范　噪声测量值修正》（HJ 706—2014）进行。

10.1.5　监测结果评价

各个测点的测量结果应单独评价。同一测点每天的测量结果按昼间、夜间进行评价。最大声级直接评价。当厂界与噪声敏感建筑物距离小于 1 m，厂界环境噪声在噪声敏感建筑物室内测量时，应将相应的噪声标准限值减 10 dB 作为评价依据。

10.2　地下水监测

10.2.1　监测点位布设

若环境影响评价文件及其批复和其他文件中均未做出要求，排污单位认为有必要开展周边环境质量影响监测的，地下水环境质量影响监测点位设置的原则和方法可参照《环境影响评价技术导则　地下水环境》(HJ 610—2016)、《地下水环境监测技术规范》等执行。

参考《环境影响评价技术导则　地下水环境》，根据排污单位类别及地下水环境敏感程度，划分排污单位对地下水环境影响的等级见表 10-1，进而确定地下水监测点（井）的数量及分布。

表 10-1　排污单位周边地下水环境影响等级分级

敏感程度[2]	项目类别[1]		
	Ⅰ类项目	Ⅱ类项目	Ⅲ类项目
敏感	一级	一级	二级
较敏感	一级	二级	三级
不敏感	二级	三级	三级

注：1. 参见《环境影响评价技术导则　地下水环境》（HJ 610—2016）附录 A；
2. 参见《环境影响评价技术导则　地下水环境》（HJ 610—2016）表 1。

地下水环境质量影响监测点位（井）数量及设置要求：影响等级为一级、二级的排污单位，监测点位一般不少于 3 个，应至少在排污单位上、下游各布设 1 个。一级排污单位还应在重点污染风险源处增设监测点。影响等级为三级的排污单位，监测点位一般不少于 1 个，应至少在排污单位下游布置 1 个。

10.2.2 监测井的建设与管理

开展周边地下水环境质量影响监测的排污单位可选择符合点位布设要求、常年使用的现有井（如经常使用的民用井）作为监测井；在无合适的现有井时，可设置专门的监测井。多数情况下地下水可能存在污染的部分集中在接近地表的潜水中，排污单位应根据所在地及周边水文地质条件确定地下水埋藏深度，进而确定地下水监测井井深或取水层位置。

地下水的监测井建设与管理的其他具体要求，应符合《地下水环境监测技术规范》中第 2 章、第 4 章的规定。

地下水样品的现场采集、保存、实验室分析及质量控制的具体操作过程，应符合《地下水环境监测技术规范》中第 3 章、第 4 章、第 6 章的规定。

第 11 章　监测质量保证与质量控制体系

监测质量保证与质量控制是提高监测数据质量的重要保障，是监测过程的重中之重，同时也涉及监测过程中方方面面的内容。本章立足现有经验，对污染源监测应关注的重点内容、质控要点进行梳理，提供了经验性的参考，但很难面面俱到。排污单位或社会化检测机构在开展污染源监测过程中，可参考本章内容，结合自身实际情况，制定切实有效的监测质量保证与质量控制方案，提高监测数据质量。

11.1　基本概念

监测质量保证与质量控制是环境监测过程中的两个重要概念。《环境监测质量管理技术导则》（HJ 630—2011）中这样定义：质量保证是指为了提供足够的信任表明实体能够满足质量要求，而在质量体系中实施并根据需要证实的全部有计划和有系统的活动。质量控制是指为了达到质量要求所采取的作业技术或活动。

采取质量保证的目的是获取他人对质量的信任，是为使他人确信某实体提供的数据、产品或者服务等能满足质量要求而实施的并根据需要进行证实的全部有计划、有系统的活动。质量控制则是通过监视质量形成过程，消除生产数据、产品或者提供服务的所有阶段中可能引起不合格或不满意效果的因素，使其达到质量要求而采用的各种作业技术和活动。

环境监测的质量保证与质量控制，是依靠系统的文件规定来实施的内部的技术和管理手段。它们既是生产出符合国家质量要求的检测数据的技术管理制度和活动，也是一种“证据”，即向任务委托方、环境管理机构和公众等表明该检测数据是在严格的质量管理中完成的，具有足够的管理和技术上的保证手段，数据是准确可信的。

11.2 质量体系

证明数据质量可靠性的技术管理制度与活动可以千差万别，但是也有其共同点。为了实现质量保证和质量控制的目的，往往需要建立一套并保证有效运行的质量体系。它应覆盖环境检测活动所涉及的全部场所、所有环节，以使检测机构的质量管理工作程序化、文件化、制度化和规范化。

建立一个运行良好的质量体系，对于专业的向政府、企事业单位或者个人提供排污情况监测数据的社会化检测机构，以及按照《检验检测机构资质认定管理办法》（质检总局令 第 163 号）、《检验检测机构资质认定评审准则》和《检验检测机构资质认定评审准则及释义》的要求建立并运行质量体系是必要的。若检测实验室仅为排污单位内部提供数据，质量管理活动的目的则是为本单位管理层、环境管理机构和公众提供证据，证明数据准确可信，质量手册不是必需的，但有利于检测实验室数据质量得到保证的一些程序性规定和记录是必要的（如实验室具体分析工作的实施流程、数据质量相关的管理流程等的详细规定，具体方法或设备使用的指导性详细说明，数据生产过程和监督数据生产需使用的各种记录表格等）。

建立质量体系不等于需要通过资质认定。质量体系的繁简程度与检测实验室的规模、业务范围、服务对象等密切相关，有时还需要根据业务委托方的要求修改完善质量体系。质量体系一般包括质量手册、程序文件、作业指导书和记录。有效的质量控制体系应满足“对检测工作进行全面规范，且保证全过程留痕”的基本要求。

11.2.1　质量手册

质量手册是检测实验室质量体系运行的纲领性文件，阐明检测实验室的质量目标，描述检测实验室全部检测质量活动的要素，规定检测质量活动相关人员的责任、权限和相互之间的关系，明确质量手册的使用、修改和控制的规定等。质量手册至少应包括批准页、自我声明、授权书、检测实验室概述、检测质量目标、组织机构、检测人员、设施和环境、仪器设备和标准物质，以及检测实验室为保证数据质量所做的一系列规定等。

（1）批准页：批准页的主要内容是说明编制质量体系的目的以及质量手册的内容，并由最高管理者批准实施。

（2）自我声明：检测实验室关于独立承担法律责任、遵守《中华人民共和国计量法》和监测技术标准规范等相关法律法规、客观出具数据等承诺。

（3）授权书：检测实验室有多种情形需要授权，包括不仅限于：在最高管理者外出期间，授权给其他人员替其行使职权；最高管理者授权人员担任质量负责人、技术负责人等关键岗位；授权检测实验室的大型贵重仪器的人员使用等。

（4）检测实验室概述：简要介绍检测实验室的地理位置、人员构成、设备配置概况、隶属关系等基本信息。

（5）检测质量目标：检测质量目标即定量描述检测工作所达到的质量。

（6）组织机构：即明确检测实验室与检测工作相关的外部管理机构的关系，与本单位中其他部门的关系以及完成检测任务相关部门之间的工作关系等，通常以组织机构框图的方式表明。与检测任务相关的各部门的职责应予以明确和细化。例如，可规定检测质量管理部门具有下列职责：①牵头制订检测质量管理年度计划并监督实施，编制质量管理年度总结。②负责组织质量管理体系建设、运行管理，包括质量体系文件编制、宣贯、修订、内部审核、管理评审、质量督察、检测报告抽查、实验室和现场监督检查、质量保证和质量控制等工作。③负责组织人员开展内部持证上岗考核相关工作。④负责组织参加外部机构组织的能力验证、能力考核、比对抽测等各项考核工作。⑤负责组织仪器设备检定/校准工作，包括编制检定/校准计划、组织实施和确认。⑥负责标准物质管理工作，包括建立标准物质清册、管理标准物质样品库、标准样品的验收、入库、建档及期间核查等。

（7）检测人员：包括检测岗位划分和检测人员管理两部分内容。

检测岗位划分指检测实验室将检测相关工作分为若干具体的检测工序，并明确各检测工序的职责。以检测实验室为例，岗位划分可描述为质量负责人、技术负责人、报告签发人、采样岗位、分析岗位、质量监督人、档案管理人等。可以由同一个人兼任不同的岗位，也可以专职从事某一个岗位。但报告编制、审核和签发应由三个不同的人员承担，不能由一个人兼任其中的两个及以上职责。

检测人员管理部分则规定从事采样、分析等检测相关工作的人员应接受的教育、培训、应掌握的技能，应履行的职责等。以分析岗位为例，人员管理可描述为：①分析人员必须经过培训，熟练掌握与本承担分析项目有关的标准监测方法或技术规范及有关法规，且具备对检验检测结果做出评价的判断能力，经内部考核合格后持证上岗。②熟练掌握所用分析仪器设备的基本原理、技术性能，以及仪器校准、调试、维护和常见故障的排除技术。③熟悉并遵守质量手册的规定，严格按监测标准、规范或作业指导书开展监测分析工作，熟悉记录的控制与管理程序，按时完成任务，保证监测数据准确可靠。④认真做好样品分析前的各项准备工作，分析样品的交接工作以及样品分析工作，确保按业务通知单或监测方案要求完成样品分析。⑤分析人员必须确保分析选用的分析方法现行有效，分析依据正确。⑥负责仪器设备的日常维护、使用和期间核查，编制/修订其操作规程、维护规程、期间核查规程和自校规程，并在计量检定/校准有效期内使用。负责做好使用、维护和期间核查记录。⑦确保分析质控措施和质控结果符合有关监测标准或技术规范及相关规定要求。⑧当分析仪器、分析环境条件或被测样品不符合监测技术标准或技术规范要求时，监测分析人员有权暂停工作，并及时向上级报告。⑨认真做好分析原始记录并签字，要求字迹清楚、内容完整、编号无误。⑩分析人员对分析数据的准确性和真实性负责。⑪校对上级安排的其他检测人员的分析原始记录。

检测实验室建立人员配备情况一览表（表 11-1），有助于提高人员管理效率。

表 11-1　检测人员一览表（样表）

序号	姓名	性别	出生年月	文化程度	职务/职称	所学专业	从事本技术领域年限	所在岗位	持证项目情况	备注
1	张三	男	1988 年 8 月	本科	工程师	分析化学	5 年	分析岗位	水和废水：化学需氧量、氨氮	质量负责人
……										

（8）设施和环境：检测实验室的设施和环境条件指检测实验室配备必要的设施硬件，并建立制度保证监测工作环境适应监测工作需求。检测实验室的设施通常包括空调、除湿机、干湿度温度计、通风橱、纯水机、冷藏柜、超声波清洗仪、电子恒温恒湿箱、灭火器等检测辅助设备。至少应明确以下规定：

①防止交叉污染的规定。例如，规定监测区域应有明显标识；严格控制进入和使用影响检测质量的实验区域；对相互有影响的活动区域进行有效隔离，防止交叉污染。比较典型的交叉污染例子：挥发酚项目的检测分析会对在同一实验室进行的氨氮检测分析造成交叉污染的影响；在分析总砷、总铅、总汞、总镉等项目时，如果不同的样品间浓度差异较大，规定高、低浓度的采样瓶和分析器皿分别用专用酸槽浸泡洗涤，以免交叉污染。必要时，用优级纯酸稀释后浸泡超低浓度样品所用器皿。

②对可能影响检测结果质量的环境条件，规定检测人员进行监控和记录，保证其符合相关技术要求。例如，万分之一以上精度的电子天平正常工作对环境温度、湿度有控制要求，检测实验室应有监控设施，并有记录表格记录环境条件。

③规定有效控制危害人员安全和人体健康的潜在因素。例如，配备通风橱、消防器材等必要的防护和处置措施。

④对化学品、废弃物、火、电、气和高空作业等安全相关因素做出规定。

（9）仪器设备和标准物质：检测用仪器设备和标准物质是保障检测数据量值溯源的关键载体。检测实验室应配备满足检测方法规定的原理和技术性能要求的设备，应对仪器设备的购置、使用、标识、维护、停用、租借等管理做出明确规定，保证仪器设备得到合理配置、正确使用和妥善维护，提高检测数据的准确性和可靠性。例如，对于设备的配备可规定：

①根据检测项目和工作量的需要及相关技术规范的要求，合理配备采样、样品制备、样品测试、数据处理和维持环境条件所要求的所有仪器设备的种类和数量，并对仪器技术性能进行科学的分析评价和确认。

②如果需要借用外单位的仪器设备，必须严格按本单位仪器设备的管理受到有效控制。建立仪器设备配备情况一览表（表 11-2），往往有助于提高设备管理效率。

表 11-2 仪器设备配备情况一览表（样表）

序号	设备名称	设备型号	出厂编号	检定/校准方式	检定/校准周期	仪器摆放位置
1	电子天平	TE212L	####	检定	1 年	205 室
……						

此外，应根据检测项目开展情况配备标准物质，并做好标准物质管理。配备的标准物质应该是有证标准物质，保证标准物质在其证书规定的保存条件下贮存，建立标准物质台账，记录标准物质名称、购买时间、购买数量、领用人、领用时间和领用量等信息。

（10）其他：为保证建立的质量管理体系覆盖检测的各个方面、各个环节，所有场所，且能持续有效地指导实施质量管理活动，还应对以下质量管理活动做出原则性的规定：

①质量体系在哪些情形下，由谁提出、谁批准同意修改等。

②如何正确使用管理质量体系中的各类管理和技术文件，即如何编制、审批、发放、修改、收回、标识、存档或销毁等各种文件。

③如何购买对监测质量有影响的服务（如委托有资质的机构检定仪器即为购买服务），以及如何购买、验收和存储设备、试剂、消耗材料。

④检测工作中出现的与相关规定不符合的事项，应如何采取措施。

⑤质量管理、实际样品检测等工作中相关记录的格式模板应如何编制，以及实际工作过程中如何填写、更改、收集、存档和处置记录。

⑥如何定期组织单位内部熟悉检测质量管理相关规定的人员，对相关规定的执行情况进行内部审核。

⑦管理层如何就内部审核或者日常检测工作中发现的相关问题，定期研究解决。

⑧检测工作中，如何选用、证实/确认检测方法。

⑨如何对现场检测、样品采集、运输、贮存、接收、流转、分析、监测报告编制与签发等检测工作全过程的各个环节都采取有效的质量控制措施，以保证监测工作质量。

⑩如何编制监测报告格式模板，实际检测工作中如何编写、校核、审核、修改和签发检测报告等。

11.2.2　程序文件

程序文件是规定质量活动方法和要求的文件，是质量手册的支持性文件，主要目的是对产生检测数据的各个环节、各个影响因素和各项工作全面规范。包括人员、设备、试剂、耗材、标准物质、检测方法、设施和环境、记录和数据录入发布等各个关键因素，明确详细地规定某一项与检测相关的工作，执行人员是谁、经过什么环节、留下哪些记录，以实现在高时效地完成工作的同时保证数据质量。

编写程序文件时，应明确每个程序的控制目的、适用范围、职责分配、活动过程规定和相关质量技术要求，从而使程序文件具有可操作性。例如，制定检测工作程序，对检测任务的下达、检测方案的制定、采样器皿和试剂的准备、样品采集和现场检测、实验室内样品分析，以及测试原始积累的填写等诸多环节，规定分别由谁来实施，以及实施过程中应该填写哪些记录，以保证工作有序开展。

档案管理也是一项涉及较多环节的工作，涉及档案产生后的暂存、收集、交接、保管、借阅、查询使用等一系列环节，各个细节又需要保证档案的完整性，因此，制定一个档案管理程序就显得比较重要了。这个程序可以规定档案产生人员如何暂存档案，暂存的时限是多长，档案收集由谁来负责，交给档案收集人员时应履行的手续，档案集中后由谁来负责建立编号，如何保存，借阅查阅时应履行的手续等。

又如检测方案的制定，方案制定人员需要弄清楚的文件有环评报告中的监测章节内容、环保部门做出的环评批复、执行的排放标准，许可证管理的相关要求，行业涉及的自行监测指南等。在明确管理要求后所制定的检测方案，宜请熟悉环境管理、环境监测、生产工艺和治理工艺的专业人员对方案进行审核把关，既有利于保证检测内容和频次等满足管理要求，又可避免不必要的人力、物力浪费。

一般来说，检测实验室需制定的程序性规定应包括人员培训程序、检测工作程序、设备管理程序、标准物质管理程序、档案管理程序、质量管理程序、服务和供应品的采购和管理程序、内务和安全管理程序、记录控制与管理程序等。

11.2.3 作业指导书

作业指导书是指特定岗位工作或活动应达到的要求和遵循的方法。对于下列情形往往需要检测机构制定作业指导书：①标准检测方法中规定可采取等效措施，而检测机构又的确采取了等效措施；②使用非母语的检测方法；③操作步骤复杂的设备。作业指导书应写得尽可能具体，且语言简洁不令人产生歧义，以保证各项操作可重复。

11.2.4　记录

记录包括质量记录和技术记录。质量记录是质量体系活动产生的记录，如内审记录、质量监督记录等；技术记录是各项监测工作所产生的记录，如“pH 分析原始记录表”“废水流量监测记录（流速仪法）”。记录是保证从检测方案的制定开始，到样品采集、样品运输和保存、样品分析、数据计算、报告编制、数据发布的各个环节留下关键信息的凭证，证明数据生产过程满足技术标准和规范要求。检测实验室的记录既要简洁易懂，也要信息量足够让检测工作重现。这就要求认真学习国家的法律法规等管理规定和技术标准规范，把握必须记录备查的关键信息，在设计记录表格样式时予以考虑。比如对于样品采集，除采样时间、地点、人员等基础信息外，还应包括检测项目、样品表观（定性描述颜色、悬浮物含量）、样品气味、保存剂的添加情况等信息。对具体的某一项污染物的分析，需记录分析方法名称及代码、分析时间、分析仪器的名称型号、标准/校准曲线的信息、取样量、样品前处理情况、样品测试的信号值、计算公式、计算结果以及质控样品分析的结果等。

11.3　自行监测质控要点

自行监测的质量控制，既要抓住人员、设备、监测方法、试剂耗材等关键因素，也要重视设施环境等影响因素。每项检测任务都应有足够证据表明其数据质量可信，在制定该项检测任务实施方案的同时，制定质控方案，或者在实施方案中有质量控制的专门章节，明确该项工作应有针对性地采取哪些措施来保证数据质量。自行监测工作中，包含自行监测点位、项目和频次，采样、制样和分析应执行哪些技术规范等信息的监测方案在许可证发放时经过了环保部门的审查。日常监测工作中，需要落实负责现场监测和采样、制样和分析样品、报告编制工作的具体人员，以及应采取的质控措施。应采取的质控措施可以是一个专门的方案，规定承担采样、制样和分析样品的人员应具备的技能（如经过适当的培训后持有上岗证），各环节的执行人员应该落实哪些措施来自证所开展工作的质量，质量控制人员如何去查证各任务执行人员工作的有效性等。通常来说，质控方案就是保证数据质量所需要满足的人员、设备、监测方法、试剂耗材和环境设施等的共性要求。

11.3.1 人员

人员技能水平是自行监测质量的决定性因素，因此检测机构制定的规章制度性文件中，要明确规定不同岗位人员应具有的技术能力。例如，应该具有的教育背景，工作经历，胜任该工作应接受的再教育培训，并以考核方式确认是否具有胜任岗位的技能。对于人员适岗的再教育培训，如行业相关的政策法规、标准方法、操作技能等，由检测机构内部组织或者参加外部培训均可。适岗技能考核确认的方式也是多样化的，如笔试或者提问、操作演示、实样测试、盲样考核等。无论采用哪种培训、考核方式，均应有记录来证实工作过程。例如，内部培训，应至少有培训教材、培训签到表、外部培训有会议通知、培训考核结果证明材料等。需注意对于口头提问和操作演示等考核方式，也应有记录，例如，口头提问，记录信息至少包括考核者姓名、提问内容、被考核者姓名、回答要点，以及对考核结果的评价；操作演示的考核记录至少包括考核者姓名、要求考核演示的内容、被考核者姓名、演示情况的概述以及评价结论。在具体执行过程中，切忌人员技能培训走过场，杜绝出现徒有各种培训考核记录但人员技能依然不高的窘境。例如，某厂自行监测厂界噪声的原始记录中，背景值仅为 30 dB，暴露出监测人员对仪器性能和环境噪声缺乏基本的认知。

11.3.2 仪器设备

监测设备是决定数据质量的另一关键因素。2015 年 1 月 1 日开始施行的《中华人民共和国环境保护法》第二章第十七条明确规定：监测机构应当使用符合国家标准的监测设备，遵守监测规范。所谓符合国家标准，首先应根据排放标准规定的监测方法选用监测设备，也就是仪器的测定原理、检测范围，测定精密度、准确度以及稳定性等满足方法的要求；其次，设备应根据国家计量的相关要求和仪器性能情况确定检定/校准，列入《中华人民共和国强制检定的工作计量器具目录》或有检定规程的仪器（如烟尘监测仪、天平、砝码、烟气采样器、大气采样器、pH 计、分光光度计、声级计、压力表等）应送至有资质的单位进行检定。属于非强制检定的仪器与设备可以送至有资质的计量检定机构进行校准，无法送去检定或者送去校准的仪器设备，应由仪器使用单位自行溯源，即自己制定校准规范，对部分计量性能或参数进行检测，以确认仪器性能准确可靠。

对于投入使用的仪器，要确保其得到规范使用。应明确规定如何使用、维护、维修和性能确认仪器设备。例如，编写仪器设备操作规程（仪器操作说明书）和维护规程（仪器维护说明书），以保证使用人员能够正确使用或者维护仪器。与采样和监测结果的准确性和有效性相关的仪器设备，在投入使用前，必须进行量值溯源，即用前述的检定、校准或者自校手段确认仪器性能。对于送到有资质的检定或者校准单位的仪器，收到设备的检定或者校准证书后，应查看检定/校准单位实施的检定/校准内容是否符合实际的检测工作要求。例如，配备有多个传感器的仪器，检测工作需要使用的传感器是否都得到了检定；对于有多个量程的仪器，其检定或者校准范围是否满足日常工作需求。对于仪器的检定、校准或者自校，并不是一劳永逸的，应根据国家的检定/校准规程或者使用说明书要求，周期性地定期实施检定/校准或者自校，保证仪器在检定/校准或者自校有效期内使用，且每次监测前，都要使用分析标准溶液、标准气体等方式确认仪器量值，在证实其量值持续符合相应技术要求后使用。如定电位电解法规定烟气中的二氧化硫、氮氧化物，每次测量前必须用标准气体进行校准，示值误差≤±5%方可使用。此外，应规定仪器设备的唯一性标识、状态标识，避免误用。仪器设备的唯一性标识既可以是仪器的出厂编码，也可以是检测单位按自行制定的规则编写的代码。

仪器的相关记录应妥善保存。建议给检测仪器建立“一仪一档”。档案的目录包括仪器说明书、仪器验收技术报告、仪器的检定/校准证书或者自校原始记录和报告、仪器的使用日志、维护记录、维修记录等，建议这些档案一年归一次档，以免遗失。应特别注意要及时、如实地填写仪器使用日志，切忌事后补记，否则不实的仪器使用记录会影响数据的真实性判断。比较常见的明显与事实不符的记录有：同一台现场检测仪器在同一时间，出现在相距几百千米的两个不同检测任务中；仪器使用日志中记录的分析样品量远大于该仪器最大日分析能力等，这种记录会让检查人员对数据的真实性打上巨大的问号。应该有制度规范在必须修改原始记录时如何修改，避免原始记录被误改。

11.3.3 记录

规范使用监测方法。优先使用被检测对象适用的以及污染物排放标准中规定的监测方法。若有新发布的标准方法可以替代排放标准中指定的监测方法，应采用新标准。若新发布的监测方法与排放标准指定的方法不同，但适用范围相同的，也可使用。例如，《固定污染源废气　氮氧化物的测定　非分散红外吸收法》（HJ 692—2014）和《固定污染源废气　氮氧化物的测定　定电位电解法 》（HJ 693—2014）的适用范围明确为“固定污染源废气”，因此两项方法均适用于火电厂废气中氮氧化物的监测。

正确使用监测方法。污染源排放情况监测所使用的方法包括国家标准方法和国务院部门以文件、技术规范等形式发布的标准方法，特殊情况下也会用等效分析方法。为此，检测机构或者实验室往往需要根据方法的来源确定应实施方法证实还是方法确认，其中方法证实适用于国家标准方法和国务院部门以文件、技术规范等形式发布的方法，方法确认适用于等效分析方法。为实现正确使用监测方法，仅仅是检测机构实施了方法证实是不够的，还需要检测机构要求使用该监测方法的每个人员使用该方法获得的检出限、空白、回收率、精密度、准确度等各项指标均满足方法性能的要求，方可认为检测人员掌握了该方法，才算为正确使用监测方法奠定了基础。当然，并非每次检测工作中均需对方法进行证实。一般认为，初次使用标准方法前，应证实能够正确运用标准方法；标准方法发生了变化，应重新予以证实。

通常而言，方法证实至少应包括以下六个方面：

（1）人员：人员的技能是否得到更新；是否能够适应方法的工作要求；人员数量是否满足工作要求。

（2）设备：设备性能是否满足方法要求；是否需要添置前处理设备等辅助设备；设备数量是否满足要求。

（3）试剂耗材：方法对试剂种类、纯度等的要求如何；数量是否满足要求；是否建立了购买使用台账。

（4）环境设施条件：方法及其所用设备是否对温度湿度有控制要求；环境条件是否得到监控。

（5）方法技术指标：使用日常工作所用的标准和试剂做方法的技术指标，如校准曲线、检出限、空白、回收率、精密度、准确度等，是否均达到了方法要求。

（6）技术记录：日常检测工作须填写的原始记录格式是否包含了足够的关键信息。

11.3.4　试剂耗材

规范使用标准物质，包括以下注意事项：

（1）应优先考虑使用国家批准的有证标准样品，以保证量值的准确性、可比性与溯源性。

（2）选用的标准样品与预期检测分析的样品，尽可能在基体、形态、浓度水平等性状方面接近。其中，基体匹配是需要重点考虑的因素，因为只有使用与被测样品基体相匹配的标准样品，在解释实验结果时才很少有或没有困难。

（3）应特别注意标准样品证书中所规定的取样量与取样方法。证书中规定的固体最小取样量、液体稀释办法等是测量结果准确性和可信度的重要影响因素，宜严格遵守。

（4）应妥善贮存标准样品，并建立标准样品使用情况记录台账。有些标准样品有特殊的储存条件要求，应根据标准样品证书规定的储存条件保存标准样品，并在标准样品的有效期内使用，否则可能会影响标准样品量值的准确性。

严格按照方法要求购买和使用试剂和耗材。每个方法都规定了试剂的纯度，需要注意的是，市售的与方法要求的纯度一致的试剂，不一定能满足方法的使用要求，对数据结果有影响的试剂、新购品牌或者产品批次不一致时，在正式用于样品分析前应进行空白样品实验，以验证试剂质量是否满足工作需求。对于试剂纯度不满足方法需求的情形，应购买更高纯度的试剂或者由分析人员自行净化。比较典型的案例是分析水中苯系物的二硫化碳，在用市售的试剂分析纯二硫化碳时往往需要实验室自行重蒸，或者购买优级纯的试剂才能满足方法对空白样品的要求；与此类似的还有分析重金属的盐酸硝酸等，采用分析纯的酸往往会导致较高的空白和背景值，建议筛选品质可靠的优级纯酸。

牢记试剂和耗材有使用寿命。对于试剂，尤其是已经配制好的试剂，应注意遵守检测方法中对试剂有效期的规定。若没有特殊规定，建议参考执行《化学试剂　标准滴定溶液的制备》(GB/T 601—2016)中关于标准滴定溶液有效期的规定，即常温（15～25℃）下保存时间不超过 2 个月。特别应注意表观不被磨损类耗材的质保期，比如定电位电解法的传感器、pH 计的电极等，这些仪器的说明书中明确规定了传感器或电极的使用次数或者最长使用寿命，应严格遵守，以保证量值的准确性。

11.3.5　数据处理

数据的计算和报出也可能会发生失误，应该引起高度重视。以火电厂排放标准为例，排放标准根据热能转化设施类型的不同，规定了不同的基准氧含量，实测的火电厂烟尘、二氧化硫、氮氧化物和汞及其化合物排放浓度，需折算为基准氧含量下的排放浓度，若忽略了此要求，将现场测试所得结果直接报出，必然导致较大偏差。对于废水检测，需留意在发生样品稀释后检测时，稀释倍数是否纳入了计算。已经完成的测定结果，还应注意计量单位是否正确，最好有熟悉该项目的工作人员校核，各项目结果汇总后，由专人进行数据审核后发出。录入电脑或者信息平台时，注意检查是否有小数点输入的错误。

完备的质量控制体系运行离不开有效的质量监督。检测机构或者实验室应设置覆盖其检测能力范围的监督员，这些监督员可以是专职的，也可以是兼职的。但是无论是哪种情形，监督员应该熟悉检测程序、方法，并能够评价检测结果，发现可能的异常情况。为了使质量监督达到预期效果，最好在年初就制订监督计划，明确监督人、被监督对象、被监督的内容、被监督的频次等。通常情况下，新进上岗人员，使用新分析方法或者新设备，以及生产治理工艺发生变化的初期等实施的污染排放情况检测应受到有效监督。监督的情况应以记录的形式予以妥善保存。此外，检测机构或者实验室应定期总结监督情况，编写监督报告，以保证质量体系中的各标准、规范和质量措施等切实得到落实。

第 12 章　信息记录与报告

监测信息记录和报告是相关法律法规的要求，也是排污许可证制度实施的重要内容，是排污单位必须开展的工作。信息记录和报告的目的是将排污单位与监测相关的内容记录下来，供管理部门和排污单位使用，同时定期按要求进行信息报告，以说明环境守法状况，同时也为社会公众监督提供依据。本章围绕火力发电及锅炉工业应开展的信息记录和报告的内容进行说明，为排污单位提供参考。

12.1　信息记录的目的与意义

说清污染物排放状况，自证是否正常运行污染治理设施、是否依法排污是法律赋予排污单位的权利和义务。自证守法，首先要有可以作为证据的相关资料，信息记录就是要将所有可以作为证据的信息保留下来，在需要的时候有据可查。具体来说，信息记录的目的和意义体现在以下几个方面。

首先，便于监测结果溯源。监测的环节很多，任何一个环节出现了问题，都可能造成监测结果的错误。通过信息记录，将监测过程中的重要环节的原始信息记录下来，一旦发现监测结果存在可疑之处，就可以通过查阅相关记录，检查哪个环节出现了问题。对于不影响监测结果的问题，可以通过追溯监测过程进行校正，从而获得正确的结果。

其次，便于规范监测过程。认真记录各个监测环节的信息，便于规范监测活动，避免由于个别时候的疏忽而遗忘个别程序，从而影响监测结果。通过对记录信息的分析，也可以发现影响监测过程的一些关键因素，这也有利于监测过程的改进。

再次，可以实现信息间的相互校验。记录各种过程信息，可以更好地反映排污单位的生产、污染治理、排放状况，从而便于建立监测信息与生产、污染治理等相关信息的逻辑关系，从而为实现信息间的互相校验、加强数据间的质量控制提供基础。通过记录各类信息，可以形成排污单位生产、污染治理、排放等全链条的证据链，避免单方面的信息不足以说明排污状况。

最后，丰富基础信息，利于科学研究。排污单位生产、污染治理、排放过程中的一系列过程信息，对研究排污单位污染治理和排放特征具有重要意义。监测信息记录极大地丰富了污染源排放和治理的基础信息，这为开展科学研究提供了大量基础信息。基于这些基础信息，利用大数据分析方法，可以更好地探索污染排放和治理的规律，为科学制定相关技术要求奠定良好基础。

12.2　信息记录要求和内容

12.2.1　信息记录要求

信息记录是一项具体而琐碎的工作，做好信息记录对于排污单位和管理部门都很重要，一般来说，信息记录应该符合以下要求。

首先，信息记录的目的在于真实反映排污单位生产、污染治理、排放、监测的实际情况，因此信息记录不需要专门针对需要记录的内容进行额外整理，只要保证所要求的记录内容便于查阅即可。为了便于查阅，排污单位应尽可能根据一般逻辑习惯整理成台账保存。保存方式以便于查阅为原则，可以为电子台账，也可以为纸质台账。

其次，信息记录的内容不限于标准规范中要求的内容，其他排污单位认为有利于说清楚本单位排污状况的相关信息，也可以予以记录。考虑到排污单位污染排放的复杂性，影响排放的因素有很多，而排污单位最了解哪些因素会影响排污状况，因此，排污单位应根据本单位的实际情况，梳理本单位应记录的具体信息，丰富台账资料的内容，从而更好地建立生产、治理、排放的逻辑关系。

12.2.2 信息记录内容

12.2.2.1 手工监测的记录

采用手工监测的指标，至少应记录以下几方面的内容：

（1）采样记录包括采样日期、采样时间、采样点位、混合取样的样品数量、采样器名称、采样人姓名等。

（2）样品保存和交接记录包括样品保存方式、样品传输交接记录。

（3）样品分析记录包括分析日期、样品处理方式、分析方法、质控措施、分析结果、分析人姓名等。

（4）质控记录包括质控结果报告单等。

12.2.2.2 自动监测运维记录

自动监测的正确运行需要定期进行校准、校验和日常运行维护，校准、校验和日常运行维护开展情况直接决定了自动监测设备是否能够稳定正常运行，而通过检查运维公司对自动监测设备的运行维护记录，可以对自动监测设备日常运行状态进行初步判断。因此，排污单位或者负责运行维护的公司要如实记录对自动监测设备的运行维护情况，具体包括自动监测系统运行状况、系统辅助设备运行状况、系统校准、校验工作等；仪器说明书及相关标准规范中规定的其他检查项目；校准、维护保养、维修记录等。

12.2.2.3 生产和污染治理设施运行状况

首先，污染物排放状况与排污单位生产和污染治理设施运行状况密切相关，记录生产和污染治理设施运行状况，有利于更好地说明污染物排放状况。

其次，考虑受监测能力的限制，无法做到全面连续监测，记录生产和污染治理设施运行状况可以辅助说明未监测时段的排放状况，同时也可以对监测数据是否具有代表性进行判断。

最后，由于监测结果可能受到仪器设备、监测方法等各种因素的影响，从而造成监测结果的不确定性，记录生产和污染治理设施运行状况，通过不同时段的监测信息和其他信息的对比分析，可以对监测结果的准确性进行总体判断。

对于生产和污染治理设施运行状况，主要记录内容包括监测期间企业及各主要生产设施（至少涵盖废气主要污染源相关生产设施）运行状况（包括停机、启动情况）、产品产量、主要原辅料使用量、取水量、主要燃料消耗量、燃料主要成分、污染治理设施主要运行状态参数、污染治理主要药剂消耗情况等。日常生产中上述信息也需整理成台账保存备查。

12.2.2.4　固体废物（危险废物）产生与处理状况

固体废物作为重要的环境管理要素，排污单位应对固体废物和危险废物的产生、处理情况进行记录，同时固体废物和危险废物信息也可以作为废水、废气污染物产生、排放的辅助信息。关于固体废物和危险废物的记录内容包括各类固体废物和危险废物的产生量、综合利用量、处置量、贮存量、倾倒丢弃量，危险废物还应详细记录其具体去向。

12.3　生产和污染治理设施运行状况

在第 3 章已经对火电行业的生产过程及产排污情况进行了详细介绍，下面根据其特点、生产工艺和主要设备以及重点产排污节点所采用的废气、废水、固体废物治理设施，再介绍一下应详细记录的企业生产及污染治理设施运行状况。日常生产中也应参照以下内容记录相关信息，并整理成台账保存备查。

12.3.1 生产运行状况记录

燃气轮机组和锅炉的生产运行情况，是企业的重要生产内容，也是污染物排放的主要来源。因此，应对其生产运行情况进行详细记录。

对燃气轮机组的记录，应针对各个机组，每日详细记录运行时间、燃料消耗量、实际发电量、实际供热量，以及停机、启动情况等。具体来说，燃煤机组应按照发电机组记录每日的运行小时、用煤量、实际发电量、实际供热量。此外，燃煤机组产生的灰渣，是一般工业固体废物的主要来源，因此灰、渣的产生量也要记录。燃气机组应按照燃气机组记录每日的运行小时、用气量、实际发电量、实际供热量。燃油机组应按照发电机组记录每日的运行小时、用油量、实际发电量、实际供热量。

对锅炉的记录，可以稍微简单一些，在记录停机、启动情况的基础上，应记录运行时间、燃料类型及其消耗量、实际供热量等。

火电及锅炉工业企业用水环节较多、用水量较大，尤其是使用直流冷却水的火电企业，用水量更是巨大。因此，还应详细记录用水情况。取水量（新鲜水）指调查年度从各种水源提取的并用于工业生产活动的水量总和，包括城市自来水用量、自备水（地表水、地下水和其他水）用量、水利工程供水量，以及企业从市场购得的其他水（如其他企业回用水量）。工业生产活动用水主要包括工业生产用水、辅助生产（包括机修、运输、空压站等）用水。厂区附属生活用水（厂内绿化、职工食堂、浴室、保健站、生活区居民家庭用水、企业附属幼儿园、学校、游泳池等用水）如果单独计量且生活污水不与工业废水混排的水量，可不计入取水量。

12.3.2 燃料分析结果

锅炉使用的燃料主要包括煤、天然气、油以及其他燃料。由于燃料与污染物的排放情况密切相关，因此应针对各种燃料的特点，每日对其做出成分分析。

对于燃煤锅炉，应每日记录煤质的分析情况，包括收到基灰分、含硫量、挥发分和低位发热量等。

对于燃气锅炉，应每日记录天然气的成分分析情况。

对于燃油锅炉，应每日记录油品的品质分析情况，包括含硫量等。

此外，使用其他燃料的锅炉，也应围绕燃料特点，记录每日燃料的成分。

12.3.3　废气处理设施运行情况

作为废气重点排污行业之一，火电厂及锅炉普遍按照环保管理要求，安装了脱硫、脱硝、除尘设备。为了佐证废气监测数据情况，需对以上废气处理设备的基本情况、运行情况进行详细的记录，包括：

（1）脱硫、脱硝、除尘设备的工艺、投运时间等基本情况。

（2）脱硫剂使用量、脱硝还原剂使用量、脱硫副产物产生量、粉煤灰产生量等。

（3）脱硫、脱硝、除尘设施运行、故障及维护情况、布袋除尘器清灰周期和换袋情况等。

12.4　固体废物产生和处理情况

火电和锅炉排污单位产生工业固体废物，应建有规范的一般固体废物临时堆场和危险废物暂存设施，并采取防扬散、防流失、防渗漏措施。其中，一般工业固体废物主要包括灰渣、脱硫石膏、袋式（电袋）除尘器产生的破旧布袋等。危险废物包括催化还原脱硝工艺产生的废烟气脱硝催化剂（钒钛系），其他工艺可能产生的危险废物按照《国家危险废物名录》或国家规定的危险废物鉴别标准和鉴别方法认定。

记录一般工业固体废物和危险废物的产生量、综合利用量、处置量、贮存量，危险废物还应详细记录其具体去向。原料或辅助工序中产生的其他危险废物的情况也应记录，危险废物应严格执行危险废物相关管理要求。

对于委托外单位处置利用一般工业固体废物或者危险废物的，以及接收外单位一般工业固体废物或者危险废物的，应详细记录这些情况。对于自行综合利用、自行处置一般工业固体废物和危险废物的，还应当对本单位所拥有的处置场、焚烧装置等综合利用和处置设施的运行情况进行记录。

12.5 信息报告及信息公开

12.5.1 信息报告要求

为了排污单位更好地掌握本单位实际排污状况，也便于更好地对公众说明本单位的排污状况和监测情况，排污单位应编写自行监测年度报告，年度报告至少应包含以下内容：

（1）监测方案的调整变化情况及变更原因。

（2）企业及各主要生产设施（至少涵盖废气主要污染源相关生产设施）全年运行天数，各监测点、各监测指标全年监测次数、超标情况、浓度分布情况。

（3）按要求开展的周边环境质量影响状况监测结果。

（4）自行监测开展的其他情况说明。

（5）排污单位实现达标排放所采取的主要措施。

自行监测年报不限于以上信息，任何有利于说明本单位自行监测情况和排放状况的信息，都可以写入自行监测年报。另外，对于领取了排污许可证的排污单位，应按照排污许可证管理要求，每年提交年度执行报告，其中自行监测情况属于年度执行报告中的重要组成部分，排污单位可以将自行监测年报作为年度执行报告的一部分一并提交。

12.5.2 应急报告要求

由于排污单位非正常排放会对环境或者污水处理设施产生影响，因此对于监测结果出现超标的，排污单位应加密监测，并检查超标原因。短期内无法实现稳定达标排放的，应向生态环境主管部门提交事故分析报告，说明事故发生的原因，采取减轻或防止污染的措施，以及今后的预防及改进措施等；若因发生事故或者其他突发事件，排放的污水可能危及城镇排水与污水处理设施安全运行的，应当立即采取措施消除危害，并及时向城镇排水主管部门和生态环境主管部门等有关部门报告。

12.5.3 信息公开要求

信息公开应重点考虑两类群体的信息需求：一是排污单位周围居民的信息需求，周边居民是污染排放的直接影响者，最关心污染物排放状况对自身及环境的影响，因此对污染物排放状况及周边环境质量状况有强烈的需求。二是排污单位同类行业或者其他相关者的信息需求，同一行业不同排污单位之间存在一定的竞争关系，当然都希望在污染治理上得到相对公平的待遇，因此会格外关心同行的排放状况，对同行业其他排污单位的排放状况信息有同行监督需求。

为了照顾这两类群体的信息需求，信息公开的方式应该便于这两大类群体获取。排污单位可以通过在厂区外或当地媒体上发布监测信息，使周边居民及时了解排污单位的排放状况，这类信息公开相对灵活，以便周边居民获取信息。而为了实现同行监督和一些公益组织的监督，也为了便于政府监督，有组织的信息公开方式更有效率。目前，各级生态环境主管部门都在建设不同类型的信息公开平台，排污单位也应该根据相关要求在信息平台上发布信息，以便各类群体间互相监督。

具体来说，排污单位自行监测信息公开内容及方式应按照《企业事业单位环境信息公开办法》（环境保护部令 第 31 号）及《国家重点监控企业自行监测及信息公开办法（试行）》（环发〔2013〕81 号）执行。非重点排污单位的信息公开要求由地方生态环境主管部门确定。

第 13 章　监测数据信息系统报送

为了方便排污单位信息报送和管理部门收集相关信息，受生态环境部生态环境监测司委托，中国环境监测总站组织开发了“全国污染源监测信息管理与共享平台”，排污单位应通过该系统报送监测数据和相关信息。同时，发放了排污许可证的排污单位应通过“全国排污许可证管理信息平台”报送相关信息，为了便于填报，现已实现了“全国污染源监测信息管理与共享平台”和“全国排污许可证管理信息平台”的互联互通，排污单位可以通过两者其中之一登录系统填报监测数据。对于有地方监测数据管理平台的，可以通过数据交换的方式，实现数据的报送。

13.1　总体架构设计

根据《关于印发 2015 年中央本级环境监测能力建设项目建设方案的通知》(环办函〔2015〕1596 号)，中国环境监测总站负责建设“全国重点污染源监测数据管理与信息共享系统”，面向社会公众、企业用户、委托机构用户、环保用户、系统管理用户 5 类用户，针对不同用户的不同业务需求，系统提供数据采集、二噁英监测数据中心、监测体系建设运行考核、数据查询处理与分析、决策支持、信息发布、信息发布移动终端版、自行监测知识库、排放标准管理、个人工作台、系统管理等功能。

另外，面向其他污染源监测信息采集节点（包括部级建设的在线监控系统、各省市级在线监控系统、各省级监测信息公开平台）、二噁英视频监控节点使用数据交换平台进行数据交换。

系统整体架构见图 13-1。

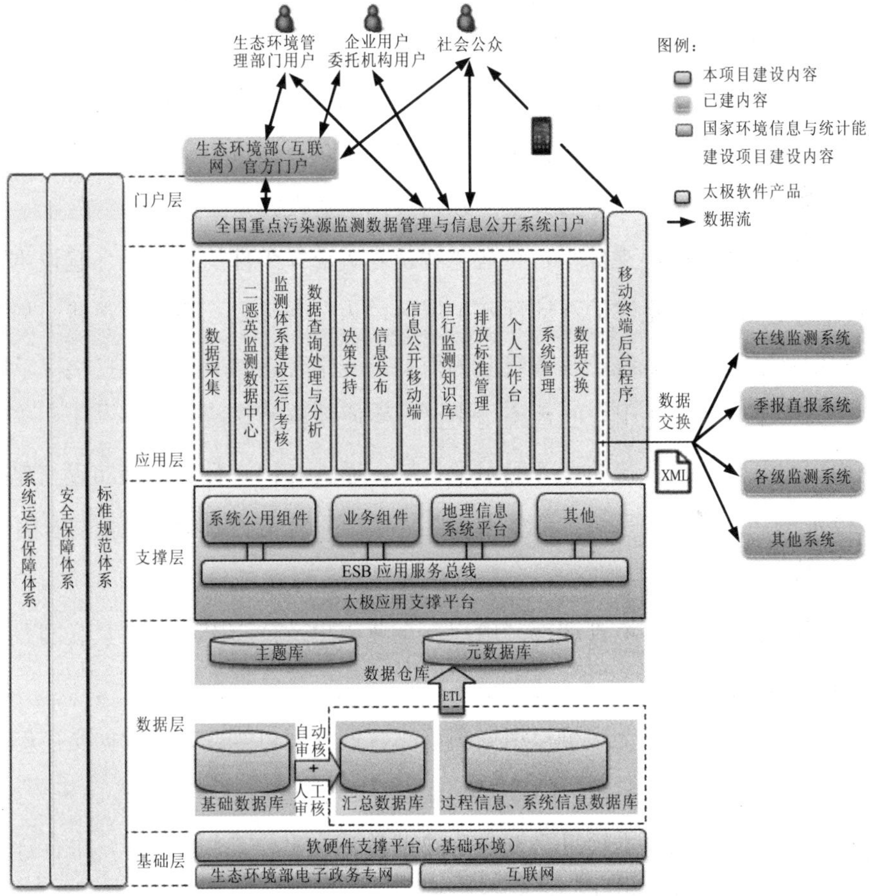

图 13-1　系统总体架构

系统总体架构采用 SOA 面向服务的五层三体系的标准成熟电子政务框架设计，该架构以总线为基础，依托公共组件、通用业务组件和开发工具实现应用系统快速开发和系统集成。并通过门户为所有用户提供个性化服务，包括但不限于门户网站、单点登录、个性化定制服务等。系统由基础层、数据层、支撑层、应用层、门户层五层及贯穿项目始终保障项目顺利实施和稳定、安全运行的系统运行保障体系、安全保障体系及标准规范体系构成。

基础层：本次建设将在利用监测总站现有的软硬件及网络环境基础上配置相应的系统运行所需软硬件设备及安全保障设备。

数据层：建设本次项目的基础数据库、元数据库，并在此基础上为建设主题数据库、空间数据库提供数据挖掘和决策支持。本项目建设的数据库依据生态环境部相关标准及能力建设项目的数据中心相关标准建设。

支撑层：在太极应用支撑平台企业总线及相关公共组件的基础上，建设本系统的组件，为系统提供足够的灵活性和扩展性，为与季报直报系统、在线监控系统、各省市级在线监控系统及各省级监测信息公开平台进行应用集成提供灵活的框架，也为将来业务变化引起的系统变化提供快速调整的支撑。

应用层：开发本次系统的业务应用子系统，通过 ESB、数据交换实现与包括季报直报系统、在线监控系统、各省市级在线监控系统及各省级监测信息公开平台在内的其他系统对接。

门户层：面向生态环境管理部门用户、企业用户及公众用户提供互联网及移动互联网访问服务。

标准规范体系：制定全国重点污染源监测数据管理与信息公开数据交换标准规范。确保各应用系统按照统一的数据标准进行数据交换。

安全保障体系：结合本项目需要采购的设备清单和对需求的理解，进行详细的信息安全等级保护体系设计。

系统运行保障体系：结合对本项目需求的理解，进行详细的系统运行保障体系设计。

13.2 应用层设计

全国重点污染源监测数据管理与信息共享平台提供的业务应用包括数据采集、二噁英监测数据中心、监测体系建设运行考核、数据查询处理与分析、决策支持、信息发布、信息发布移动终端版、自行监测知识库、排放标准管理、个人工作台、系统管理及数据交换 12 个子系统。系统功能架构见图 13-2。

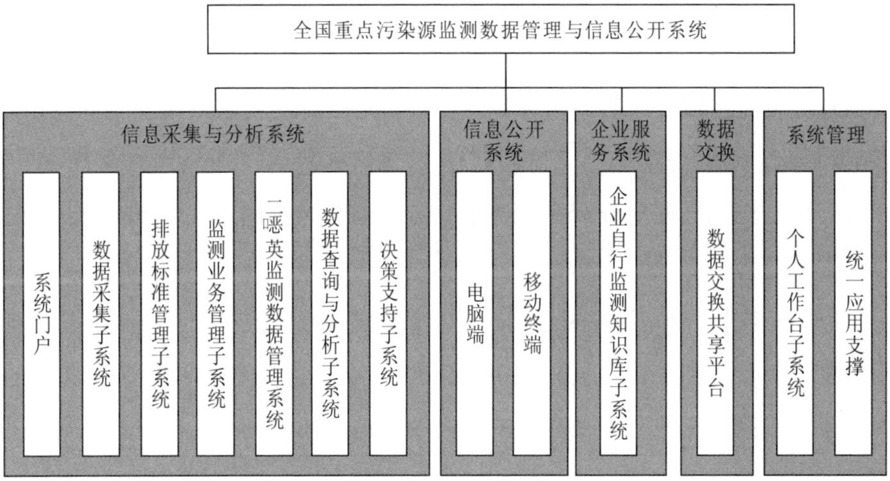

图 13-2 系统功能架构

（1）数据采集：包括对企业自行监测数据和管理部门进行的监督性监测数据的采集。需要面向全国重点监控企业采集监测数据，对不同年份的企业建立不同的企业基础信息库，提供信息填报、审核、查询、发布功能，并形成关联以持续监督。同时满足各级生态环境主管部门录入监督性监测数据、质控抽测数据、监督检查信息与结果、采集全国自动监控数据、自动监测数据有效性审核情况、监测站标准化建设情况、环境执法与监管情况等。

企业的基础信息录入完成后需由属地生态环境主管部门确认。由于不同来源数据的采集频次和采集方式不同，系统会提供不同的数据接入方式。

（2）二噁英监测数据中心：实现中国环境监测总站（以下简称总站）对东北、华东、华中、华南、西北、西南地区的二噁英数据监控。总站可以统一对各分站下达任务计划、通知等，并可实时获取各分站的监测数据。各分站接收到总站任务后进行接收确认，待监测完成后将数据结果统一上报到总站，由总站进行汇总、分析等。

（3）监测体系建设运行考核：根据管理要求，汇总减排监测体系建设运行总体情况，生成考核表格。实现按时间、空间、行业、污染源类型等统计，包括应开展监测的企业数量、不具备监测条件的企业数量及原因、实际开展监测的企业数量以及监测点位数量、监测指标数量、各监测指标的开展数量（企业自行监测分手工和自动）等内容。

（4）数据查询处理与分析：查询条件可以保存为查询方案，查询时可调用查询方案进行查询。

（5）决策支持：该发布系统除采用基本的数据分析方法外，需要支持 OLAP 等分析技术，实现对数据中心数据的快速分析访问，向用户显示重要的数据分类、数据集合、数据更新的通知以及用户自己的数据订阅信息等。同时提供环保搜索功能，用户可按权限快速查询各类环境信息，也可以直接从系统进行数据汇总、平均或读取，实现多维数据结构的灵活表现。

（6）信息发布：全国污染源监测数据信息公开系统包括电脑端信息发布和移动端信息发布，信息发布系统应满足为社会公众用户提供全国重点污染源自行监测和监督性监测信息公开的查询和浏览功能，推动公众参与到对重点监控企业污染物排放的监督，督促企业按照规范自行监测并信息公开，督促企业自觉履行法定义务和社会责任。

（7）信息发布移动终端版：将环境质量与污染排放相结合，利用移动端便捷、直观的优势，快速、灵活、全面地提供数据中心关键资源信息，包括 KPI 指标监控、数据查询以及结合电子地图的地图查询。帮助用户随时随地了解环境质量及污染物排放的关键数据和信息，提高污染源监管信息公开力度。

（8）自行监测知识库：企业自行监测知识库系统对企业提供自行监测的相关法律法规、政策文件、排放标准、监测规范、方法、自行监测方案范例、相关处罚案例等查询服务，帮助和指导企业做好自行监测工作。

（9）排放标准管理：提供排放标准的维护管理和达标评价。管理用户可以对标准进行增删改查操作，以保持标准为最新版本。提供接口，数据录入编辑时、数据进行发布时均可调用该接口判定该数据是否超标，超标的给予提示并按超标比例不同给出不同颜色的提醒。

（10）个人工作台：包括信息提醒（邮件和短信）、通知管理、数据报送情况查询、数据校验规则设置与管理等。为不同用户提供针对性强、特定的用户体验，方便用户使用。

（11）系统管理：系统管理实现系统维护相关功能，系统维护人员和数据管理人员基于这些功能对数据采集和服务进行管理。综合信息管理主要包括系统管理、个人工作管理、数据管理等方面的功能。

（12）数据交换：建立数据交换共享平台，实现系统中各子系统间的内部数据交换，尤其是实现与外部系统的交换。

内部交换包括采集子系统与查询分析子系统，各子系统与信息发布子系统之间的数据交换。

外部交换主要是与其他信息系统的数据对接，将依据能力建设项目的相关标准制定监测数据标准、交换的工作流程标准、安全标准及交换运行保障标准等，制定统一的数据接口供各地现行污染源监测及信息公开平台共享数据，并且为污染源监测数据管理系统及企业污染源自动监测数据采集等相关系统提供传输数据接口。各相关系统按数据标准生成数据 XML 文件通过接口传递到本系统解析入库，以实现与本系统的互联互通，减少企业重复录入，提高数据质量。

13.3 排污单位自行监测数据报送

13.3.1 排污单位自行监测数据报送方式

排污单位自行监测数据采集方式有两种，一种是可直接登录使用本系统录入自行监测方案及数据，另一种是使用各省自建平台录入自行监测方案及数据，再向本系统传送。本系统与排污许可管理信息系统互通，可从排污许可管理信息系统获取已发证企业的基本信息，再将本系统采集的自行监测数据推送给排污许可管理信息系统进行公开。

直接使用本系统采集和报送数据的企业，可先从排污许可管理信息系统共享已发证企业基本信息，使用本系统录入完善企业自行监测方案、监测数据等信息，再将监测数据共享到排污许可管理信息系统进行发布。企业自行监测数据报送流程见图 13-3。

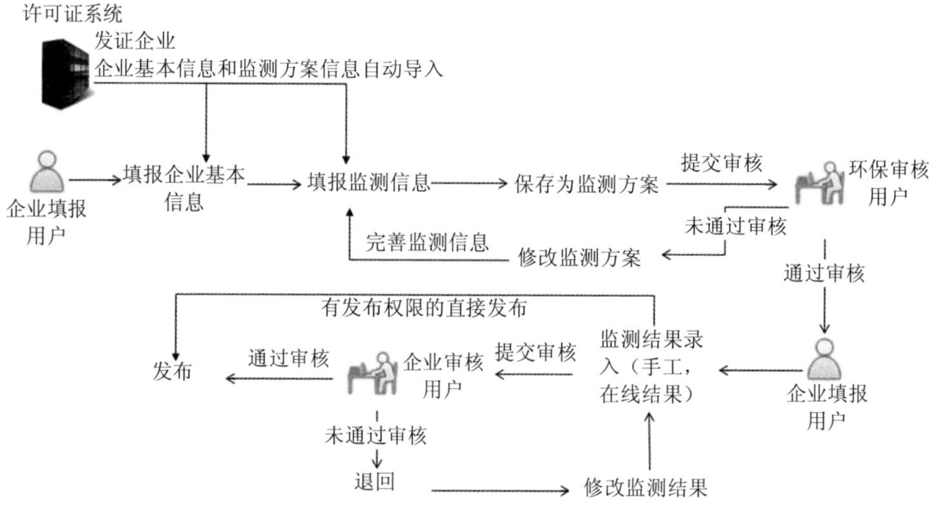

图 13-3 排污单位自行监测数据报送流程

如果各省（自治区、直辖市）使用本地平台采集和发布信息，地方平台将发放许可证的企业信息和方案信息导入地方平台，再由企业在地方平台进行数据录入，然后由地方平台将数据导入国家平台。使用地方平台采集企业自行监测信息的报送流程见图 13-4。

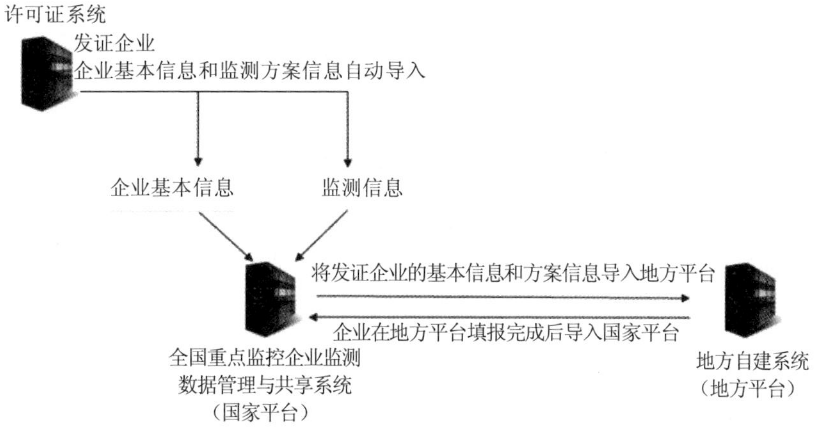

图 13-4 使用地方平台采集自行监测数据的报送流程

13.3.2 方案与数据填报流程

自行监测方案填报流程。企业用户登录系统，录入企业基本信息、监测信息，保存成方案后提交所属生态环境主管部门审核（审核功能并非强制性，是否需要审核由生态环境主管部门根据本地区管理需求进行设置）。发放了许可证的企业，这两部分信息会自动从许可证系统导入本系统中，企业仅需要完善即可。

自行监测数据填报流程。方案审核通过的企业按监测方案进行监测数据的填报，企业内部可以数据审核，审核通过的进行发布，不通过的退回填报用户修改。具有审核权限的填报用户也可以直接发布。

13.3.3 报送内容

（1）企业基本信息：包括企业名称、社会信用代码或组织机构代码、企业类别、企业规模、注册类型、行业类别、企业注册地址、企业生产地址、企业地理位置。

（2）监测方案信息：包括各排放设备、排放口、监测点位、监测项目、执行的排放标准及限值、监测方法、监测频次、委托服务机构等信息。

（3）监测数据：分为手工监测数据、自动监测数据两类。需填报各监测点开展监测的各项污染物的排放浓度、相关参数信息、未监测原因等信息。其中，自动监测数据可以从各省统一接入，也可由企业自行录入。

附　录

附录 1

排污单位自行监测技术指南　总则

（HJ 819—2017）

前言

为落实《中华人民共和国环境保护法》《中华人民共和国大气污染防治法》《中华人民共和国水污染防治法》，指导和规范排污单位自行监测工作，制定本标准。

本标准提出了排污单位自行监测的一般要求、监测方案制定、监测质量保证和质量控制、信息记录和报告的基本内容和要求。

本标准为首次发布。

本标准由环境保护部环境监测司、科技标准司提出并组织制订。

本标准主要起草单位：中国环境监测总站。

本标准环境保护部 2017 年 4 月 25 日批准。

本标准自 2017 年 6 月 1 日起实施。

本标准由环境保护部解释。

1 适用范围

本标准提出了排污单位自行监测的一般要求、监测方案制定、监测质量保证和质量控制、信息记录和报告的基本内容和要求。

排污单位可参照本标准在生产运行阶段对其排放的水、气污染物，噪声以及对其周边环境质量影响开展监测。

本标准适用于无行业自行监测技术指南的排污单位；行业自行监测技术指南中未规定的内容按本标准执行。

2 规范性引用文件

本标准引用了下列文件或其中的条款。凡是未注明日期的引用文件，其最新版本适用于本标准。

GB 12348 工业企业厂界环境噪声排放标准

GB/T 16157 固定污染源排气中颗粒物测定与气态污染物采样方法

HJ 2.1 环境影响评价技术导则 总纲

HJ 2.2 环境影响评价技术导则 大气环境

HJ/T 2.3 环境影响评价技术导则 地面水环境

HJ 2.4 环境影响评价技术导则 声环境

HJ/T 55 大气污染物无组织排放监测技术导则

HJ/T 75 固定污染源烟气排放连续监测技术规范（试行）

HJ/T 76 固定污染源烟气排放连续监测系统技术要求及检测方法（试行）

HJ/T 91 地表水和污水监测技术规范

HJ/T 92 水污染物排放总量监测技术规范

HJ/T 164 地下水环境监测技术规范

HJ/T 166 土壤环境监测技术规范

HJ/T 194 环境空气质量手工监测技术规范

HJ/T 353　水污染源在线监测系统安装技术规范（试行）

HJ/T 354　水污染源在线监测系统验收技术规范（试行）

HJ/T 355　水污染源在线监测系统运行与考核技术规范（试行）

HJ/T 356　水污染源在线监测系统数据有效性判别技术规范（试行）

HJ/T 397　固定源废气监测技术规范

HJ 442　近岸海域环境监测规范

HJ 493　水质　样品的保存和管理技术规定

HJ 494　水质　采样技术指导

HJ 495　水质　采样方案设计技术规定

HJ 610　环境影响评价技术导则　地下水环境

HJ 733　泄漏和敞开液面排放的挥发性有机物检测技术导则

《企业事业单位环境信息公开办法》（环境保护部令　第 31 号）

《国家重点监控企业自行监测及信息公开办法（试行）》（环发〔2013〕81 号）

3　术语和定义

下列术语和定义适用于本标准。

3.1　自行监测　self-monitoring

指排污单位为掌握本单位的污染物排放状况及其对周边环境质量的影响等情况，按照相关法律法规和技术规范，组织开展的环境监测活动。

3.2　重点排污单位　key pollutant discharging entity

指由设区的市级及以上地方人民政府环境保护主管部门商有关部门确定的本行政区域内的重点排污单位。

3.3　外排口监测点位　emission site

指用于监测排污单位通过排放口向环境排放废气、废水（包括向公共污水处理系统排放废水）污染物状况的监测点位。

3.4 内部监测点位 internal monitoring site

指用于监测污染治理设施进口、污水处理厂进水等污染物状况的监测点位，或监测工艺过程中影响特定污染物产生排放的特征工艺参数的监测点位。

4 自行监测的一般要求

4.1 制定监测方案

排污单位应查清所有污染源，确定主要污染源及主要监测指标，制定监测方案。监测方案内容包括：单位基本情况、监测点位及示意图、监测指标、执行标准及其限值、监测频次、采样和样品保存方法、监测分析方法和仪器、质量保证与质量控制等。

新建排污单位应当在投入生产或使用并产生实际排污行为之前完成自行监测方案的编制及相关准备工作。

4.2 设置和维护监测设施

排污单位应按照规定设置满足开展监测所需要的监测设施。废水排放口，废气（采样）监测平台、监测断面和监测孔的设置应符合监测规范要求。监测平台应便于开展监测活动，应能保证监测人员的安全。

废水排放量大于 100 t/d 的，应安装自动测流设施并开展流量自动监测。

4.3 开展自行监测

排污单位应按照最新的监测方案开展监测活动，可根据自身条件和能力，利用自有人员、场所和设备自行监测；也可委托其他有资质的检（监）测机构代其开展自行监测。

持有排污许可证的企业自行监测年度报告内容可以在排污许可证年度执行报告中体现。

4.4 做好监测质量保证与质量控制

排污单位应建立自行监测质量管理制度，按照相关技术规范要求做好监测质量保证与质量控制。

4.5 记录和保存监测数据

排污单位应做好与监测相关的数据记录，按照规定进行保存，并依据相关法规向社会公开监测结果。

5 监测方案制定

5.1 监测内容

5.1.1 污染物排放监测

包括废气污染物（以有组织或无组织形式排入环境）、废水污染物（直接排入环境或排入公共污水处理系统）及噪声污染等。

5.1.2 周边环境质量影响监测

污染物排放标准、环境影响评价文件及其批复或其他环境管理有明确要求的，排污单位应按照要求对其周边相应的空气、地表水、地下水、土壤等环境质量开展监测；其他排污单位根据实际情况确定是否开展周边环境质量影响监测。

5.1.3 关键工艺参数监测

在某些情况下，可以通过对与污染物产生和排放密切相关的关键工艺参数进行测试以补充污染物排放监测。

5.1.4 污染治理设施处理效果监测

若污染物排放标准等环境管理文件对污染治理设施有特别要求的，或排污单位认为有必要的，应对污染治理设施处理效果进行监测。

5.2 废气排放监测

5.2.1 有组织排放监测

5.2.1.1 确定主要污染源和主要排放口

符合以下条件的废气污染源为主要污染源：

a）单台出力 14 MW 或 20 t/h 及以上的各种燃料的锅炉和燃气轮机组；

b）重点行业的工业炉窑（水泥窑、炼焦炉、熔炼炉、焚烧炉、熔化炉、铁矿烧结炉、加热炉、热处理炉、石灰窑等）；

c）化工类生产工序的反应设备（化学反应器/塔、蒸馏/蒸发/萃取设备等）；

d）其他与上述所列相当的污染源。

符合以下条件的废气排放口为主要排放口：

a）主要污染源的废气排放口；

b）“排污许可证申请与核发技术规范”确定的主要排放口；

c）对于多个污染源共用一个排放口的，凡涉及主要污染源的排放口均为主要排放口。

5.2.1.2 监测点位

a）外排口监测点位：点位设置应满足 GB/T 16157、HJ 75 等技术规范的要求。净烟气与原烟气混合排放的，应在排气筒或烟气汇合后的混合烟道上设置监测点位；净烟气直接排放的，应在净烟气烟道上设置监测点位，有旁路的旁路烟道也应设置监测点位。

b）内部监测点位设置：当污染物排放标准中有污染物处理效果要求时，应在进入相应污染物处理设施单元的进出口设置监测点位。当环境管理文件有要求，或排污单位认为有必要的，可设置开展相应监测内容的内部监测点位。

5.2.1.3 监测指标

各外排口监测点位的监测指标应至少包括所执行的国家或地方污染物排放（控制）标准、环境影响评价文件及其批复、排污许可证等相关管理规定明确要求的污染物指标。排污单位还应根据生产过程的原辅用料、生产工艺、中间及最终产品，确定是否排放纳入相关有毒有害或优先控制污染物名录中的污染物指标，或其他有毒污染物指标，这些指标也应纳入监测指标。

对于主要排放口监测点位的监测指标，符合以下条件的为主要监测指标：

a）二氧化硫、氮氧化物、颗粒物（或烟尘/粉尘）、挥发性有机物中排放量较大的污染物指标；

b）能在环境或动植物体内积蓄对人类产生长远不良影响的有毒污染物指标（存在有毒有害或优先控制污染物相关名录的，以名录中的污染物指标为准）；

c）排污单位所在区域环境质量超标的污染物指标。

内部监测点位的监测指标根据点位设置的主要目的确定。

5.2.1.4 监测频次

a）确定监测频次的基本原则

排污单位应在满足本标准要求的基础上，遵循以下原则确定各监测点位不同监测指标的监测频次：

1）不应低于国家或地方发布的标准、规范性文件、规划、环境影响评价文件及其批复等明确规定的监测频次；

2）主要排放口的监测频次高于非主要排放口；

3）主要监测指标的监测频次高于其他监测指标；

4）排向敏感地区的应适当增加监测频次；

5）排放状况波动大的，应适当增加监测频次；

6）历史稳定达标状况较差的需增加监测频次，达标状况良好的可以适当降低监测频次；

7）监测成本应与排污企业自身能力相一致，尽量避免重复监测。

b）原则上，外排口监测点位最低监测频次按照表 1 执行。废气烟气参数和污染物浓度应同步监测。

表 1　废气监测指标的最低监测频次

排污单位级别	主要排放口		其他排放口的监测指标
	主要监测指标	其他监测指标	
重点排污单位	月—季度	半年—年	半年—年
非重点排污单位	半年—年	年	年

注：为最低监测频次的范围，分行业排污单位自行监测技术指南中依据此原则确定各监测指标的最低监测频次。

c）内部监测点位的监测频次根据该监测点位设置目的、结果评价的需要、补充监测结果的需要等进行确定。

5.2.1.5　监测技术

监测技术包括手工监测、自动监测两种，排污单位可根据监测成本、监测指标以及监测频次等内容，合理选择适当的监测技术。

对于相关管理规定要求采用自动监测的指标，应采用自动监测技术；对于监测频次高、自动监测技术成熟的监测指标，应优先选用自动监测技术；其他监测指标，可选用手工监测技术。

5.2.1.6　采样方法

废气手工采样方法的选择参照相关污染物排放标准及 GB/T 16157、HJ/T 397 等执行。废气自动监测参照 HJ/T 75、HJ/T 76 执行。

5.2.1.7　监测分析方法

监测分析方法的选用应充分考虑相关排放标准的规定、排污单位的排放特点、污染物排放浓度的高低、所采用监测分析方法的检出限和干扰等因素。

监测分析方法应优先选用所执行的排放标准中规定的方法。选用其他国家、行业标准方法的，方法的主要特性参数（包括检出下限、精密度、准确度、干扰消除等）需符合标准要求。尚无国家和行业标准分析方法的，或采用国家和行业标准方法不能得到合格测定数据的，可选用其他方法，但必须做方法验证和对比实验，证明该方法主要特性参数的可靠性。

5.2.2 无组织排放监测

5.2.2.1 监测点位

存在废气无组织排放源的，应设置无组织排放监测点位，具体要求按相关污染物排放标准及 HJ/T 55、HJ 733 等执行。

5.2.2.2 监测指标

按本标准 5.2.1.3 执行。

5.2.2.3 监测频次

钢铁、水泥、焦化、石油加工、有色金属冶炼、采矿业等无组织废气排放较重的污染源，无组织废气每季度至少开展一次监测；其他涉及无组织废气排放的污染源每年至少开展一次监测。

5.2.2.4 监测技术

按本标准 5.2.1.5 执行。

5.2.2.5 采样方法

参照相关污染物排放标准及 HJ/T 55、HJ 733 执行。

5.2.2.6 监测分析方法

按本标准 5.2.1.7 执行。

5.3 废水排放监测

5.3.1 监测点位

5.3.1.1 外排口监测点位

在污染物排放标准规定的监控位置设置监测点位。

5.3.1.2 内部监测点位

按本标准 5.2.1.2 b）执行。

5.3.2 监测指标

符合以下条件的为各废水外排口监测点位的主要监测指标：

a）化学需氧量、五日生化需氧量、氨氮、总磷、总氮、悬浮物、石油类中排放量较大的污染物指标；

b)污染物排放标准中规定的监控位置为车间或生产设施废水排放口的污染物指标，以及有毒有害或优先控制污染物相关名录中的污染物指标；

c）排污单位所在流域环境质量超标的污染物指标。

其他要求按本标准 5.2.1.3 执行。

5.3.3 监测频次

5.3.3.1 监测频次确定的基本原则

按本标准 5.2.1.4 a）执行。

5.3.3.2 原则上，外排口监测点位最低监测频次按照表 2 执行。各排放口废水流量和污染物浓度同步监测。

表 2 废水监测指标的最低监测频次

排污单位级别	主要监测指标	其他监测指标
重点排污单位	日—月	季度—半年
非重点排污单位	季度	年

注：为最低监测频次的范围，在行业排污单位自行监测技术指南中依据此原则确定各监测指标的最低监测频次。

5.3.3.3 内部监测点位监测频次

按本标准 5.2.1.4 c）执行。

5.3.4 监测技术

按本标准 5.2.1.5 执行。

5.3.5 采样方法

废水手工采样方法的选择参照相关污染物排放标准及 HJ/T 91、HJ/T 92、HJ 493、HJ 494、HJ 495 等执行，根据监测指标的特点确定采样方法为混合采样方法或瞬时采样的方法，单次监测采样频次按相关污染物排放标准和 HJ/T 91 执行。污水自动监测采样方法参照 HJ/T 353、HJ/T 354、HJ/T 355、HJ/T 356 执行。

5.3.6 监测分析方法

按本标准 5.2.1.7 执行。

5.4 厂界环境噪声监测

5.4.1 监测点位

5.4.1.1 厂界环境噪声的监测点位置具体要求按 GB 12348 执行。

5.4.1.2 噪声布点应遵循以下原则：

a）根据厂内主要噪声源距厂界位置布点；

b）根据厂界周围敏感目标布点；

c）“厂中厂”是否需要监测根据内部和外围排污单位协商确定；

d）面临海洋、大江、大河的厂界原则上不布点；

e）厂界紧邻交通干线不布点；

f）厂界紧邻另一排污单位的，在临近另一排污单位侧是否布点由排污单位协商确定。

5.4.2 监测频次

厂界环境噪声每季度至少开展一次监测，夜间生产的要监测夜间噪声。

5.5 周边环境质量影响监测

5.5.1 监测点位

排污单位厂界周边的土壤、地表水、地下水、大气等环境质量影响监测点位参照排污单位环境影响评价文件及其批复及其他环境管理要求设置。

如环境影响评价文件及其批复及其他文件中均未作出要求，排污单位需要开展周边环境质量影响监测的，环境质量影响监测点位设置的原则和方法参照 HJ 2.1、HJ 2.2、HJ/T 2.3、HJ 2.4、HJ 610 等规定。各类环境影响监测点位设置按照 HJ/T 91、HJ/T 164、HJ 442、HJ/T 194、HJ/T 166 等执行。

5.5.2 监测指标

周边环境质量影响监测点位监测指标参照排污单位环境影响评价文件及其批复等管理文件的要求执行，或根据排放的污染物对环境的影响确定。

5.5.3 监测频次

若环境影响评价文件及其批复等管理文件有明确要求的，排污单位周边环境质量监测频次按照要求执行。

否则，涉水重点排污单位地表水每年丰、平、枯水期至少各监测一次，涉气重点排污单位空气质量每半年至少监测一次，涉重金属、难降解类有机污染物等重点排污单位土壤、地下水每年至少监测一次。发生突发环境事故对周边环境质量造成明显影响的，或周边环境质量相关污染物超标的，应适当增加监测频次。

5.5.4 监测技术

按本标准 5.2.1.5 执行。

5.5.5 采样方法

周边水环境质量监测点采样方法参照 HJ/T 91、HJ/T 164、HJ 442 等执行。

周边大气环境质量监测点采样方法参照 HJ/T 194 等执行。

周边土壤环境质量监测点采样方法参照 HJ/T 166 等执行。

5.5.6 监测分析方法

按本标准 5.2.1.7 执行。

5.6 监测方案的描述

5.6.1 监测点位的描述

所有监测点位均应在监测方案中通过语言描述、图形示意等形式明确体现。描述内容包括监测点位的平面位置及污染物的排放去向等。废水监测点需明确其所在废水排放口、对应的废水处理工艺，废气排放监测点位需明确其在排放烟道的位置分布、对应的污染源及处理设施。

5.6.2 监测指标的描述

所有监测指标采用表格、语言描述等形式明确体现。监测指标应与监测点位相对应，监测指标内容包括每个监测点位应监测的指标名称、排放限值、排放限值的来源（如标准名称、编号）等。

国家或地方污染物排放（控制）标准、环境影响评价文件及其批复、排污许可证中的污染物，如排污单位确认未排放，监测方案中应明确注明。

5.6.3 监测频次的描述

监测频次应与监测点位、监测指标相对应，每个监测点位的每项监测指标的监测频次都应详细注明。

5.6.4 采样方法的描述

对每项监测指标都应注明其选用的采样方法。废水采集混合样品的，应注明混合样采样个数。废气非连续采样的，应注明每次采集的样品个数。废气颗粒物采样，应注明每个监测点位设置的采样孔和采样点个数。

5.6.5 监测分析方法的描述

对每项监测指标都应注明其选用的监测分析方法名称、来源依据、检出限等内容。

5.7 监测方案的变更

当有以下情况发生时，应变更监测方案：

a）执行的排放标准发生变化；

b）排放口位置、监测点位、监测指标、监测频次、监测技术任一项内容发生变化；

c）污染源、生产工艺或处理设施发生变化。

6 监测质量保证与质量控制

排污单位应建立并实施质量保证与控制措施方案，以自证自行监测数据的质量。

6.1 建立质量体系

排污单位应根据本单位自行监测的工作需求，设置监测机构，梳理监测方案制定、样品采集、样品分析、监测结果报出、样品留存、相关记录的保存等监测的各个环节中，为保证监测工作质量应制定的工作流程、管理措施与监督措施，建立自行监测质量体系。

质量体系应包括对以下内容的具体描述：监测机构，人员，出具监测数据所需仪器设备，监测辅助设施和实验室环境，监测方法技术能力验证，监测活动质量控制与质量保证等。

委托其他有资质的检（监）测机构代其开展自行监测的，排污单位不用建立监测质量体系，但应对检（监）测机构的资质进行确认。

6.2 监测机构

监测机构应具有与监测任务相适应的技术人员、仪器设备和实验室环境，明确监测人员和管理人员的职责、权限和相互关系，有适当的措施和程序保证监测结果准确可靠。

6.3 监测人员

应配备数量充足、技术水平满足工作要求的技术人员，规范监测人员录用、培训教育和能力确认/考核等活动，建立人员档案，并对监测人员实施监督和管理，规避人员因素对监测数据正确性和可靠性的影响。

6.4 监测设施和环境

根据仪器使用说明书、监测方法和规范等的要求，配备必要的如除湿机、空调、干湿度温度计等辅助设施，以使监测工作场所条件得到有效控制。

6.5 监测仪器设备和实验试剂

应配备数量充足、技术指标符合相关监测方法要求的各类监测仪器设备、标准物质和实验试剂。

监测仪器性能应符合相应方法标准或技术规范要求，根据仪器性能实施自校准或者检定/校准、运行和维护、定期检查。

标准物质、试剂、耗材的购买和使用情况应建立台账予以记录。

6.6 监测方法技术能力验证

应组织监测人员按照其所承担监测指标的方法步骤开展实验活动，测试方法的检出浓度、校准（工作）曲线的相关性、精密度和准确度等指标，实验结果满足方法相应的规定以后，方可确认该人员实际操作技能满足工作需求，能够承担测试工作。

6.7 监测质量控制

编制监测工作质量控制计划，选择与监测活动类型和工作量相适应的质控方法，包括使用标准物质、采用空白试验、平行样测定、加标回收率测定等，定期进行质控数据分析。

6.8 监测质量保证

按照监测方法和技术规范的要求开展监测活动，若存在相关标准规定不明确但又影响监测数据质量的活动，可编写《作业指导书》予以明确。

编制工作流程等相关技术规定，规定任务下达和实施，分析用仪器设备购买、验收、维护和维修，监测结果的审核签发、监测结果录入发布等工作的责任人和完成时限，确保监测各环节无缝衔接。

设计记录表格，对监测过程的关键信息予以记录并存档。

定期对自行监测工作开展的时效性、自行监测数据的代表性和准确性、管理部门检查结论和公众对自行监测数据的反馈等情况进行评估，识别自行监测存在的问题，及时采取纠正措施。管理部门执法监测与排污单位自行监测数据不一致的，以管理部门执法监测结果为准，作为判断污染物排放是否达标、自动监测设施是否正常运行的依据。

7 信息记录和报告

7.1 信息记录

7.1.1 手工监测的记录

7.1.1.1 采样记录：采样日期、采样时间、采样点位、混合取样的样品数量、采样器名称、采样人姓名等。

7.1.1.2 样品保存和交接：样品保存方式、样品传输交接记录。

7.1.1.3 样品分析记录：分析日期、样品处理方式、分析方法、质控措施、分析结果、分析人姓名等。

7.1.1.4 质控记录：质控结果报告单。

7.1.2 自动监测运维记录

包括自动监测系统运行状况、系统辅助设备运行状况、系统校准、校验工作等；仪器说明书及相关标准规范中规定的其他检查项目；校准、维护保养、维修记录等。

7.1.3 生产和污染治理设施运行状况

记录监测期间企业及各主要生产设施（至少涵盖废气主要污染源相关生产设施）运行状况（包括停机、启动情况）、产品产量、主要原辅料使用量、取水量、主要燃料消耗量、燃料主要成分、污染治理设施主要运行状态参数、污染治理主要药剂消耗情况等。日常生产中上述信息也需整理成台账保存备查。

7.1.4 固体废物（危险废物）产生与处理状况

记录监测期间各类固体废物和危险废物的产生量、综合利用量、处置量、贮存量、倾倒丢弃量，危险废物还应详细记录其具体去向。

7.2 信息报告

排污单位应编写自行监测年度报告，年度报告至少应包含以下内容：

a）监测方案的调整变化情况及变更原因；

b）企业及各主要生产设施（至少涵盖废气主要污染源相关生产设施）全年运行天数，各监测点、各监测指标全年监测次数、超标情况、浓度分布情况；

c）按要求开展的周边环境质量影响状况监测结果；

d）自行监测开展的其他情况说明；

e）排污单位实现达标排放所采取的主要措施。

7.3 应急报告

监测结果出现超标的，排污单位应加密监测，并检查超标原因。短期内无法实现稳定达标排放的，应向环境保护主管部门提交事故分析报告，说明事故发生的原因，采取减轻或防止污染的措施，以及今后的预防及改进措施等；若因发生事故或者其他突发事件，排放的污水可能危及城镇排水与污水处理设施安全运行的，应当立即采取措施消除危害，并及时向城镇排水主管部门和环境保护主管部门等有关部门报告。

7.4 信息公开

排污单位自行监测信息公开内容及方式按照《企业事业单位环境信息公开办法》（环境保护令 第 31 号）及《国家重点监控企业自行监测及信息公开办法（试行）》（环发〔2013〕81 号）执行。非重点排污单位的信息公开要求由地方环境保护主管部门确定。

8 监测管理

排污单位对其自行监测结果及信息公开内容的真实性、准确性、完整性负责。

排污单位应积极配合并接受环境保护行政主管部门的日常监督管理。

附录 2

排污单位自行监测技术指南　火力发电及锅炉

（HJ 820—2017）

前言

为落实《中华人民共和国环境保护法》《中华人民共和国大气污染防治法》《中华人民共和国水污染防治法》，指导和规范火力发电厂及锅炉自行监测工作，制定本标准。

本标准提出了火力发电厂及锅炉自行监测的一般要求、监测方案制定、信息记录和报告的基本内容和要求。

本标准为首次发布。

本标准由环境保护部环境监测司、科技标准司提出并组织制订。

本标准主要起草单位：中国环境监测总站、江苏省环境监测中心。

本标准环境保护部 2017 年 4 月 25 日批准。

本标准自 2018 年 6 月 1 日起实施。

本标准由环境保护部解释。

1　适用范围

本标准提出了火力发电厂及锅炉自行监测的一般要求、监测方案制定、信息记录和报告的基本内容和要求。

本标准适用于独立火力发电厂和企业自备火力发电机组（厂）的自行监测，及排污单位对锅炉的监测；不适用于以生活垃圾、危险废物为燃料的火电厂和锅炉。

排污单位可参照本标准在生产运行阶段对其排放的水、气污染物，噪声以及对周边环境质量影响开展监测。

2 规范性引用文件

本标准引用了下列文件或其中的条款。凡是未注明日期的引用文件，其最新版本适用于本标准。

GB 13223 火电厂大气污染物排放标准

GB 13271 锅炉大气污染物排放标准

HJ/T 164 地下水环境监测技术规范

HJ 819 排污单位自行监测技术指南 总则

3 术语和定义

GB 13223、GB 13271 界定的以及下列术语和定义适用于本标准。

3.1 火力发电厂 thermal power plant

燃烧固体、液体、气体燃料的发电厂。

3.2 自备火力发电机组（厂） captive power plant

指企业以满足自身生产、办公以及生活的电力需要为主建设的火力发电机组（厂）。

3.3 锅炉 boiler

是利用燃料燃烧释放的热能或其他热能加热热水或其他工质，以生产规定参数（温度、压力）和品质的蒸汽、热水和其他工质的设备。

4 自行监测的一般要求

排污单位应查清本单位的污染源、污染物指标及潜在的环境影响，制定监测方案，设置和维护监测设施，按照监测方案开展自行监测，做好质量保证和质量控制，记录和保存监测数据，依法向社会公开监测结果。

5 监测方案制定

5.1 废气排放监测

5.1.1 有组织废气排放监测点位、指标和频次

5.1.1.1 监测点位

净烟气与原烟气混合排放的，应在锅炉或燃气轮机（内燃机）排气筒，或烟气汇合后的混合烟道上设置监测点位；净烟气直接排放的，应在净烟气烟道上设置监测点位，有旁路的旁路烟道也应设置监测点位。

5.1.1.2 锅炉或燃气轮机排气筒等监测点位的监测指标及最低监测频次按表 1 执行。

表 1 有组织废气监测指标最低监测频次

燃料类型	锅炉或燃气轮机规模	监测指标	监测频次
燃煤	14 MW 或 20 t/h 及以上	颗粒物、二氧化硫、氮氧化物	自动监测
		汞及其化合物[1]、氨[2]、林格曼黑度	季度
	14 MW 或 20 t/h 以下	颗粒物、二氧化硫、氮氧化物、林格曼黑度、汞及其化合物	月
燃油	14 MW 或 20 t/h 及以上	颗粒物、二氧化硫、氮氧化物	自动监测
		氨[2]、林格曼黑度	季度
	14 MW 或 20 t/h 以下	颗粒物、二氧化硫、氮氧化物、林格曼黑度	月
燃气[3]	14 MW 或 20 t/h 及以上	氮氧化物	自动监测
		颗粒物、二氧化硫、氨[2]、林格曼黑度	季度
	14 MW 或 20 t/h 以下	氮氧化物	月
		颗粒物、二氧化硫、林格曼黑度	年

注：1. 煤种改变时，需对汞及其化合物增加监测频次。
2. 使用液氨等含氨物质作为还原剂，去除烟气中氮氧化物的，可以选测。
3. 仅限于以净化天然气为燃料的锅炉或燃气轮机组，其他气体燃料的锅炉或燃气轮机组参照以油为燃料的锅炉或燃气轮机组。
4. 型煤、水煤浆、煤矸石锅炉参照燃煤锅炉；油页岩、石油焦、生物质锅炉或燃气轮机组参照以油为燃料的锅炉或燃气轮机组。
5. 多种燃料掺烧的锅炉或燃气轮机应执行最严格的监测频次。
6. 排气筒废气监测应同步监测烟气参数。

5.1.2 无组织废气排放监测点位、指标和频次

无组织排放监测点位设置、监测指标及监测频次按表 2 执行。

表 2　无组织废气监测指标最低监测频次

燃料类型	监测点位	监测指标	监测频次
煤、煤矸石、石油焦、油页岩、生物质	厂界	颗粒物[1]	季度
油	储油罐周边及厂界	非甲烷总烃	季度
所有燃料	氨罐区周边	氨[2]	季度

注：1. 未封闭堆场需增加监测频次。周边无敏感点的，可适当降低监测频次。

2. 适用于使用液氨或氨水作为还原剂的企业。

5.2　废水排放监测

废水排放监测的监测点位、监测指标、监测频次按表 3 执行。

表 3　废水监测指标最低监测频次

锅炉或燃气轮机规模	燃料类型	监测点位	监测指标	监测频次
涉单台 14 MW 或 20 t/h 及以上锅炉或燃气轮机的排污单位	燃煤	企业废水总排放口	pH、化学需氧量、氨氮、悬浮物、总磷[1]、石油类、氟化物、硫化物、挥发酚、溶解性总固体（全盐量）、流量	月
		脱硫废水排放口	pH、总砷、总铅、总汞、总镉、流量	月
	燃气	企业废水总排放口	pH、化学需氧量、氨氮、悬浮物、总磷[1]、溶解性总固体（全盐量）、流量	季度
	燃油	企业废水总排放口	pH、化学需氧量、氨氮、悬浮物、总磷[1]、石油类、硫化物、溶解性总固体（全盐量）、流量	月
		脱硫废水排放口	pH、总砷、总铅、总汞、总镉、流量	月
	所有	循环冷却水排放口	pH、化学需氧量、总磷、流量	季度
	所有	直流冷却水排放口	水温、流量	日
			总余氯	冬、夏各监测 1 次
仅涉单台 14MW 或 20 t/h 以下锅炉的排污单位	所有	企业废水总排放口	pH、化学需氧量、氨氮、悬浮物、流量	年

注：1. 生活污水若不排入总排口，可不测总磷。

2. 除脱硫废水外，废水与其他工业废水混合排放的，参照相关工业行业监测要求执行；脱硫废水不外排的，监测频次可按季度执行。

5.3 厂界环境噪声监测

厂界环境噪声监测点位设置应遵循 HJ 819 中的原则，主要考虑表 4 噪声源在厂区内的分布情况。

表 4 厂界环境噪声布点应关注的噪声排放源

序号	燃料和热能转化设施类型	噪声排放源	
		主设备	辅助设备
1	燃煤锅炉	发电机、蒸汽轮机	引风机、冷却塔、脱硫塔、给水泵、灰渣泵房、碎煤机房、循环泵房等
2	以气体为燃料的锅炉或燃气轮机组	燃气轮机（内燃机）	冷却塔、压气机等
3	以油为燃料的锅炉或燃气轮机组	汽轮机、发电机	空压机、风机、水泵等

厂界环境噪声每季度至少开展一次昼夜监测，监测指标为等效 A 声级。周边有敏感点的，应提高监测频次。

5.4 周边环境质量影响监测

5.4.1 环境影响评价文件及其批复及其他环境管理政策有明确要求的，按要求执行。

5.4.2 无明确要求的，燃煤火电厂的灰（渣）场的排污单位，若企业认为有必要的，应按照 HJ/T 164 规定设置地下水监测点位。监测指标为 pH、化学需氧量、硫化物、氟化物、石油类、总硬度、总汞、总砷、总铅、总镉等，监测频次为每年至少一次。

5.5 其他要求

5.5.1 除表 1～表 3 中的污染物指标外，5.5.1.1 和 5.5.1.2 中的污染物指标也应纳入监测指标范围，并参照表 1～表 3 和 HJ 819 确定监测频次：

5.5.1.1 排污许可证、所执行的污染物排放（控制）标准、环境影响评价文件及其批复、相关管理规定明确要求的污染物指标。

5.5.1.2 排污单位根据生产过程的原辅用料、生产工艺、中间及最终产品类型、监测结果确定实际排放的，在相关有毒有害或优先控制污染物名录中的污染物指标，或其他有毒污染物指标。

5.5.2 各指标的监测频次在满足本标准的基础上，可根据 HJ 819 中的确定原则提高监测频次。

5.5.3 采样方法、监测分析方法、监测质量保证与质量控制等按照 HJ 819 执行。

5.5.4 监测方案的描述、变更按照 HJ 819 执行。

6 信息记录和报告

6.1 信息记录

6.1.1 监测信息记录

手工监测记录和自动监测运维记录按照 HJ 819 执行。

6.1.2 生产和污染治理设施运行状况记录要求

6.1.2.1 生产运行情况

燃煤机组：按照发电机组记录每日的运行小时、用煤量、实际发电量、实际供热量、产灰量、产渣量。

燃气机组：按照燃气机组记录每日的运行小时、用气量、实际发电量、实际供热量。

燃油机组：按照发电机组记录每日的运行小时、用油量、实际发电量、实际供热量。

及时记录锅炉或燃气轮机停机、启动情况。

6.1.2.2 燃料分析结果

燃煤锅炉应每日记录煤质分析，包括收到基灰分、含硫量、挥发分和低位发热量等；燃气锅炉应每日记录天然气成分分析；燃油锅炉应每日记录油品品质分析，包括含硫量等；其他燃料的锅炉应每日记录燃料成分。

6.1.2.3 废气处理设施运行情况

应记录脱硫、脱硝、除尘设备的工艺、投运时间等基本情况。

按日记录脱硫剂使用量、脱硝还原剂使用量、脱硫副产物产生量、粉煤灰产生量等。

记录脱硫、脱硝、除尘设施运行、故障及维护情况、布袋除尘器清灰周期及换袋情况等。

6.1.3 工业固体废物记录要求

记录一般工业固体废物和危险废物的产生量、综合利用量、处置量、贮存量，危险废物还应详细记录其具体去向。

一般工业固体废物包括灰渣、脱硫石膏、袋式（电袋）除尘器产生的破旧布袋等。

危险废物包括催化还原脱硝工艺产生的废烟气脱硝催化剂（钒钛系），其他工艺可能产生的危险废物按照《国家危险废物名录》或国家规定的危险废物鉴别标准和鉴别方法认定。

6.2 信息报告、应急报告、信息公开

按照 HJ 819 执行。

7 其他

本标准规定的内容外，按照 HJ 819 执行。

附录 3

自行监测质量控制相关模板和样表

附录 3-1　检测工作程序（样式）

1　目的

对检测任务的下达、检测方案的制定、采样器皿和试剂的准备，样品采集和现场检测，实验室内样品分析，以及测试原始积累的填写等各个环节实施有效的质量控制，保证检测结果的代表性、准确性。

2　适用范围

适用于本单位实施的检测工作。

3　职责

①×××负责下达检测任务。

②×××负责根据检测目的、排放标准、相关技术规范和管理要求制定检测方案（某些企业的检测方案是环保部门发放许可证时已经完成技术审查的，在一定时间段内执行即可，不必在每一次检测任务均制定检测方案）。

③×××负责实施需现场检测的项目，×××采集样品并记录采集样品的时间、地点、状态等参数，并做好样品的标识，×××负责样品流转过程中的质量控制，负责将样品移交给样品接收人员。

④×××负责接收送检样品，在接收送检样品时，对样品的完整性和对应检

测要求的适宜性进行验收，并将样品分发到相应分析任务承担人员（如果没有“集中接样后，再由接样人员分发样品到分析人员”的制度设计，这一步骤可以省略）。

⑤×××负责本人承担项目样品的接收、保管和分析。

4 工作程序

4.1 方案制定

×××负责根据检测目的、排放标准、相关技术规范和环境管理要求，制定检测方案，明确检测内容、频次，各任务执行人，使用的检测方法、采用的检测仪器，以及采取的质控措施。经×××审核、×××批准后实施该检测方案。

4.2 现场检测和样品采集

×××采样人员根据检测方案要求，按国家有关的标准、规范到现场进行现场检测和样品采集，记录现场检测结果相关的信息，以及生产工况。样品采集后，按规定建立样品的唯一标识，填写采样过程质保单和采样记录。必要时，受检部门有关人员应在采样原始记录上签字认可。

4.3 样品的流转

采样人员送检样品时，由接样人员认真检查样品表观、编号、采样量等信息是否与采样记录相符合，确认样品量是否能满足检测项目要求，采样人员和接样人员双方签字认可（如果没有“集中接样后，再由接样人员分发样品到分析人员”的制度设计，这一步骤可以省略）。

分析人员在接收样品时，应认真查看和验收样品表观、编号、采样量等信息是否与采样记录相符合，并核实样品交接记录，分析人员确认无误后在样品交接单签字。

4.4 样品的管理

样品应妥善存放在专用且适宜的样品保存场所，分析人员应准确标识样品所处的实验状态，用“待测”“在测”和“测毕”标签加以区别。

分析人员在分析前如发现样品异常或对样品有任何疑问时，应立即查找原因，待符合分析要求后，再进行分析。

对要求在特定环境下保存的样品，分析人员应严格控制环境条件，按要求保存，保证样品在存放过程中不变质、不损坏。若发现样品在保存过程中出现异常情况，应及时向质量负责人汇报，查明原因及时采取措施。

4.5 样品的分析

分析人员按检测任务分工安排，严格按照方案中规定的方法标准/规范分析样品，及时填写分析原始记录、测试环境监控记录、仪器使用记录等相关记录并签字。

4.6 样品的处置

除特殊情况需留存的样品外，检测后的余样应送污水处理站进行处理。

5 相关程序文件

《异常情况处理程序》

6 相关记录表格

《废水采样原始记录表》

《废气检测原始记录表》

《内部样品交接单》

《样品留存记录表》

《pH 分析原始记录表》

《颗粒物监测原始记录》

《烟气黑度测试记录表》

《现场监测质控审核记录》

《废水流量监测记录（流速仪法）》

附录 3-2 ××××（单位名称）废（污）水采样原始记录表

××（检）字【　　　】第　　　号　　　　　　　共　　页，第　　页

采样时间	排污口编号	样品编号	水温/℃	pH	流量（m^3/h）	流量（m^3/d）	监测项目	废（污）水表观描述	废（污）水主要来源	排放规律（以流速变化判断）
时　分										1. 连续稳定 2. 连续不稳定 3. 间断稳定 4. 间断不稳定
时　分										
时　分										
时　分										
时　分										
时　分										
时　分										
时　分										
时　分										

<table>
<tr><td rowspan="4">治理设施运行情况</td><td colspan="3">治理设施类型及名称</td><td colspan="4"></td><td>新鲜用水量（t/d）</td><td></td></tr>
<tr><td rowspan="2">处理量/（t/d）</td><td>设计</td><td></td><td>建设日期</td><td></td><td>COD 设计去除率</td><td></td><td>回用水量/（t/d）</td><td></td></tr>
<tr><td>实际</td><td></td><td>处理规律</td><td></td><td>氨氮设计去除率</td><td></td><td>生产负荷</td><td></td></tr>
<tr><td>主要原料</td><td colspan="3"></td><td>主要产品</td><td colspan="4"></td></tr>
<tr><td>备注</td><td colspan="9">表观描述应包括颜色、气味、悬浮物含量情况等信息。回用水量不含设施循环水部分。</td></tr>
</table>

检测人员：　　　　　校对：　　　　　审核：　　　　　检测日期：　年　月　日

附录 3-3　××××（单位名称）内部样品交接单

××（检）字【　　　】第　　　号　　　　　　　　　　　　第　　页，共　　页

送样人		采样时间		接样人		接样时间	
样品名称及编号	样品类型	样品表观	样品数量	监测项目		质保措施	分析人员签字
备注	平行样品分析项目及编号： 加标样品分析项目及编号：						

填写人员：　　　　校对：　　　　审核：　　　　日期：　年　月　日

附录 3-4 重量法分析原始记录表

××环（监）【　　　】第　　　号　　　　　　　　　　第　页，共　页

<table>
<tr><td rowspan="2">分析项目</td><td rowspan="2"></td><td colspan="2">仪器名称型号</td><td colspan="2"></td><td>方法名称</td><td colspan="2"></td><td>送样日期</td><td></td><td rowspan="2">环境条件</td><td>室温/℃</td><td></td></tr>
<tr><td colspan="2">仪器编号</td><td colspan="2"></td><td>方法依据</td><td colspan="2"></td><td>分析日期</td><td></td><td>湿度/%</td><td></td></tr>
<tr><td>烘干/灼烧温度/℃</td><td colspan="3"></td><td colspan="2">烘干/灼烧时间/h</td><td colspan="3"></td><td>恒重温度/℃</td><td></td><td>恒重时间/h</td><td colspan="2"></td></tr>
<tr><td rowspan="2">样品名称及编号</td><td rowspan="2">器皿编号</td><td rowspan="2">取样量（ ）</td><td colspan="3">初重/g</td><td colspan="3">终重/g</td><td>样重/g</td><td rowspan="2">计算结果（ ）</td><td rowspan="2">报出结果（ ）</td><td rowspan="2" colspan="2">备 注</td></tr>
<tr><td>W_1</td><td>W_2</td><td>$W_{均}$</td><td>W_1</td><td>W_2</td><td>$W_{均}$</td><td>ΔW</td></tr>
<tr><td></td><td></td><td></td><td></td><td></td><td></td><td></td><td></td><td></td><td></td><td></td><td></td><td rowspan="8" colspan="2"></td></tr>
<tr><td></td><td></td><td></td><td></td><td></td><td></td><td></td><td></td><td></td><td></td><td></td><td></td></tr>
<tr><td></td><td></td><td></td><td></td><td></td><td></td><td></td><td></td><td></td><td></td><td></td><td></td></tr>
<tr><td></td><td></td><td></td><td></td><td></td><td></td><td></td><td></td><td></td><td></td><td></td><td></td></tr>
<tr><td></td><td></td><td></td><td></td><td></td><td></td><td></td><td></td><td></td><td></td><td></td><td></td></tr>
<tr><td></td><td></td><td></td><td></td><td></td><td></td><td></td><td></td><td></td><td></td><td></td><td></td></tr>
<tr><td></td><td></td><td></td><td></td><td></td><td></td><td></td><td></td><td></td><td></td><td></td><td></td></tr>
<tr><td></td><td></td><td></td><td></td><td></td><td></td><td></td><td></td><td></td><td></td><td></td><td></td></tr>
</table>

分析：　　　　　校对：　　　　　审核：　　　　　报告日期：　年　月　日

附录 3-5　原子吸收分光光度法原始记录表

××环（检）字【　　　　】第　　　　号　　　　　　　　　　　第　　页，共　　页

测定项目		方法名称			送样日期		环境条件	温度/℃	
仪器名称、型号		方法依据			分析日期			湿度/%	
仪器编号		波长/nm		狭缝/nm		灯电流/mA		火焰条件	
标准曲线	浓度系列/（mg/L）								
	吸光度（A_i）								
	$A_i-A_{0均值}$	$A_{0均值}$=							
	回归方程	$r=$		$a=$		$b=$			$y=bx+a$
样品前处理									

样品名称及编号	稀释方法	取样体积/mL	查曲线值/（mg/L）	计算结果/（mg/L）	报出结果/（mg/L）	备注

分析：　　　　　　　校对：　　　　　　审核：　　　　　　　报告日期：　　年　　月　　日

附录 3-6 容量法原始记录表

××（检）字【　　　　】第　　　　号　　　　　　　　　　　　　第　　页，共　　页

分析项目		接样时间		分析时间	
分析方法			方法依据		
标液名称		标液浓度		滴定管规格及编号	

样品前处理情况

样品名称及编号	稀释方法	取样量/mL	消耗标准溶液体积/mL	计算结果/（mg/L）	报出结果/（mg/L）	备注

分析：　　　　　　校对：　　　　　　审核：　　　　　　报告日期：　　年　　月　　日

附录 3-7　pH 分析原始记录表

××(检)字【　　　】第　　　　号　　　　　　　　　　　　　　　　　　第　　页,共　　页

采样日期		分析日期	
分析方法		仪器名称型号	
方法依据		仪器编号	

标准缓冲溶液温度/℃		标准缓冲溶液定位值Ⅰ		标准缓冲溶液定位值Ⅱ		标准缓冲溶液定位值Ⅲ	

样品名称及编号	水温/℃	pH	备注

分析：　　　　　　　　校对：　　　　　　审核：　　　　　　　报告日期：　　年　　月　　日

附录 3-8　标准溶液配制及标定记录表

××环（检）字【　　　　】第　　　　号　　　　　　　　　　　　第　　页，共　　页

<table>
<tr><td rowspan="8">基准试剂恒重</td><td>基准试剂</td><td colspan="3"></td><td>恒重日期</td><td colspan="2">年　月　日</td></tr>
<tr><td>烘箱名称型号</td><td colspan="3"></td><td>烘箱编号</td><td colspan="2"></td></tr>
<tr><td>天平名称型号</td><td colspan="3"></td><td>天平编号</td><td colspan="2"></td></tr>
<tr><td>干燥次数</td><td colspan="2">第一次</td><td>第二次</td><td colspan="2">第三次</td><td>第四次</td></tr>
<tr><td>干燥温度/℃</td><td colspan="2"></td><td></td><td colspan="2"></td><td></td></tr>
<tr><td>干燥时间/h</td><td colspan="2"></td><td></td><td colspan="2"></td><td></td></tr>
<tr><td>总量/g</td><td colspan="2"></td><td></td><td colspan="2"></td><td></td></tr>
<tr><td colspan="7"></td></tr>
<tr><td rowspan="7">基准溶液配制</td><td>基准试剂</td><td colspan="3"></td><td>配制日期</td><td colspan="2">年　月　日</td></tr>
<tr><td>样品编号</td><td colspan="2">1#</td><td>2#</td><td colspan="2">3#</td><td>4#</td></tr>
<tr><td>$W_{始}$/g</td><td colspan="2"></td><td></td><td colspan="2"></td><td></td></tr>
<tr><td>$W_{末}$/g</td><td colspan="2"></td><td></td><td colspan="2"></td><td></td></tr>
<tr><td>$W_{净}$/g</td><td colspan="2"></td><td></td><td colspan="2"></td><td></td></tr>
<tr><td>定容体积 $V_{定}$/mL</td><td colspan="2"></td><td></td><td colspan="2"></td><td></td></tr>
<tr><td>配制浓度 $C_{基}$/（mol/L）</td><td colspan="2"></td><td></td><td colspan="2"></td><td></td></tr>
<tr><td rowspan="7">标准溶液标定</td><td>待标溶液</td><td colspan="2">滴定管规格及编号</td><td></td><td colspan="2">标定日期</td><td></td></tr>
<tr><td>标定编号</td><td>空白 1</td><td>空白 2</td><td>1#</td><td>2#</td><td>3#</td><td>4#</td></tr>
<tr><td>基准溶液体积 $V_{基}$/mL</td><td></td><td></td><td></td><td></td><td></td><td></td></tr>
<tr><td>标准溶液消耗体积 $V_{标}$/mL</td><td></td><td></td><td></td><td></td><td></td><td></td></tr>
<tr><td>计算浓度 $C_{标}$/（mol/L）</td><td></td><td></td><td></td><td></td><td></td><td></td></tr>
<tr><td>平均浓度 $C_{标}$/（mol/L）</td><td colspan="6"></td></tr>
<tr><td>相对偏差/%</td><td colspan="6"></td></tr>
<tr><td colspan="4">基准溶液浓度计算：
$C_{基}$（mol/L）= 1 000×$W_{净}/M/V_{定}$
注：M——基准试剂摩尔质量。</td><td colspan="4">标准溶液浓度计算：
$C_{标}$（mol/L）= $C_{基}×V_{基}/V_{标}$
或　$C_{标}$（mol/L）= 1 000×$W_{净}/M/V_{定}$</td></tr>
<tr><td>备注</td><td colspan="7"></td></tr>
</table>

分析：　　　　　　　校对：　　　　　　审核：　　　　　　　报告日期：　　年　　月　　日

附录 3-9 作业指导书样例

（氮氧化物化学发光测试仪作业指导书）

1 概述

1.1 适用范围

本作业指导书适用于化学发光法测试仪测定固定源排气中氮氧化物。

1.2 方法依据

本方法依据《固定污染源排气中颗粒物测定与气态污染物采样方法》（GB/T 16157—1996）、《固定源废气监测技术规范》（HJ/T 397—2007）以及 USEPA Method 7E。

1.3 方法原理及操作概要

试样气体中的一氧化氮（NO）与臭氧（O_3）反应，变成二氧化氮（NO_2）。NO_2 变为激发态（NO_2^*）后在进入基态时会放射光，这一现象就是化学发光。

$$NO+O_3 \rightarrow NO_2^*+O_2$$

$$NO_2^* \rightarrow NO_2+h\nu$$

这一反应非常快且只有 NO 参与，几乎不受其他共存气体的影响。NO 为低浓度时，发光光量与浓度成正比。

2 测试仪器

便携式氮氧化物化学发光法测试仪。

3 测试步骤

3.1 接通电源开关，让测试仪预热。

3.2 设置当次测试的日期及时间。

3.3 预热结束后，将量程设置为实际使用的量程，并进行校正。

从菜单中选择“校正”。进入校正画面后，自动切换成 NO 管路（不通过 NO_x 转换器的管路）。

3.3.1 量程气体浓度设置

①按下后，设置量程气体浓度。

②根据所使用的量程气体，变更浓度设置。

③设置量程气体钢瓶的浓度，按下“Enter”键。

④按下“back”键，决定变更内容后，返回到校正画面。

3.3.2 零点校正（校正时请先执行零点校正）

①选择校正管路。进行零点校正的组分在校正类别中选择“zero”。

②流入 N_2 气体后，等待稳定。

③指示值稳定后按下。

④按下“是”进行校正。完成零点校正。

3.3.3 量程校正

①首先，为了进行 NO 的量程校正，NO 以外选择“—”，只有 NO 选择“span”。

②校正类别中选择“span”的组分会显示窗口，用于确认校正量程和量程气体浓度。确认内容后，按下“OK”返回到校正画面。

③流入 CO 气体后，等待稳定。

④指示值稳定后按下。

⑤按下“是”进行校正。

3.4 完成所有的校正后，按下返回到菜单画面、测量画面。

3.5 从测量画面按下每个组分的量程按钮，按组分设置测量浓度的量程。每个组分的测量值/换算值/滑动平均值/累计值量程及校正量程是通用的。变更任何一个值的量程，其他值的量程也会跟着变更。模拟输出的满刻度值也会同时变更。

3.5.1 选择想要变更的组分的量程。

3.5.2 选择想要变更的量程，按下“OK”决定。

3.6 测试过程数据记录保存

3.6.1 将有足够剩余空间且未 LOCK 的 SD 卡插入分析仪正面的 SD 卡插槽中。

3.6.2 从菜单 2/5 中选择“数据记录”。

3.6.3 选择“记录间隔”。

3.6.4 按下前进、后退键选择记录间隔，再按下“OK”决定。

3.6.5 选择保存文件夹。

3.6.6 选择保存文件夹后，按下。

3.6.7 确认开始记录时，按下“是”开始。

如果开始记录，记录状态就会从记录停止中变为记录中，同时 MEM LED 会亮黄灯。

3.6.8 停止记录时，再次按下。确认停止记录时，按下“是”停止记录。

3.6.9 记录状态会再次从记录中变为记录停止中，同时 MEM LED 会熄灭。

4 测试结束

4.1 通过采样探头等吸入大气至读数降回到零点附近。

4.2 从菜单中选择测量结束。

4.3 按下“是”结束处理。

4.4 完成测量结束处理，显示关闭电源的信息后，请关闭电源开关。

附录 4

自行监测相关标准规范

附录 4-1 污染物排放标准

标准类型	序号	排放标准名称及编号
废水	1	《火电厂大气污染物排放标准》（GB 13223—2011）
	2	《锅炉大气污染物排放标准》（GB 13271—2014）
	3	《污水综合排放标准》（GB 8978—1996）
废气	1	《锅炉大气污染物排放标准》（GB 13271—2014）
	2	《火电厂大气污染物排放标准》（GB 13223—2011）
	3	《大气污染物综合排放标准》（GB 16297—1996）
	4	《恶臭污染物排放标准》（GB 14554—1993）
标准统计截至 2021 年 8 月。		

附录 4-2 相关监测技术规范标准

分类	标准号	标准名称
废气监测技术规范类	GB/T 16157—1996	《固定污染源排气中颗粒物测定与气态污染物采样方法》
	HJ/T 55—2000	《大气污染物无组织排放监测技术导则》
	HJ 75—2017	《固定污染源烟气（SO_2、NO_x、颗粒物）排放连续监测技术规范》
	HJ 76—2017	《固定污染源烟气（SO_2、NO_x、颗粒物）排放连续监测系统技术要求及检测方法》
	HJ/T 397—2007	《固定源废气监测技术规范》
废水监测技术规范类	HJ/T 91—2002	《地表水和污水监测技术规范》
	HJ/T 92—2002	《水污染物排放总量监测技术规范》
	HJ/T 353—2019	《水污染源在线监测系统（COD_{Cr}、NH_3-N 等）安装技术规范》
	HJ/T 354—2019	《水污染源在线监测系统（COD_{Cr}、NH_3-N 等）验收技术规范》

分类	标准号	标准名称
废水监测技术规范类	HJ/T 355—2019	《水污染源在线监测系统（COD_{Cr}、NH_3-N 等）运行技术规范》
	HJ/T 356—2019	《水污染源在线监测系统（COD_{Cr}、NH_3-N 等）数据有效性判别技术规范》
	HJ 493—2009	《水质　样品的保存和管理技术规定》
	HJ 494—2009	《水质　采样技术指导》
	HJ 495—2009	《水质　采样方案设计技术规定》
	HJ/T 377—2007	《环境保护产品技术要求　化学需氧量（COD_{Cr}）水质在线自动监测仪》
	HJ/T 101—2003	《氨氮水质自动分析仪技术要求》
	HJ/T 102—2003	《总氮水质自动分析仪技术要求》
	HJ/T 103—2003	《总磷水质自动分析仪技术要求》
	HJ 212—2017	《污染物在线监控（监测）系统数据传输标准》
	HJ 477—2009	《污染源在线自动监控（监测）数据采集传输仪技术要求》
	HJ/T 15—2007	《环境保护产品技术要求　超声波明渠污水流量计》
噪声监测技术规范类	GB 12348—2008	《工业企业厂界环境噪声排放标准》
	HJ 706—2014	《环境噪声监测技术规范　噪声测量值修正》
	HJ/T 164—2004	《地下水环境监测技术规范》
	HJ 194—2017	《环境空气质量手工监测技术规范》
	HJ 442—2008	《近岸海域环境监测规范》
	GB 3838—2002	《地表水环境质量标准》
	GB 3097—1997	《海水水质标准》
	GB/T 14848—2017	《地下水质量标准》
	HJ/T 255—2006	《建设项目竣工环境保护验收技术规范　火力发电厂》
	HJ 2.1—2016	《环境影响评价技术导则　总纲》
	HJ 2.3—2018	《环境影响评价技术导则　地表水环境》
	HJ 610—2016	《环境影响评价技术导则　地下水环境》
	HJ 819—2017	《排污单位自行监测技术指南　总则》
	HJ 820—2017	《排污单位自行监测技术指南　火力发电及锅炉》
	HJ 953—2018	《排污许可证申请与核发技术规范　锅炉》
	HJ/T 373—2007	《固定污染源监测质量保证与质量控制技术规范（试行）》

注：标准统计截至 2021 年 8 月。

附录 4-3　废水污染物相关监测方法标准

序号	监测项目	分析方法
1	pH	《水质　pH 的测定　玻璃电极法》（GB/T 6920—1986）
2	pH	《便携式 pH 计法《水和废水监测分析方法》（第四版增补版）国家环保总局》（2002 年）3.1.6.2
3	水温	《水质　水温的测定　温度计或颠倒温度计测定法》（GB 13195—1991）
4	溶解性总固体（全盐量）	《水质　全盐量的测定　重量法》（HJ/T 51—1999）
5	硫化物	《水质　硫化物的测定　亚甲基蓝分光光度法》（GB/T 16489—1996）
6	硫化物	《水质　硫化物的测定　碘量法》（HJ/T 60—2000）
7	硫化物	《水质　硫化物的测定　直接显色分光光度法》（GB/T 17133—1997）
8	硫化物	《水质　硫化物的测定　流动注射-亚甲基蓝分光光度法》（HJ 824—2017）
9	硫化物	《水质　硫化物的测定　气相分子吸收光谱法》（HJ/T 200—2005）
10	氟化物	《水质　氟化物的测定　离子选择电极法》（GB 7487—1987）
11	悬浮物	《水质　悬浮物的测定　重量法》（GB 11901—1989）
12	化学需氧量	《水质　化学需氧量的测定　重铬酸盐法》（HJ 828—2017）
13	化学需氧量	《水质　化学需氧量的测定　快速消解分光光度法》（HJ/T 399—2007）
14	化学需氧量	《高氯废水　化学需氧量的测定　氯气校正法》（HJ/T 70—2001）
15	氨氮	《水质　氨氮的测定　蒸馏-中和滴定法》（HJ 537—2009）
16	氨氮	《水质　氨氮的测定　纳氏试剂分光光度法》（HJ 535—2009）
17	氨氮	《水质　氨氮的测定　水杨酸分光光度法》（HJ 536—2009）
18	氨氮	《水质　氨氮的测定　连续流动-水杨酸分光光度法》（HJ 665—2013）
19	氨氮	《水质　氨氮的测定　流动注射-水杨酸分光光度法》（HJ 666—2013）
20	氨氮	《水质　氨氮的测定　气相分子吸收光谱法》（HJ/T 195—2005）
21	总磷	《水质　总磷的测定　钼酸铵分光光度法》（GB 11893—1989）
22	总磷	《水质　磷酸盐和总磷的测定　连续流动-钼酸铵分光光度法》（HJ 670—2013）
23	总磷	《水质　总磷的测定　流动注射-钼酸铵分光光度法》（HJ 671—2013）
24	总汞	《水质　总汞的测定　冷原子吸收分光光度法》（HJ 597—2011）
25	总汞	《水质　总汞的测定　高锰酸钾-过硫酸钾消解法双硫腙分光光度法》（GB 7469—87）
26	总汞	《水质　汞、砷、硒、铋和锑的测定　原子荧光法》（HJ 694—2014）
27	总砷	《水质　总砷的测定　二乙基二硫代氨基甲酸银分光光度法》（GB 7485—87）

序号	监测项目	分析方法
28	总砷	《水质　65 种元素的测定　电感耦合等离子体质谱法》（HJ 700—2014）
29	总砷	《水质　汞、砷、硒、铋和锑的测定　原子荧光法》（HJ 694—2014）
30	总砷	《水质　32 种元素的测定　电感耦合等离子体发射光谱法》（HJ 776—2015）
31	总铅	《水质　铜、锌、铅、镉的测定　原子吸收分光光度法》（GB 7475—87）
32	总铅	《水质　铅的测定　双硫腙分光光度法》（GB 7470—87）
33	总铅	《水质　65 种元素的测定　电感耦合等离子体质谱法》（HJ 700—2014）
34	总铅	《水质　32 种元素的测定　电感耦合等离子体质谱法》（HJ 776—2015）
35	总镉	《水质　铜、锌、铅、镉的测定　原子吸收分光光度法》（GB 7475—87）
36	总镉	《水质　镉的测定　双硫腙分光光度法》（GB 7471—87）
37	总镉	《水质　65 种元素的测定　电感耦合等离子体质谱法》（HJ 700—2014）
38	总镉	《水质　32 种元素的测定　电感耦合等离子体质谱法》（HJ 776—2015）
39	挥发酚	《水质　挥发酚的测定 4-氨基安替比林分光光度法》（HJ 503—2009）
40	挥发酚	《水质　挥发酚的测定　流动注射-4-氨基安替比林分光光度法》（HJ 825—2017）
41	挥发酚	《水质　挥发酚的测定　溴化容量法（HJ 502—2009）》
42	石油类	《水质　石油类和动植物油类的测定　红外分光光度法》（HJ 637—2018）
43	石油类	《水质　石油类的测定　紫外分光光度法（试行）》（HJ 970—2018）

注：标准统计截至 2021 年 8 月。

附录 4-4　废气污染物相关监测方法标准

序号	监测项目	分析方法名称及编号
1	二氧化硫	《固定污染源排气中二氧化硫的测定　碘量法》（HJ/T 56—2000）
2	二氧化硫	《固定污染源废气　二氧化硫的测定　定电位电解法》（HJ 57—2017）
3	二氧化硫	《固定污染源废气　二氧化硫的测定　非分散红外吸收法》（HJ 629—2011）
4	二氧化硫	《环境空气　二氧化硫的测定　甲醛吸收-副玫瑰苯胺分光光度法》（HJ 482—2009）
5	二氧化硫	《环境空气　二氧化硫的测定　四氯汞盐吸收-副玫瑰苯胺分光光度法》（HJ 483—2009）
6	氮氧化物	《固定污染源废气　氮氧化物的测定　非分散红外吸收法》（HJ 692—2014）
7	氮氧化物	《固定污染源废气　氮氧化物的测定　定电位电解法》（HJ 693—2014）

序号	监测项目	分析方法名称及编号
8	氮氧化物	《固定污染源排气中氮氧化物的测定　盐酸萘乙二胺分光光度法》（HJ/T 43—1999）
9	氮氧化物	《固定污染源排气中氮氧化物的测定　紫外分光光度法》（HJ/T 42—1999）
10	氮氧化物	《固定源排气　氮氧化物的测定　酸碱滴定法》（HJ 675—2013）
11	氮氧化物	《环境空气　氮氧化物（一氧化氮和二氧化氮）的测定　盐酸萘乙二胺分光光度法》（HJ 479—2009）
12	颗粒物	《固定污染源排气中颗粒物测定与气态污染物采样方法》（GB/T 16157—1996）
13	颗粒物	《固定污染源废气　低浓度颗粒物的测定　重量法》（HJ 836—2017）
14	颗粒物	《锅炉烟尘测试方法》（GB 5468—1991）
15	颗粒物	《环境空气　总悬浮颗粒物的测定　重量法》（GB/T 15432—1995）
16	汞及其化合物	《环境空气　气态汞的测定　金膜富集/冷原子吸收分光光度法》（HJ 910—2017）
17	汞及其化合物	《固定污染源废气　气态汞的测定　活性炭吸附/热裂解原子吸收分光光度法》（HJ 917—2017）
18	汞及其化合物	《固定污染源废气　汞的测定　冷原子吸收分光光度法（暂行）》（HJ 543—2009）
19	汞及其化合物	《环境空气　汞的测定　巯基棉富集-冷原子荧光分光光度法（暂行）》（HJ 542—2009）
20	非甲烷总烃	《固定污染源废气　总烃、甲烷和非甲烷总烃的测定　气相色谱法》（HJ 38—2017）
21	非甲烷总烃	《环境空气　总烃、甲烷和非甲烷总烃的测定　直接进样-气相色谱法》（HJ 604—2017）
22	烟气黑度	《固定污染源排放烟气黑度的测定　林格曼烟气黑度图法》（HJ/T 398—2007）
23	氨	《环境空气　氨的测定　次氯酸钠-水杨酸分光光度法》（HJ 534—2009）
24	氨	《空气和废气　氨的测定　纳氏试剂分光光度法》（HJ 533—2009）
25	氨	《空气质量　氨的测定　离子选择电极法》（GB/T 14669—1993）

注：标准统计截至 2021 年 8 月。

附录 5

自行监测方案参考模板

××××有限公司
自行监测方案

企业名称：<u>××××有限公司</u>

编制时间：<u>××××年××月</u>

一、企业概况

（一）基本情况

×××××有限公司位于××市×××路××号，成立于××年××月，占地面积为××平方米。全厂建设 2 台燃煤锅炉，年设计发电量为××。××年进行了脱硫技术工程，××年进行脱硝技术工程，××年进行了超低排放改造。现有员工××名，全年工作时间××小时。

根据《排污单位自行监测技术指南　总则》（HJ 819—2017）、《排污单位自行监测技术指南 火力发电及锅炉》（HJ 820—2017）要求，根据实际生产情况，公司查清自身的污染源、污染物指标及潜在的环境影响，制定了自行监测方案。

（二）排污及治理情况

公司生产工艺为××××。

废气、废水、噪声源与治理措施描述。

二、企业自行监测开展情况说明

公司自行监测手段采用手工监测+自动监测相结合，开展自动监测的项目有××××，开展手工监测的项目有××××。

公司自动监测项目委托××××公司进行 24 小时运维。

公司手工监测项目委托有 CMA 资质的××××公司进行检测。

三、监测方案

（一）废气监测方案

废气自动监测参照《固定污染源烟气（SO_2、NO_x、颗粒物）排放连续监测技术规范》（HJ/T 75—2017）、《固定污染源烟气（SO_2、NO_x、颗粒物）排放连续监测系统技术要求及检测方法》（HJ/T 76—2017）执行；有组织废气手工监测参照《固定污染源排气中颗粒物测定与气态污染物采样方法》及其修改单（生态环境部公告2017年第87号）（GB/T16157—1996）、《固定源废气监测技术规范》（HJ/T 397—2007）和对应项目监测方法执行；无组织废气手工监测参照《大气污染物无组织排放监测技术导则》（HJ/T 55—2000）和对应项目监测方法执行。

1　有组织废气监测方案

1.1　有组织废气监测点位、监测项目及监测频次

按照《排污单位自行监测技术指南　火力发电及锅炉》（HJ820—2017）、《固定源废气监测技术规范》（HJ/T 397—2007）、《固定污染源排气中颗粒物测定与气态污染物采样方法》及其修改单（生态环境部公告2017年第87号）（GB/T16157—1996）中要求执行。此外，由于该企业设有燃料仓、脱硫剂料仓、粉煤灰库、脱硫剂副产物库房，并有碎煤机、筛分机、石灰石制粉设备以及输煤栈道，因此还应参照《排污许可证申请与核发技术规范　锅炉》（HJ 953—2018）的自行监测管理要求，对以上排放口开展监测。有组织废气监测点位、监测项目及监测频次见表1。

表1　有组织废气监测内容一览表

监测点位编号	监测点位	管道直径/mm	截面积/mm^2	排气筒高度/m	监测指标	监测频次	监测方式
Q1	1#锅炉排气筒				颗粒物、二氧化硫、氮氧化物	连续	自动监测
					汞及其化合物	月	手工监测
					氨、林格曼黑度	季度	手工监测
Q2	2#锅炉排气筒				颗粒物、二氧化硫、氮氧化物	连续	自动监测
					汞及其化合物	月	手工监测
					氨、林格曼黑度	季度	手工监测
Q3	燃料仓废气排放口				颗粒物	年	手工监测
Q4	脱硫剂料仓废气排放口				颗粒物	年	手工监测

监测点位编号	监测点位	管道直径/mm	截面积/mm^2	排气筒高度/m	监测指标	监测频次	监测方式
Q5	粉煤灰库废气排放口				颗粒物	年	手工监测
Q6	脱硫副产物库房废气排放口				颗粒物	年	手工监测
Q7	碎煤机废气排放口				颗粒物	年	手工监测
Q8	筛分机废气排放口				颗粒物	年	手工监测
Q9	石灰石制粉设备废气排放口				颗粒物	年	手工监测
Q10	输煤栈道废气排放口				颗粒物	年	手工监测

备注：1. 同步监测烟气参数；
2. 近期煤种改变，对汞及其化合物的监测频次由按季度执行调整为按月执行。

1.2 有组织废气监测分析方法

有组织废气污染物的监测分析按照相应排放标准中规定的方法标准执行，国家或地方另有规定的，从其规定。各监测项目具体分析监测分析方法见表 2。

表 2 有组织废气污染物监测分析方法一览表

序号	监测项目	监测分析方法	分析仪器
1	汞及其化合物	《固定污染源废气 汞的测定 冷原子吸收分光光度法（暂行）》（HJ 543—2009）	原子吸收分光光度计
2	林格曼黑度	《固定污染源排放烟气黑度的测定 林格曼烟气黑度图法》（HJ/T 398—2007）	林格曼黑度图
3	氨	《环境空气和废气 氨的测定 纳氏试剂分光光度法》（HJ 533—2009）	紫外可见分光光度计
4	颗粒物	《固定污染源排气中颗粒物测定与气态污染物采样方法》（GB/T 16157—1996） 《固定污染源废气中低浓度颗粒物的测定 重量法》（HJ 836—2017）	电子天平
……			

1.3　有组织废气监测结果执行标准

有组织废气污染物排放限值按照《火电厂大气污染物排放标准》（GB 13223—2011）表 1、《大气污染物综合排放标准》（GB 16297—1996）执行，见表 3。地方污染物排放标准有更严格要求的，从其规定。

表 3　有组织废气排放执行标准

序号	监测项目	执行标准限值/（mg/m^3）	执行标准
1	烟尘	30	《火电厂大气污染物排放标准》（GB 13223—2011）表 1
2	二氧化硫	100	
3	氮氧化物	100	
4	汞及其化合物	0.03	
5	烟气黑度	1 级	
6	颗粒物	120	《大气污染物综合排放标准》（GB 16297—1996）表 2

2　无组织废气监测方案

2.1　无组织废气监测项目及监测频次

根据监测期间气象条件，分别在厂区上风向布设 1 个对照点、在下风向布设 2~4 个监控点；在储油罐周边布设×个监测点。监测内容见表 4。

表 4　无组织废气污染源监测内容一览表

监测点位		监测点编号	监测项目	监测频次	监测方式
厂界	上风向厂界外对照点	××	颗粒物、氨、非甲烷总烃、气象参数（风向、风速、气温、气压）	1 次/季度	手工
	下风向厂界外监控点	××			
	下风向厂界外监控点	××			
	下风向厂界外监控点	××			
储油罐周边	储油罐周边	××	非甲烷总烃、气象参数（风向、风速、气温、气压）	1 次/季度	手工

2.2　无组织废气监测方法

无组织废气监测项目的具体监测分析方法见表 5。

表 5 无组织废气污染物监测分析方法一览表

序号	监测项目	监测分析方法	分析仪器
1	颗粒物	《环境空气 总悬浮颗粒物的测定 重量法》及其修改单（生态环境部公告 2018 年第 31 号）GB/T 15432—1995	电子天平
2	氨	《环境空气和废气 氨的测定 纳氏试剂分光光度法》（HJ533—2009）	紫外可见分光光度计
3	非甲烷总烃	《环境空气 总烃、甲烷和非甲烷总烃的测定 直接进样-气相色谱法》（HJ 604—2017）	气相色谱仪

2.3 无组织废气排放监测结果执行标准

无组织废气污染物排放限值按照《大气污染物综合排放标准》（GB 16297—1996）、《恶臭污染物排放标准》（GB 14554—1993）表 1 要求执行，见表 6。地方污染物排放标准有更严格要求的，从其规定。

表 6 无组织废气排放执行标准

序号	监测项目	执行标准名称	标准限值/（mg/m^3）
1	颗粒物	《大气污染物综合排放标准》（GB 16297—1996）表 2	1.0
2	氨	《恶臭污染物排放标准》（GB 14554—1993）表 1 二级新改扩建	1.5
3	非甲烷总烃	《大气污染物综合排放标准》（GB 16297—1996）表 2	4.0

（二）废水监测方案

1 废水监测项目及监测频次

按照《排污单位自行监测技术指南 火力发电及锅炉》（HJ 820—2017）要求确定废水监测点位、监测项目及最低监测频次。废水手工监测参照《水质 采样技术指导》（HJ 494—2009）、《污水监测技术规范》（HJ/T 91.1—2019）、《水污染物排放总量监测技术规范》（HJ/T 92—2002）执行和对象项目监测方法。废水监测内容见表 7。

表 7　废水监测内容一览表

监测点位编号	监测点位	监测项目	监测频次	监测方式
S1	废水总排放口	流量、pH、化学需氧量、氨氮、悬浮物、总磷、石油类、氟化物、硫化物、挥发酚、溶解性总固体（全盐量）	1 次/月	自动
S2	脱硫废水排放口	流量、pH、总砷、总铅、总汞、总镉	1 次/季度	手工
S3	循环冷却水排放口	流量、pH、化学需氧量、总磷	季度	手工
S4	雨水排放口	pH、化学需氧量	1 次/日（排放期间）	手工
备注	1. 本厂脱硫废水不外排，监测频次由按月执行调整为按季度执行。 2. 循环冷却水监测时间根据实际排放情况而定。			

2　废水污染物监测方法

废水污染物的测定按照相应排放标准中规定的污染物浓度测定方法标准执行，国家或地方另有规定的，从其规定。各监测项目具体监测分析方法见表 8。

表 8　废水污染物监测分析方法一览表

序号	监测项目	监测分析方法	分析仪器
1	pH	《水质 pH 值的测定 电极法》（HJ 1147—2020）	pH 计
2	化学需氧量	《水质 化学需氧量的测定 重铬酸盐法》（HJ828—2017）	滴定管
3	氨氮	《水质 氨氮的测定 纳氏试剂分光光度法》（HJ 535—2009）	紫外可见分光光度计
4	悬浮物	《水质 悬浮物的测定 重量法》（GB 11901—1989）	电子天平
5	总磷（以 P 计）	《水质 总磷的测定 钼酸铵分光光度法》（GB 11893—1989）	紫外可见分光光度计
6	石油类	《水质 石油类和动植物油类的测定 红外分光光度法》（HJ 637—2018）	红外分光光度计
7	氟化物	《水质 氟化物的测定 离子选择电极法》（GB 7487—1987）	氟离子选择电极
8	硫化物	《水质 硫化物的测定 亚甲基蓝分光光度法》（GB/T 16489—1996）	紫外可见分光光度计
9	挥发酚	《水质 挥发酚的测定 4-氨基安替比林分光光度法》（HJ 503—2009）	紫外可见分光光度计
10	溶解性总固体（全盐量）	《水质 全盐量的测定 重量法》（HJ/T 51—1999）	电子天平

序号	监测项目	监测分析方法	分析仪器
11	总砷	《水质 汞、砷、硒、铋和锑的测定 原子荧光法》（HJ694—2014）	原子荧光光度计
12	总铅	《水质 铜、锌、铅、镉的测定 原子吸收分光光度法》（GB/T 7475—1987）	原子吸收分光光度计
13	总汞	《水质 汞、砷、硒、铋和锑的测定 原子荧光法》（HJ694—2014）	原子荧光光度计
14	总镉	《水质 铜、锌、铅、镉的测定 原子吸收分光光度法》（GB/T 7475—1987）	原子吸收分光光度计
15	流量	流量计法	超声流量计

3 废水污染物监测结果评价标准

废水污染物排放限值按照《污水综合排放标准》（GB 8978—1996）表 1、表 4 一级标准执行，见表 9。地方污染物排放标准有更严格要求的，从其规定。

表 9 废水污染物排放执行标准

序号	监测点位	污染物种类	执行标准	标准限值/（mg/L）
1	废水总排放口 S1	pH	《污水综合排放标准》（GB 8978—1996）表 4 一级	6～9（无量纲）
2		化学需氧量		100
3		氨氮		15
4		悬浮物		70
5		总磷		0.5
6		石油类		5
7		氟化物		10
8		硫化物		1.0
9		挥发酚		0.5
10		溶解性总固体（全盐量）	《污水排入城镇下水道水质标准》（GB/T31962—2015）表 1A 级	1500
11	脱硫废水排放口 S2	总砷	《污水综合排放标准》（GB 8978—1996）表 1	0.5
12		总铅		1.0
13		总汞		0.05
14		总镉		0.1
15	循环冷却水排放口 S3	pH	《污水综合排放标准》（GB 8978—1996）表 4 一级	6～9
16		化学需氧量		100
17		总磷		0.5
18	雨水排放口 S4	pH	《污水综合排放标准》（GB 8978—1996）表 4 一级	6～9
19		化学需氧量		100

（三）厂界环境噪声监测方案

1 厂界环境噪声监测内容

厂界环境噪声监测点位置按《工业企业厂界环境噪声排放标准》（GB 12348—2008）执行，监测频次按照《排污单位自行监测技术指南 火力发电及锅炉》（HJ 820—2017）要求。在厂界设置 4 个监测点位，监测因子为等效连续 A 声级，监测频次为每季度至少开展一次昼夜监测。监测内容见表 10，监测点位见图 1。

表 10 厂界噪声监测点位、监测项目及监测频次

类型	监测项目	监测点位编号	监测点位	监测频次	监测方式
厂界环境噪声	L_{eq}	Z1	厂东界外 1 m	季，昼、夜各一次	手工监测
	L_{eq}	Z2	厂南界外 1 m	季，昼、夜各一次	手工监测
	L_{eq}	Z3	厂西界外 1 m	季，昼、夜各一次	手工监测
	L_{eq}	Z4	厂北界外 1 m	季，昼、夜各一次	手工监测

2 厂界环境噪声监测方法

厂界环境噪声监测方法见表 11。

表 11 厂界环境噪声监测方法

监测项目	监测方法	分析仪器	备注
厂界噪声（Leq）	《工业企业厂界环境噪声排放标准》（GB 12348—2008）	噪声统计分析仪	昼间：6:00—22:00；夜间：22:00—06:00，昼夜各测一次

3 厂界环境噪声评价标准

厂界东、西、南侧噪声执行《工业企业厂界环境噪声排放标准》（GB 12348—2008）中 3 类标准，昼间 65 dB（A），夜间 55 dB（A）。厂界北侧为交通干道，执行《工业企业厂界环境噪声排放标准》（GB 12348—2008）4 类标准，昼间 70 dB（A），夜间 55 dB（A）。厂界噪声评价标准见表 12。

表 12　厂界环境噪声评价标准

序号	监测点位	监测项目	执行限值	执行标准
1	Z1 东侧厂界(冷却塔)	L_{eq}	昼间 65dB（A），夜间 55dB（A）	《工业企业厂界环境噪声排放标准》（GB 12348—2008）3 类标准
2	Z2 南侧厂界	L_{eq}	昼间 65dB（A），夜间 55dB（A）	
3	Z3 西侧厂界（碎煤机房）	L_{eq}	昼间 65dB（A），夜间 55dB（A）	
4	Z4 北侧厂界	L_{eq}	昼间 70dB（A），夜间 55dB（A）	《工业企业厂界环境噪声排放标准》（GB 12348—2008）4 类

四、监测点位示意图

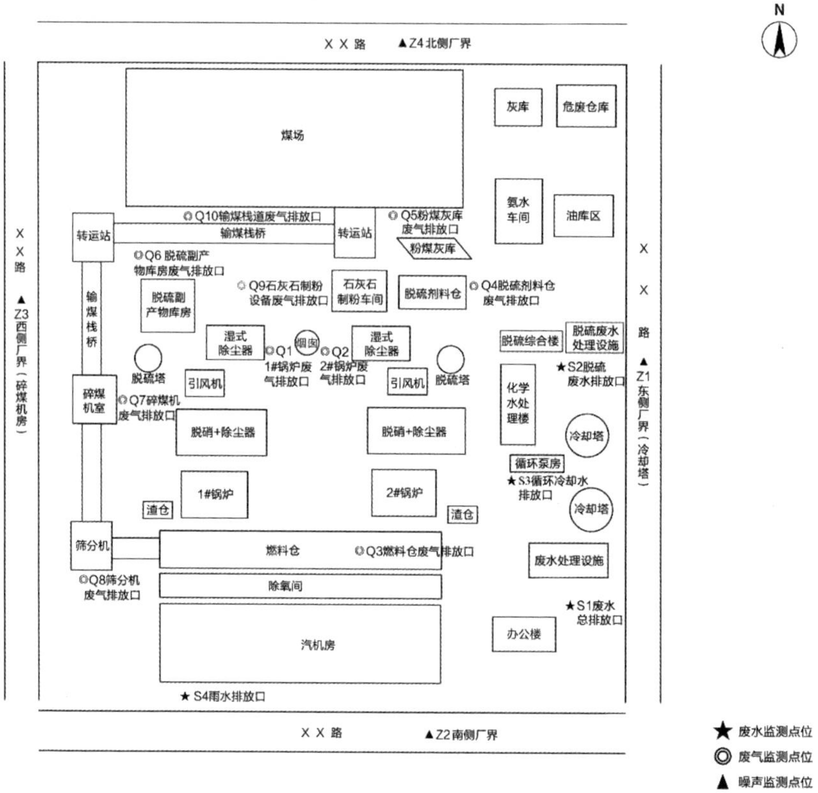

图 1　×××××公司废水、废气、噪声监测点位示意图

表 13 废水、废气、噪声监测点位对应表

序号	监测点位编号	监测点位
1	S1	废水总排放口
2	S2	脱硫废水排放口
3	S3	循环冷却水排放口
4	S4	雨水排放口
5	Q1	1#锅炉废气排放口
6	Q2	2#锅炉废气排放口
7	Q3	燃料仓废气排放口
8	Q4	脱硫剂料仓废气排放口
9	Q5	粉煤灰库废气排放口
10	Q6	脱硫副产物库房废气排放口
11	Q7	碎煤机废气排放口
12	Q8	筛分机废气排放口
13	Q9	石灰石制粉设备废气排放口
14	Q10	输煤栈道废气排放口
15	Z1	东侧厂界（冷却塔）
16	Z2	南侧厂界
17	Z3	西侧厂界（碎煤机房）
18	Z4	北侧厂界

五、质量控制措施

主要从内部、外部对监测人员、实验室能力、监测技术规范、仪器设备、记录等质控管理提出适合本单位的质控管理措施。如：

××××公司自配有环境监测中心，中心实验室依据 CNAS-CL01：2006《检测和校准实验室能力认可准则》及化学检测领域应用说明建立质量管理体系，与所从事的环境监测活动类型、范围和工作量相适应，规范环境监测人、机、物、料、环、法的管理，满足认可体系共计 25 类质量和技术要素，实现了监测数据的“五性”目标。

制定《质量手册》《质量保证工作制度》《质量监督（员）管理制度》《检测结果质量控制程序》《检测数据控制与管理程序》《检测报告管理程序》，并依据管理制度每年制定“年度实验室质量控制计划”，并得到有效实施。

质控分内部和外部两种形式，外部是每年组织参加由CNAS及CNAS承认的能力验证提供者（如生态环境部标准物质研究所）组织的能力验证、测量审核，并对结果分析和有效性评价，得出仪器设备的性能状况和人员水平的结论。

内部质控使用有证标样、加标回收、平行双样和空白值测试等方式，定期对监测结果进行统计分析，形成质量分析报告。

1．人员持证上岗

公司有×人参加了××××培训，并取得证书。委托运维的××××有限公司，具有××××资质证书，且运维人员持有××××合格证书，并按照相关法规要求，定期安排运维人员进行运维知识和技能培训。每年与运维单位签订污染源在线监控系统运维委托协议，明确运行维护工作内容、职责及考核细则。

2．烟气自动监控系统（CEMS）

公司两台机组烟气测量表计均有××××认证和标志，烟气在线监测系统（CEMS）××××，满足国家计量标准要求。公司两台机组烟气监测实施自行监测，利用烟气在线连续监控系统（即CEMS系统）对废气中的氮氧化物、烟尘、二氧化硫等开展实时监测，并与XXXX联网，同时实时连续上传相关环保数据。

3．实验室能力认定

×××××××有限公司的监测分自行监测和委托第三方检测机构两种模式。公司实验室按照国家实验室认可准则开展监测，对资质认定许可范围内的监测项目进行监测。委外检测的××××公司是通过国家计量认定的实验室，取得CMA检测资质证书，编号为××××。

4．监测技术规范性

废气监测平台、监测断面和监测孔的设置均符合《固定污染源烟气（SO_2、NO_x、颗粒物）排放连续监测技术规范》（HJ 75—2017）、《固定污染源排气中颗粒物测定与气态污染物采样方法》（GB 16157—1996）等的要求，同时按照《固定污染源烟气（SO_2、NO_x、颗粒物）排放连续监测技术规范》（HJ 75—2017）对自动监测设备进行校准与维护。监测技术方法首先采用国家标准方法，在没有国标方法时，采用行业标准方法或生态环境部推荐方法。

5．仪器要求

建立执行《仪器设备管理程序》《量值溯源程序》《期间核查程序》等制度用于仪器、环境监控设备的配置、使用、维护、标识、档案管理等。公司配备的重要仪器设备包括××、××等，以及其他若干实验室辅助设备等，性能状况良好，能够满足现有检测能力要求。所有主要仪器均档案信息完整，均能按照量值溯源要求制定仪器设备计量检定/校准计划实施，并在有效期内使用。

委外检测中，××××工业技术服务有限公司测量仪器××、××等也均经过计量检定。

6．记录要求

建立《记录控制程序》《检测物品管理程序》《检测数据控制与管理程序》《检测报告管理程序》，对监测记录进行全过程控制，确保所有记录客观、及时、真实、准确、清晰、完整、可溯源，为监测活动提供客观证据。

自动监测设备应保存仪器校验记录。校验记录根据××××市环境保护局在线监测科要求，按照规范进行，记录内容完整准确，各类原始记录内容完整，不得随意涂改，并有相关人员签字。

手动监测记录必须提供原始采样记录，采样记录的内容须准确完整，至少 2 人共同采样和签字，规范修改；采样必须按照《固定源废气监测技术规范》（HJ/T 397—2007）和《固定污染源监测质量保证与质量控制技术规范》（HJ/T 373—2007）中的要求进行；样品交接记录内容需完整、规范。

7．环境管理体系

公司成立环保技术监督领导小组，公司各相关专业负责人为工作小组成员，负责对公司环保设施运行、维护和技术改造的管理。环保设施与主体设备同等管理，发电部负责生产与环保设施的安全、环保运行管理，技术支持部负责环保设施的维护和技改管理。公司环保归口于××××部，负责公司环保管理工作，建立环保指标体系，对公司环保工作进行月度绩效考核管理，确保环保体系运行正常。

六、信息记录和报告

（一）信息记录

手工监测和自动监测记录按照《排污单位自行监测技术指南　总则》要求执行，生产和污染治理设施运行状况记录和工业固体废物记录按照《排污单位自行监测技术指南 火力发电及锅炉》要求执行。手工监测记录由有资质的环境监测机构提供盖章件的检测结果。所有记录均保存完整，以备检查。台账保存至少三年。

1．手工监测记录

（1）现场采样时，记录采样点位、采样日期、采样点位、监测指标、采样方法、采样人姓名、保存方式等采样信息，并记录废水水温、流量、色嗅等感官指标。

（2）样品保存和交接时，记录样品保存方式、样品传输交接等。

（3）实验室分析时，记录分析日期、样品处理方式、分析方法、测定结果、质控措施、分析人员等。

2．自动监测运维记录

应记录自动监控设备名称、运维单位、巡检、校验日期、校验结果、标准样品浓度、有效期、运维人员，烟尘、二氧化硫、氮氧化物排放浓度，以及烟气量、氧含量等。

3．生产和污染治理设施运行状况记录

（1）按照燃煤发电机组记录每日的运行小时、用煤量、实际发电量、实际供热量、负荷率、产灰量、产渣量等。

（2）每天记录煤质分析，包括收到基灰分、干燥无灰基挥发分、收到基全硫、低位发热量等；

（3）自动监测记录烟尘、二氧化硫、氮氧化物排放浓度，以及烟气量、氧含量等；

（4）记录废气治理设施（脱硝、除尘及脱硫）的运行、异常和故障情况，每天记录脱硫剂使用量、脱硝还原剂使用量、脱硫副产物产生量、粉煤灰产生量等，并在布袋除尘器清灰或换袋时及时记录。

4. 固体废物信息记录

按照一般工业固体废物和危险废物的分类情况分别进行记录。记录一般工业固体废物记录的产生量、综合利用量、处置量和贮存量；记录危险废物的产生量、综合利用量、处置量、贮存量及其具体去向。

（二）信息报告

每年年底编写第二年的自行监测方案。自行监测方案包含以下内容：

1. 监测方案的调整变化情况及变更原因。

2. 企业及各主要生产设施（至少涵盖废气主要污染源相关生产设施）全年运行天数，各监测点、各监测指标全年监测次数、超标情况、浓度分布情况。

3. 自行监测开展的其他情况说明。

4. 实现达标排放所采取的主要措施。

（三）应急报告

1. 当监测结果超标时，对超标的项目增加监测频次，并检查超标原因。

2. 若短期内无法实现稳定达标排放的，公司应向生态环境局提交事故分析报告，说明事故发生的原因，采取减轻或防止污染的措施，以及今后的预防及改进措施。

七、自行监测信息公布

（一）公布方式

自动监测和手动监测分别在×××省重点监控企业自行监测信息发布平台（网址：http：/××××）、××××、公司大屏公布。

（二）公布内容

基础信息，包括单位名称、组织机构代码、法定代表人、生产地址、联系方式，以及生产经营和管理服务的主要内容、产品及规模。

排污信息，包括主要污染物及特征污染物的名称、排放方式、排放口数量和分布情况、排放浓度和总量、超标情况，以及执行的污染物排放标准、核定的排放总量。

防治污染设施的建设和运行情况。

建设项目环境影响评价及其他环境保护行政许可情况。

公司自行监测方案。

未开展自行监测的原因。

自行监测年度报告。

突发环境事件应急预案。

（三）公布时限

1．企业基础信息随监测数据一并公布，基础信息、自行监测方案一经审核备案，一年内不得更改；

2．手动监测数据根据监测频次按时公布；

3．自动监测数据实时公布，废气自动监测设备产生的数据为时均值；

4．每年 1 月底前公布上年度自行监测年度报告。

参考文献

[1] EPA Office of Wastewater Management-Water Permitting. Water permitting 101[EB/OL]. [2015-06-10]. http：//www. epa. gov/npdes/pubs/101pape. pdf.

[2] Office of Enforcement and Compliance Assurance. NPDES compliance inspection manual[R]. Washington D. C.：U. S. Environmental Protection Agency，2004.

[3] U. S. EPA. Interim guidance for performance-based reductions of NPDES permit monitoring frequencies[EB/OL]. [2015-07-05]. http：//www. epa. gov/npdes/pubs/perf-red. pdf.

[4] U. S. EPA. U. S. EPA NPDES permit writers' manual[S]. Washington D. C.：U. S. EPA，2010.

[5] UK. EPA. Monitoring discharges to water and sewer：M18 guidance note[EB/OL]. [2017-06-05]. https：//www.gov.uk/government/publications/m18-monitoring-of-discharges-to-water-and-sewer.

[6] 常杪，冯雁，郭培坤，等. 环境大数据概念、特征及在环境管理中的应用[J]. 中国环境管理，2015，7（6）：26-30.

[7] 冯晓飞，卢瑛莹，陈佳. 政府的污染源环境监督制度设计[J]. 环境与可持续发展，2017，42（4）：33-35.

[8] 环境保护部. 关于印发《国家监控企业污染源自动监测数据有效性审核办法》和《国家重点监控企业污染源自动监测设备监督考核规程》的通知[EB/OL]. [2018-02-12]. http：//www. zhb.gov.cn/gkml/hbb/bwj/200910/t20091022_174629.htm.

[9] 环境保护部大气污染防治欧洲考察团，刘炳江，吴险峰，王淑兰，等. 借鉴欧洲经验加快

我国大气污染防治工作步伐——环境保护部大气污染防治欧洲考察报告之一[J]. 环境与可持续发展，2013（5）：5-7.

[10] 姜文锦，秦昌波，王倩，等. 精细化管理为什么要总量质量联动？——环境质量管理的国际经验借鉴[J]. 环境经济，2015（3）：16-17.

[11] 罗毅. 环境监测能力建设与仪器支撑[J]. 中国环境监测，2012，28（2）：1-4.

[12] 罗毅. 推进企业自行监测 加强监测信息公开[J]. 环境保护，2013，41（17）：13-15.

[13] 钱文涛. 中国大气固定源排污许可证制度设计研究[D]. 北京：中国人民大学，2014.

[14] 曲格平. 中国环境保护四十年回顾及思考（回顾篇）[J]. 环境保护，2013（10）：10-17.

[15] 宋国君，赵英煚. 美国空气固定源排污许可证中关于监测的规定及启示[J]. 中国环境监测，2015，31（6）：15-21.

[16] 孙强，王越，于爱敏，等. 国控企业开展环境自行监测存在的问题与建议[J]. 环境与发展，2016，28（5）：68-71.

[17] 谭斌，王丛霞. 多元共治的环境治理体系探析[J]. 宁夏社会科学，2017（6）：101-103.

[18] 唐桂刚，景立新，万婷婷，等. 堰槽式明渠废水流量监测数据有效性判别技术研究[J]. 中国环境监测，2013，29（6）：175-178.

[19] 王军霞，陈敏敏，穆合塔尔·古丽娜孜，等. 美国废水污染源自行监测制度及对我国的借鉴[J]. 环境监测管理与技术，2016，28（2）：1-5.

[20] 王军霞，陈敏敏，唐桂刚，等. 我国污染源监测制度改革探讨[J]. 环境保护，2014，42（21）：24-27.

[21] 王军霞，陈敏敏，唐桂刚，等. 污染源监测与监管如何衔接？——国际排污许可证制度及污染源监测管理八大经验[J]. 环境经济，2015（Z7）：24.

[22] 王军霞，唐桂刚，景立新，等. 水污染源五级监测管理体制机制研究[J]. 生态经济，2014，30（1）：162-164，167.

[23] 王军霞，唐桂刚. 解决自行监测“测”“查”“用”三大核心问题[J]. 环境经济，2017（8）：32-33.

[24] 薛澜，张慧勇. 第四次工业革命对环境治理体系建设的影响与挑战[J]. 中国人口·资源与环

境，2017，27（9）：1-5.

[25] 张紧跟，庄文嘉. 从行政性治理到多元共治：当代中国环境治理的转型思考[J]. 中共宁波市委党校学报，2008，30（6）：93-99.

[26] 张静，王华. 火电厂自行监测现状及建议[J]. 环境监控与预警，2017，9（4）：59-61.

[27] 张伟，袁张燊，赵东宇. 石家庄市企业自行监测能力现状调查及对策建议[J]. 价值工程，2017，36（28）：36-37.

[28] 张秀荣. 企业的环境责任研究[D]. 北京：中国地质大学，2006.

[29] 赵吉睿，刘佳泓，张莹，等. 污染源 COD 水质自动监测仪干扰因素研究[J]. 环境科学与技术，2016，39（S1）：299-301，314.

[30] 左航，杨勇，贺鹏，等. 颗粒物对污染源 COD 水质在线监测仪比对监测的影响[J]. 中国环境监测，2014，30（5）：141-144.

[31] 王军霞，唐桂刚，赵春丽. 企业污染物排放自行监测方案设计研究——以造纸行业为例[J]. 环境保护，2016，44（23）：45-48.

[32] 张静，王华. 火电厂自行监测关键问题研究[J]. 环境监测管理与技术，2017，29（3）：5-7.

[33] 尹卫萍. 浅谈加强环境现场监测规范化建设[J]. 环境监测管理与技术，2013，25（2）：1-3.

[34] 成钢. 重点工业行业建设项目环境监理技术指南[M]. 北京：化学工业出版社，2016：442-443.

[35] 杨驰宇，滕洪辉，于凯，等. 浅论企业自行监测方案中执行排放标准的审核[J]. 环境监测管理与技术，2017，29（4）：5-8.